现代空空导弹基础前沿技术丛书

空空导弹自动驾驶仪设计

Air-to-Air Missile Autopilot Design

段朝阳　张公平　编著

西北工业大学出版社
西　安

【内容简介】 本书主要内容有绪论，常用坐标系定义及其转换，空空导弹气动特性分析与建模，空空导弹动态建模，空空导弹动态特性，空空导弹自动驾驶仪指标分解，自动驾驶仪极点配置技术，其他结构自动驾驶仪的设计方法，自动驾驶仪相关工程问题，自动驾驶仪的现代设计方法及空空导弹自动驾驶仪性能验证。

本书既可作为高等院校导航制导与控制及相关专业高年级本科生或研究生教材，也可作为其他与导弹有关专业的教材或教学参考书，还可作为一套技术手册，供从事相关专业的科研人员参考使用。

图书在版编目(CIP)数据

空空导弹自动驾驶仪设计 / 段朝阳，张公平编著
. — 西安 ：西北工业大学出版社，2020.9
ISBN 978-7-5612-7671-6

Ⅰ.①空… Ⅱ.①段… ②张… Ⅲ.①空对空导弹-自动驾驶仪-设计 Ⅳ.①TJ762.2

中国版本图书馆 CIP 数据核字(2021)第 053218 号

KONG-KONG DAODAN ZIDONG JIASHIYI SHEJI
空 空 导 弹 自 动 驾 驶 仪 设 计

责任编辑：李阿盟 王 尧 **策划编辑**：杨 军
责任校对：孙 倩 **装帧设计**：李 飞
出版发行：西北工业大学出版社
通信地址：西安市友谊西路 127 号 邮编：710072
电 话：(029)88491757，88493844
网 址：www.nwpup.com
印 刷 者：陕西奇彩印务有限责任公司
开 本：710 mm×1 000 mm 1/16
印 张：15.875
字 数：308 千字
版 次：2020 年 9 月第 1 版 2020 年 9 月第 1 次印刷
定 价：88.00 元

《国之重器出版工程》编辑委员会

李伯虎　中国工程院院士

李应红　中国科学院院士

李春明　中国兵器工业集团首席专家

李莹辉　国际宇航科学院院士

李得天　国际宇航科学院院士

李新亚　国家制造强国建设战略咨询委员会委员、中国机械工业联合会副会长

杨绍卿　中国工程院院士

杨德森　中国工程院院士

吴伟仁　中国工程院院士

宋爱国　国家杰出青年科学基金获得者

张　彦　电气电子工程师学会会士、英国工程技术学会会士

张宏科　北京交通大学下一代互联网互联设备国家工程实验室主任

陆　军　中国工程院院士

陆建勋　中国工程院院士

陆燕荪　国家制造强国建设战略咨询委员会委员、原机械工业部副部长

陈　谋　国家杰出青年科学基金获得者

陈一坚　中国工程院院士

陈懋章　中国工程院院士

金东寒　中国工程院院士

周立伟　中国工程院院士

郑纬民 中国科学院院士
郑建华 中国科学院院士
屈贤明 国家制造强国建设战略咨询委员会委员、工业和信息化部智能制造专家咨询委员会副主任
项昌乐 中国工程院院士
赵沁平 中国工程院院士
郝　跃 中国科学院院士
柳百成 中国工程院院士
段海滨 “长江学者奖励计划”特聘教授
侯增广 国家杰出青年科学基金获得者
闻雪友 中国工程院院士
姜会林 中国工程院院士
徐德民 中国工程院院士
唐长红 中国工程院院士
黄　维 中国科学院院士
黄卫东 “长江学者奖励计划”特聘教授
黄先祥 中国工程院院士
康　锐 “长江学者奖励计划”特聘教授
董景辰 工业和信息化部智能制造专家咨询委员会委员
焦宗夏 “长江学者奖励计划”特聘教授
谭春林 航天系统开发总师

《现代空空导弹基础前沿技术丛书》
编 辑 委 员 会

前　言

本书是国内首次系统研究空空导弹自动驾驶仪设计技术的专业书籍。笔者对机载制导武器自动驾驶仪技术进行了长期而深入的理论与实践探索，对工程设计中的指标分解、模型建立、算法设计、仿真集成和试验验证等核心内容，有着深刻的认识和独到的见解。本书的最大特色是自洽、创新、实用。通过学习本书内容，年轻读者将能够全面地了解空空导弹乃至其他类型战术导弹自动驾驶仪研制过程的关键环节，并快速掌握若干实用的设计方法。而对具有从业经历的科研人员，本书所做的基础性研究与先进控制应用成果，也将为其经验知识的扩展提供良好的理论支撑。此外，本书还参考了一些公开文献中具有一定价值的数据和结论，供读者借鉴。

全书共有 11 章内容，第 1 章是绪论，概述空空导弹及其自动驾驶仪的发展、分类，以及与其他学科的关系。第 2 章为空空导弹自动驾驶仪常用坐标系的定义及其转换。第 3～5 章介绍空空导弹本体特性，涉及气动特性分析与建模和动态特性分析与建模，主要解决面向控制设计的本体特性把握与数学描述问题。第 6～10 章介绍空空导弹自动驾驶仪设计方法，涉及指标分解，以及基于经典控制技术与现代控制理论的自动驾驶仪设计技术，主要解决经典控制技术与现代控制理论应用的工程化设计与实现问题。第 11 章为空空导弹自动驾驶仪性能仿真与试验验证技术，涉及六自由度数字仿真技术与半实物仿真试验技术，主要解决自动驾驶仪性能的地面仿真试验验证问题。

本书编写分工如下：段朝阳编写第 1 章、第 7～11 章，张公平编写第 2～6 章，全书由段朝阳负责统稿。

在本书成书过程中，参考了国内外相关专业文献，郑鹍鹏、赵艳辉、吕飞、李海峰、杨育荣、王鹏举、闫亮、周小志等人贡献了宝贵的知识，刘凯、马立群、邓伟伟等人完成了大量的书稿校对与绘图编辑工作，在此表示衷心感谢。

本书内容覆盖面广，由于知识水平有限，著述经验不足，疏漏和不妥之处在所难免，欢迎读者批评指正。

编著者

2020 年 6 月

目 录

第1章 绪论

空空导弹发展至今，已经过半个多世纪，逐渐成为空战的主要武器，对战争胜负起着至关重要的作用。期间，制导系统从有线制导、遥控制导，发展到自寻的制导，对空中目标的打击精度不断提高。而自动驾驶仪就是实现高精度制导的关键技术，按控制通道可分为单通道控制、双通道控制和三通道控制。其中，三通道控制是现代空空导弹普遍采用的控制结构。由于自动驾驶仪性能与导弹多个分系统关系密切，因此，本章还将介绍自动驾驶仪设计过程的多学科关系。

1.1 空空导弹发展概述

1.1.1 空空导弹战史

在空空导弹出现以前,战斗机之间的空战都是在近距离用机炮互射。随着空空导弹出现,机炮的作用逐渐被边缘化,空战开始演变为依靠导弹的断杀,战斗模式发生了深刻变化。在这个过程中,机炮先是被只能尾后攻击的红外导弹所取代,后者接着被全向攻击导弹所取代,最终超视距导弹逐渐成为现代空战的主要武器。总的来说,空空导弹出现后的空战发展大概经过了四个阶段。

1.空战进入导弹时代

从 1958 年 9 月空空导弹首次实战应用到 20 世纪 60 年代,是空空导弹作战应用的起步阶段。这个阶段发生的空战包括 1958—1968 年的台海空战、1965—1968 年的越战“滚雷”战役、1965 年的印巴战争、1967 年的第三次中东战争(六日战争)。其中,1965 年美国空军和海军应用空空导弹攻击越南空军,是空空导弹的首次持续使用。这个阶段使用的空空导弹主要是 AIM - 9B 等第一代空空导弹和 AIM - 4D,AIM - 7D/E 等第二代空空导弹。受限于导弹性能及与之配套的机载设备能力,导弹有效攻击范围很有限,这一时期有记录的空战战果有

400 多例，其中 60%以上由机炮取得，空空导弹战绩仅占约 30%，特别是空空导弹在越战初期的表现远远不如预期——可靠性差、命中率低、作战运用条件严苛、使用体验糟糕等一系列问题浮现。在越战“滚雷”战役中，AIM－7D“麻雀”导弹命中率仅有 8%，AIM－9B“响尾蛇”导弹命中率仅有 16%，甚至在飞行员中出现了“导弹不如机炮”的观点[1-2]。

这个阶段的空战中，空空导弹并未达到预期效果，绝大部分空战杀伤仍由机炮完成。这要求飞行员驾驶的飞机与敌机保持在同一个平面，在具备精准的位置和接近速率的前提下正确判断超前角，由于要求飞行员高度关注自己与敌机的相对位置，往往忽略了观察周围空中的敌机或友机，从而导致被某个未发现的敌机所攻击。飞行员仍需在目视范围内尽力占据敌机尾后这一有利位置，相比采用机炮的传统空战方式，空战战术并未发生明显变化，空空导弹也无法取代机炮成为空中战场的主战武器。

2.空空导弹成为主要空战武器

20 世纪 70 年代是空空导弹作战应用的发展阶段，这个阶段是过去 50 年空战最密集的时代，占据有记录的 1 450 余次空战杀伤的 1/3 以上，超过 500 次。这个时期发生空战的战争主要包括 1971 年的第三次印巴战争、1972 年的越战“后卫”I/II 战役、1973 年的第四次中东战争等。这个阶段使用的空空导弹主要是 AIM－9D/E/G/J，AIM－7D/E 等第二代空空导弹，针对第一代空空导弹在作战使用中暴露出的问题，美国海、空军通过采用制冷探测器、扩展离轴瞄准方式、使用固态电子电路替代真空管电路等措施，提高了空空导弹的作战使用灵活性和可靠性。这个阶段空空导弹使用数量逐渐增多，击毁飞机的总数已略大于机炮，空空导弹击毁飞机的数量占总数的 55%，开始成为空战主要武器。如在越战“后卫”Ⅰ/Ⅱ战役中，68 次有效杀伤中有 57 架越南战机都是由空空导弹击落的。这一时期空空导弹战绩的绝大部分由第二代红外空空导弹从后向攻击取得[1-2]。

然而，第二代空空导弹作战运用时仍需充分考虑导弹的性能限制，近距使用红外制导空空导弹时必须设法绕到敌机尾后占据有利位置，而雷达制导空空导弹的使用则受制于机载雷达与火控系统水平、导弹性能及可靠性问题，无法发挥其超视距作战的特长。总体而言，空战战术仍未发生革命性变化。

3.超视距空战时代来临

20 世纪 80 年代开始，空战进入了超视距时代，这个阶段的战争主要包括 1980—1988 年的两伊战争、1982 年的马岛战争、1982 年的第五次中东战争和

1991年的海湾战争等。这一时期AIM-9L/M,AIM-7F和AIM-54等第三代空空导弹开始大量进入实战,机炮使用大为减少,从20世纪70年代的200多次锐减到26次。

这一时期是空空导弹的成熟期,空空导弹开始在各个战争舞台上大显身手。1982年英阿马岛战争,第三代"响尾蛇"导弹首次大规模参战,构成了英军取得空战胜利的一个决定性因素——战争期间英军"鹞式"系列战机共发射"响尾蛇"AIM-9L导弹26枚,击落阿根廷各式战机16架,命中率达61%,"响尾蛇"导弹一战成名。同年的黎巴嫩战争中,以色列空军以传奇的贝卡谷地空战写下了空战史上的新篇章。此次空战中,以色列空军采用以空中预警联合电子对抗/杀伤及无人机技术构成的空中打击体系,给第四次中东战争以来阿拉伯国家奉为圭臬的地面防空及空中拦截防空体系以毁灭性的打击。AIM-9L和怪蛇3等先进近距格斗空空导弹也再次大放异彩——两者所获战果达到以色列全部空战战果的90%以上。

1991年第一次海湾战争,"麻雀"AIM-7F/M等中距雷达导弹在超视距空战中所向披靡。据统计,1991年1月17日至2月15日,多国部队在空战中击落固定翼飞机与直升机38架,其中26架由"麻雀"空空导弹击落,其余有10架由"响尾蛇"近距格斗空空导弹击落,2架由机炮击落。海湾战争标志着超视距空战时代的到来[1-2]。

这个时期之所以能够实现实战上的超视距空战,除了第三代雷达型空空导弹的性能提高外,还有赖于机载武器系统的技术进步。一方面,20世纪70年代末,北约和华约空军开始装备带有脉冲多普勒雷达的性能优越的战斗机,能够探测70 km以外的敌机目标,同时这种雷达具有较好的下视探测能力。另一方面,从60年代末期开始,美军逐步解决了超视距目标识别问题,研制了AN/APX-81,AN/ASX-1等敌我识别系统,为在较远距离交战提供了必要条件。

4.信息化空战的新阶段

从20世纪90年代开始,空战进入了信息化对抗时代,这个阶段的战争包括1999年的科索沃战争和2003年的伊拉克战争。美国一直是这一时期战争的主角之一,具有明显的非对称特点,因此空战记录并不多,累计空战记录仅有21次,其中由机炮获得的空战胜利仅有2次。这个阶段第四代空空导弹AIM-120开始进入实战,同时超视距空战比例开始超过近距格斗。这一时期空战的典型特点是具有信息化对抗特点,在美国参加的几次战争中,先进的预警机在其空战体系中占据中心地位,空战态势基本上处于单向透明,同时数据链技术广泛应用,在目标探测、指挥控制和多机协同中发挥重要作用。1999年的科索沃战争，南联盟损失的6架米格-29先进战机，大多刚刚起飞就被预警机引导下的北约战机用AIM-120先进中距空空导弹击毁。面对强大的北约空中体系，南联盟战机在战场态势感知方面处于绝对劣势，大多数还未反应过来（发现被攻击）就已被击毁。科索沃战争也是人类历史上第一场以空制胜的战争。

随着第四代空空导弹服役，在空战战术方面，以先进雷达空空导弹为武器的超视距作战已成为空战主流；近距空战方面，越肩发射弥补了战斗机不能攻击后方目标的缺憾，进一步降低了对战斗机占位的需求。

科索沃战争、伊拉克战争等战争实践表明：现代战争在很大程度上是空中实力的较量，空战可主宰战争全局进程与最终结果，以空制胜成为可能。空战已经成为一种体系对抗，态势感知与信息获取成为决定空战胜负的关键因素。

空空导弹在不同时代空战中的作用如图1-1所示，不同时代空空导弹的实战命中率如图1-2所示。

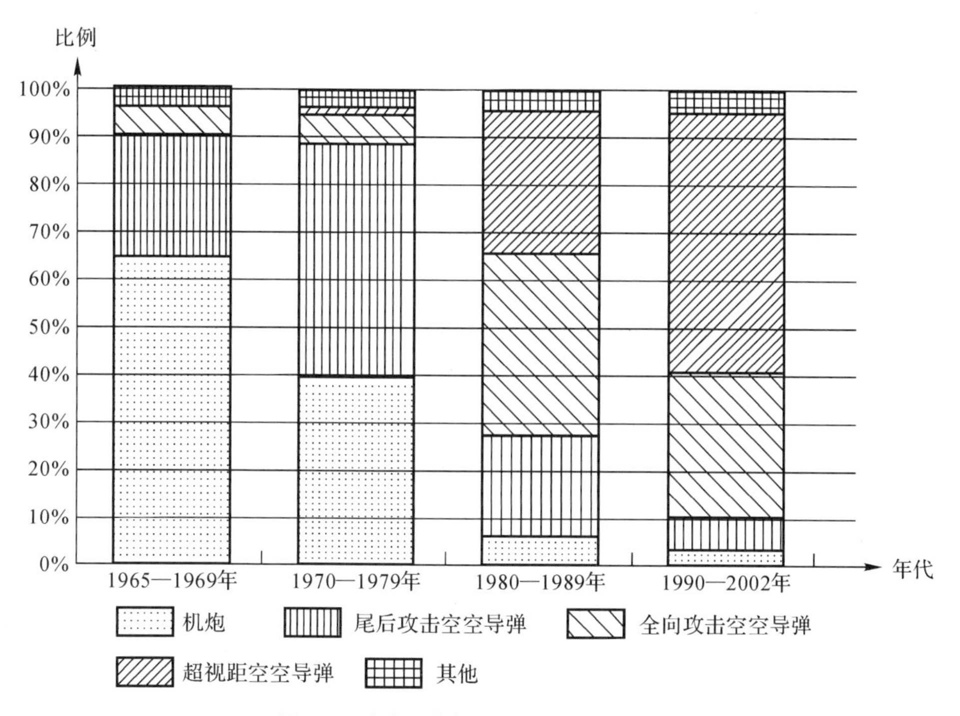

图1-1 空空导弹在不同时代空战中的作用

通过对1965年至今取得的1 400多次空战击毁记录进行汇总可见，机炮由尾后攻击的红外型导弹取代，后者进而又被全向攻击的导弹代替，而超视距导弹则成为现代空战的主角。在过去的几十年中，导弹性能、雷达等探测技术及通信技术的发展，赋予了飞行员在更大空域进行有效搜索及在更远距离上截获目标的能力。现代空战大部分发生在双方进入目视范围之前，近距格斗空战的频率相应减少[1-2]。

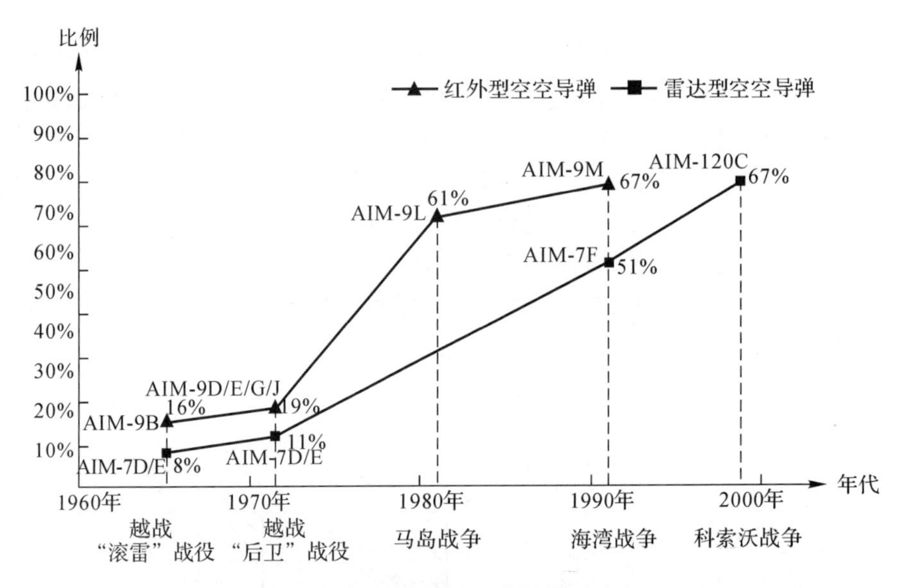

图 1-2 不同时代空空导弹的实战命中率

随着空战距离的逐步拓展，可以预见：在导弹时代，非传统意义上的关键特性，如导弹载机平台的雷达和红外隐身能力、态势感知、远程武器制导能力、载机有效载荷，以及超远距离空空导弹变得越来越重要。超声速和高机动性等因素成为战机设计时需要考虑的关键点，但同时需要权衡考虑上述提到的非传统特性。因此，在未来空战可操纵的观念应拓展得更加宽广，包括传感器、武器和平台，而不是仅仅局限在传统对战机的要求。

1.1.2 空空导弹研制现状

20 世纪后 20 年的几次局部战争表明，空中力量对战争胜负起着至关重要的作用，空空导弹作为空战的主要武器成为世界军事强国优先发展的装备。第四代空空导弹呈现诸强割据的局面，美、俄、欧等装备强国均有优秀型号服役。而中国也实现了第四代空空导弹的自主研制。

为适应空战全面迈入信息化体系对抗的新要求，第四代空空导弹主要解决了探测性能不足、抗干扰能力弱和半主动制导的体制缺陷。这一时期，红外成像探测、主动雷达导引、相控阵雷达制导、大机动弹体气动布局及先进控制技术的发展与应用，奠定了第四代空空导弹发展的技术基础。随着第四代空空导弹服役，空战真正进入了超视距时代，空空导弹成为空战的主要武器。

第四代红外型空空导弹采用了红外成像制导、小型捷联惯导、气动力/推力矢量复合控制等关键技术，能有效攻击载机前方±90°范围的大机动目标，具有较强的抗干扰能力，可以实现“看见即发射”的要求，降低了载机格斗时的占位要求。典型代表有美国的 AIM－9X、英国的 ASRAAM 及以德国为主多国联合研制的 IRIS－T 等，如图 1－3 所示。第四代雷达型空空导弹采用“数据链＋惯性中制导＋主动雷达末制导”的复合制导技术，具有超视距发射、“发射后不管”和多目标攻击能力；采用先进的抗干扰技术，提高了导弹在强电子干扰环境下的作战能力。典型代表有美国的 AIM－120 系列、俄罗斯的 R－77 等，如图 1－4 所示。

图 1－3 第四代近距格斗空空导弹(从左到右依次是 AIM－9X，IRIS－T)

图 1－4 第四代中距拦射空空导弹(从左到右依次是 AIM－120，R－77)

综观四代空空导弹的发展历程，空战需求和技术进步共同推动空空导弹的更新换代。红外型导弹走过了单元—多元—红外成像的导引体制发展历程，正在向多波段红外成像发展。雷达型导弹走过了波束制导—半主动雷达—主动雷达的导引体制发展历程，正在应用相控阵雷达制导技术，将向多频段主动雷达、共口径雷达红外多模等技术方向发展。空中优势的持续争夺和新技术的不断突破将推动着空空导弹持续发展下去[2-4]。

1.1.3 空空导弹发展趋势

战争是武器的试金石，空战制胜是对空空导弹发展的本质需求。从第一代到第四代空空导弹的发展历程可以看出，空空导弹发展始终遵循一条主线：以满足空中优势作战为目标，以提高作战使用灵活性、易用性和目标适应性为方向，以适应性能不断提高的目标、不断复杂的作战环境和不断改变的作战模式为需求，拓展相应的能力，发展相应的关键技术，形成相应的装备。图 1－5 所示是四代空空导弹发展示意图[2-4]。

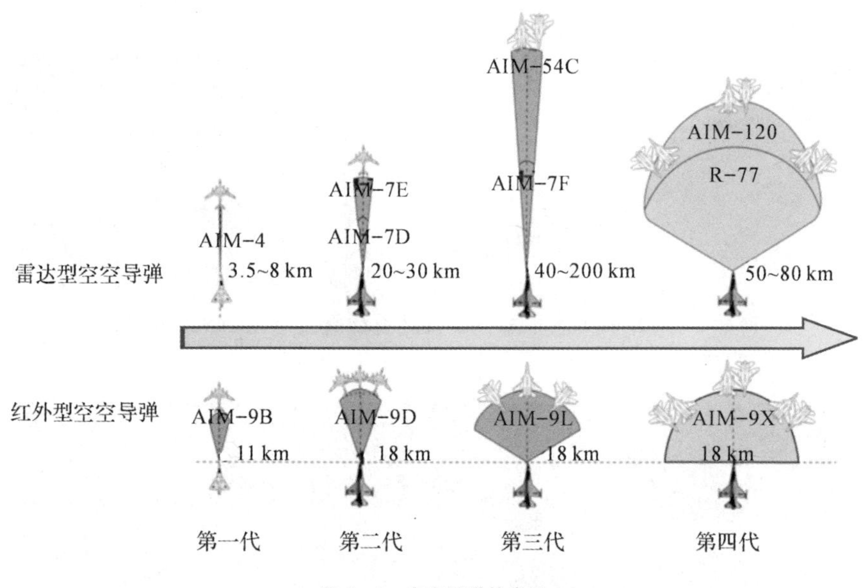

图 1－5　空空导弹的发展

1.从尾后攻击到全向攻击

任何时候，获得有利占位都是空战胜利的基础和关键。根据角度准则，实战中飞行员总是想方设法绕到敌机尾后，在进入敌机尾后的狭窄锥形区域后发射导弹或是机炮实施攻击。占位攻击对飞行员的战斗要求高，由于对抗双方均处于高速飞行与快速机动中，因此在实战中形成并长期保持有利占位非常困难。

不占位攻击是空战中的不懈追求。实现不占位攻击，就是要求空空导弹能够从目标各个方向上实施攻击，也即从尾后攻击变为全向攻击。

“响尾蛇”空空导弹系列是美国空空导弹家族中历史最悠久、最重要的产品系列之一，70 年的发展历程涵盖了第一代到第四代红外空空导弹，其发展历程充分体现了从尾后攻击到全向攻击的发展主线。

第一代“响尾蛇”空空导弹受技术水平限制，导引头只能探测到飞机发动机尾喷口，一般只能从尾后±15°左右的狭小锥角范围内攻击目标。第二代导弹提高了尾后攻击角度范围，逐步达到±50°左右。第三代导弹首次近乎实现了对目标的全向攻击，导弹导引头开始能够探测到飞机的蒙皮，但迎头±15°左右的小锥角范围内依然无法探测和攻击目标。第四代“响尾蛇”空空导弹真正意义上实现了对目标攻击方位的全覆盖，大大降低了对飞行员占位发射的要求，基本可做到“看见即发射”[2-4]。

2.从近距格斗到中远距拦射

空战是一项高危险、强对抗的活动，对每个飞行员而言都是“生死关键 20 秒”，在这电光火石的几十秒，飞行员渴望的是在确保己方导弹可靠命中敌机的情况下能尽早脱离高危险的战斗，最高境界是击落敌机而不被敌方攻击。“先敌发现、先敌发射、先敌命中、先敌脱离”作为空战制胜的“四先”准则，一直指导着空空导弹的发展和作战使用。为实现“四先”，追求射程一直是空空导弹的发展方向。

第一代空空导弹射程较近，只有数千米，第二代空空导弹射程增加，但也不超过 20 km。这一时期空战主要是近距格斗(DOG FIGHT)，也被称为“空中拼刺刀”，飞行员的战术素养在很大程度上决定着空战对决中的胜负，对飞行员的胆量和意志是一个极大的挑战，飞行员渴望能从更远的距离上攻击敌机。为了满足这一要求，第三代中距空空导弹的最大发射距离增加到 40 km 左右，第四代中距空空导弹进一步达到了 80 km，最新改进型甚至提高到 100 km 以上。同时载机的雷达火控、态势感知和敌我识别能力得到大幅提高，为视距外空战提供了可能。在超视距空战时代，态势感知能力是决定空战胜负的关键，常常是飞行员还未反应过来就已被击毁，双方飞行员还没有见面战斗就结束了[2-4]。

3.从定轴发射到离轴发射

空战自由是空战追求的重要目标。定轴发射源于机炮空战时代的旧思维和落后的使用模式，也是空空导弹最初的截获和发射方式。定轴发射要求发射导弹前需要长期将飞机机头稳定指向目标，对飞行员占位要求高，因此攻击时窗小、攻击时机不易把握。定轴发射从实战意义上讲离“易用”要求差距很大。

飞行员更希望不需要频繁调整机头指向就能对目标发起攻击。而且，一旦机载空空导弹在发射前截获目标，在整个空战过程中都能够稳定可靠而不丢目标，并且能够在较大角度范围内实现自动跟踪机动目标。这一实战需求促使离轴发射技术逐渐发展和成熟。

离轴发射是以载机为中心来描述对目标的空间角度攻击能力。站在飞行员的视角，早期空空导弹从载机正前方的±20°，发展到第三代空空导弹的载机正前方±40°，进而到第四代空空导弹的载机前半球±90°。第四代近距格斗空空导弹普遍具备越肩发射能力，即能够攻击载机正侧向乃至侧尾后的敌机[2-4]。

4.从简单环境到复杂环境

战场环境适应性贯穿空空导弹发展过程。空空导弹的发展与其他武器装备一样，也是一个不断适应目标性能提高和作战环境变化的过程。空空导弹需要解决抗自然环境干扰和人工干扰问题。

自然环境对空空导弹影响很大，主要体现在太阳、云背景、地海背景和复杂气候等方面。受地海背景影响，第一、二代空空导弹不具有下视下射能力，从第三代空空导弹开始才具有“全高度”作战能力，由于红外体制自身的缺陷，红外导弹仍不能做到全天候使用。

空空导弹的发展催生了机载干扰技术，并不断改进、升级、换代，使得空战环境更加复杂恶劣，机载干扰装备发展的速度远超过导弹，世界上研发和装备的干扰种类也远大于导弹。干扰和抗干扰的对抗一直伴随着空空导弹的发展。第一、二代导弹人工干扰环境相对简单，从第三代导弹开始，抗干扰问题一跃成为空空导弹的主要挑战，持续改进抗干扰能力是空空导弹重要的发展方向。为了解决红外诱饵弹干扰问题，第四代红外导弹采用成像体制，但随之出现了针对成像的面源红外诱饵弹；为了对抗欺骗式自卫干扰，第四代雷达导弹采用单脉冲雷达测角体制，但随之出现了拖曳式诱饵干扰从角度上进行欺骗。美国几十年的电子战经验表明，没有哪种对抗措施是永远有效的。干扰和抗干扰技术作为“矛盾”的双方会持续发展下去[2-4]。

1.2 导弹制导控制原理

空空导弹是典型的精确制导武器，其基本工作原理是导弹导引系统接收来自目标反射的无线电波或辐射的红外波，从中获取制导信息，制导系统进行信息处理后，根据导弹和目标的相对运动关系按预定的导引律形成控制指令，控制舵面偏转，操纵导弹飞向目标。对于中距和远程空空导弹，由于导引系统探测距离有限，在远距离上不能获得目标信息，需要载机火控系统给导弹装订飞行任务，并通过数据链实时提供目标指示，以将导弹引导到导引系统可以捕获目标的一个特定区域。弹目交会时，引信对目标进行探测和识别，并适时引爆战斗部，用杀伤元素去毁伤目标[5-7]。如图 1-6 所示是空空导弹工作原理图。

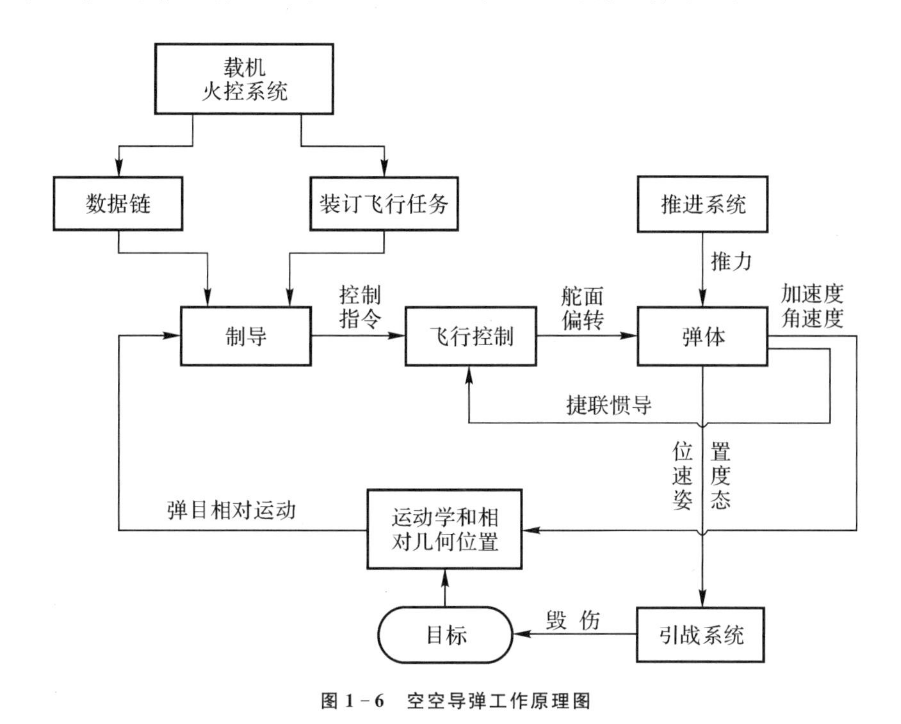

图 1-6 空空导弹工作原理图

1.2.1 有线制导

有线制导是指在导弹飞行过程中制导站不断的跟踪目标，并将指令通过弹体和制导设备之间存在的实体传导线传输给制导武器，操纵弹体攻击目标。有线制导的优点是设备相对简单、精度高、抗干扰能力强。但是由于需要传导线连接，这种制导方式的最大缺点就是射程极其有限，此外，在导弹飞行过程中进行操纵也极为困难。传统的有线制导方式发射装置和目标必须保持直线接触，中间不能有遮挡，如果目标突然进入遮掩物后，有线制导将会失效。而且由于传感器和发射装置是安装在一起的，离目标距离越远，制导精度越差，所以传统有线制导武器的有效射程不超过 5 km，难以提高。现在先进的有线制导系统将金属导线改为光纤，由光学设备自动跟踪导弹并测出导弹飞行方向与瞄准线的偏角，操纵者只需要始终用光学瞄准镜的十字线跟踪瞄准目标即可。此外，光纤制导为非瞄准线制导，发射传感器不需要和目标保持直线接触，即使受到遮蔽也不影响攻击目标。这种系统操纵简单，而且精度明显提高，并大幅度地提高了射程和抗干扰能力，导弹性能大幅度提升。

有线制导系统在空空导弹上的实际应用非常有限，德国研制的世界上第一型空空导弹 X－4 便是应用的有线制导方式。X－4 空空导弹利用位于两片弹翼顶端的控制导线进行制导的实现，利用另外两片弹翼顶端的曳光管观察航迹。但是这种世界上第一型的空空导弹未能投入实际的战斗使用当中，其制导系统的性能也未能得到实战验证[5-7]。

1.2.2 遥控制导

遥控制导是指在远距离上向导弹发出导引指令，将导弹引向目标或预定区域的一种导引技术。目前，遥控制导主要分为两类，一类是遥控指令制导，另一类是驾束制导。遥控指令制导系统主要包括目标观察跟踪装置，导引指令形成装置(计算机)，导引指令发射装置和自动驾驶仪，其系统结构示意图如图 1－7 所示。

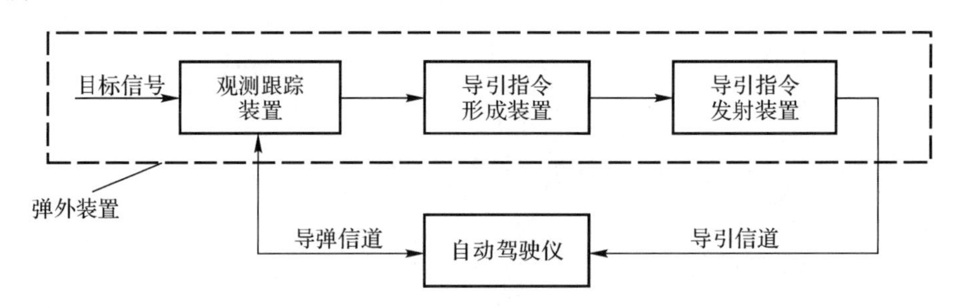

图 1－7　遥控指令制导系统结构示意图

从遥控指令系统的功能示意图可以看出它是一个闭合回路，运动目标的坐标变化成为主要的外部控制信号。在测量目标和导弹坐标的基础上，再经过作为解算器的指令形成装置，它们计算出指令并将其传输到弹上。因为制导的目的是保证最终将导弹导向目标，所以构成控制指令所需的制导误差信号应以导弹相对于计算弹道的偏差为基础。这种线偏差等于导弹和制导站(地面或载机)之间的距离与角偏差的乘积，因而按线偏差控制情况下的指令产生装置。

驾束制导在弹上接收设备输出端形成导弹与波束轴线偏差成正比例的信号。为保证在不同的控制距离上形成具有相同的线偏差信号波束，必须测量制导站与导弹之间的距离，当距离变化规律基本与制导条件和目标运动无关时，可以利用程序机构引入距离参量，并将其看成给定时间的函数。驾束制导系统的结构示意图如图1-8所示。

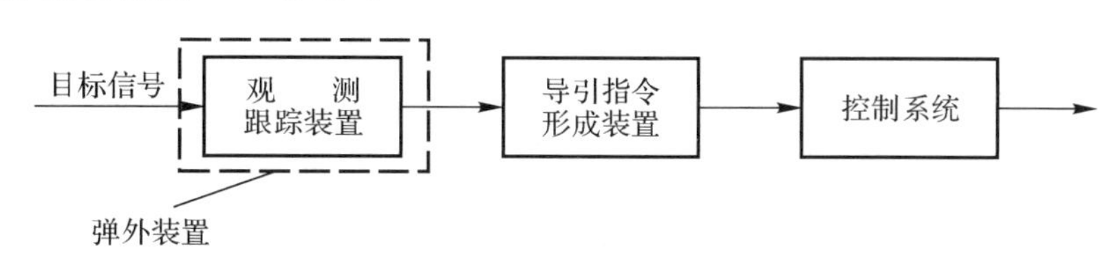

图1-8 驾束制导系统结构示意图

遥控制导方法在实现的时候，不仅要考虑目标的运动特性，有时还需要注意制导站的运动状态对导弹运动的影响。三点法和前置法是常用遥控制导导弹导引方法。三点法导引是指导弹在攻击目标的导引过程中，导弹始终处于制导站和目标的连线上，如果观察者从制导站上观察目标，目标的影像正好被导弹的影响所覆盖，因此三点法又称目标覆盖法或重合法，其弹道示意图如图1-9所示。

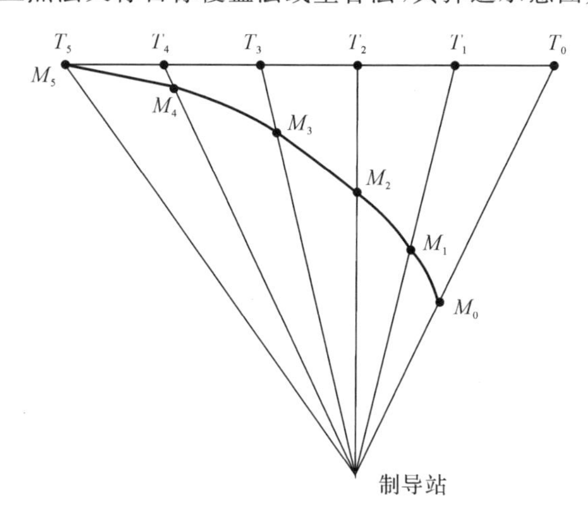

图1-9 三点法导引弹道示意图

三点法的实现较容易，其制导误差信号的形成仅须测量目标和导弹角坐标装置，技术实施简单，抗干扰性能好。三点法适用于攻击低速目标、从高空或低空滑行或俯冲的目标，或是在被攻击的时候目标释放干扰，在这些情况下应用三点法不仅简单易行，而且其性能往往优于其他的制导律。但是，三点法导引也存在一些明显的缺陷，在迎击目标的时候，越接近目标，弹道越弯曲，需用法向过载就越大，这对于攻击高空高速目标来说极为不利，容易造成导弹脱靶。另外，由于目标机动、导弹运动干扰等影响，制导回路总会存在动态误差。为了消除误

差，需要在指令信号中加入补偿信号，而补偿信号的产生基于测量目标机动时的坐标及其一阶、二阶导数，这样就造成补偿信号不准确，甚至不易形成，因此三点法导引中往往会形成难以消除的动态误差。

前置法与三点法相比弹道比较平直，特别是末端弹道需用过载明显减小。所谓前置是指在导弹的整个导引过程中，导弹-制导站连线始终超前于目标-制导站连线，而这两条连线之间的夹角是按某种规律变化的。实现前置法导引需使用双路制导，其中一路是用于跟踪目标，测量目标位置；另一路用于跟踪和控制导弹，测量导弹位置，前置法的弹道示意图如图 1 - 10 所示。

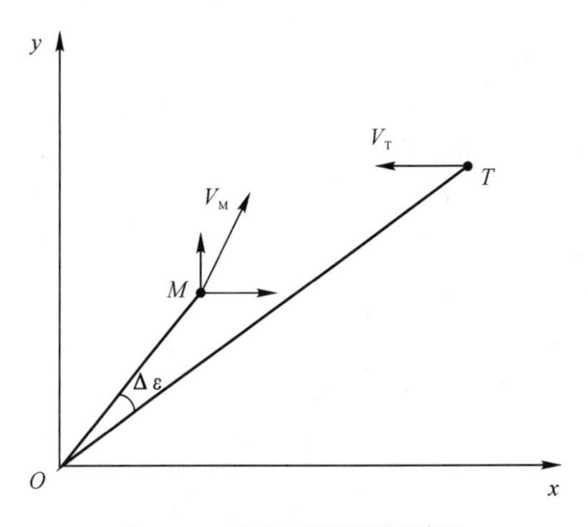

图 1 - 10　前置法导引弹道示意图

对于三点法和前置法来说，在导弹命中点处，目标机动对导弹的转弯速率会有一定影响。半前置法是将三点法和前置法相结合的一种遥控制导算法，其利用了三点法和前置法在导弹命中点处，目标机动所造成影响的反号性质，折中而成的一种算法。理论上来说，半前置法目标机动对命中点处导弹的转弯速率没有影响，从而减小了动态误差，提高了导引准确度，制导效果较为理想。但是要实现半前置法的导引，需不断地测量导弹和目标的矢径、高低角以及其相对应的导数，以便不断地形成指令信号。这样制导系统的结构也会变得更为复杂，在实际的工程中也较难实施，导弹的抗干扰性也比较弱，甚至可能会造成较大的误差。

遥控制导方式在空空导弹上很少单独应用，经常与其他制导方式相配合使用，这样可以使打击目标范围更广，导弹射程增加，战术性能也会大大提高，在现代化空战中具有不可替代的作用[5-7]。

1.2.3 自寻的制导

自寻的制导是现代空空导弹最常见的导引方式，它是利用弹上制导设备接收攻击目标反射或辐射的信息，来实现对目标位置的确定和跟踪。

常见的空空导弹自寻的系统有红外型和雷达型。空空导弹的主要打击目标是各种作战飞机，飞机具有三个特征明显的红外辐射源：发动机喷口、尾气和蒙皮。红外导引系统利用目标与背景的红外辐射差异将目标检测出来，并对目标进行跟踪和信息测量。红外导引系统完成对目标的探测、识别、捕获和跟踪，并测量目标在空间的角位置、运动角速度等参数，形成导引信息，传输给导弹制导回路，同时实现抗背景和人工干扰。

红外导引系统按功能划分，由红外探测系统、跟踪稳定系统、目标信号处理系统及导引信号形成系统组成；按结构划分，一般由位标器和电子组件组成，其结构示意图如图 1－11 所示。

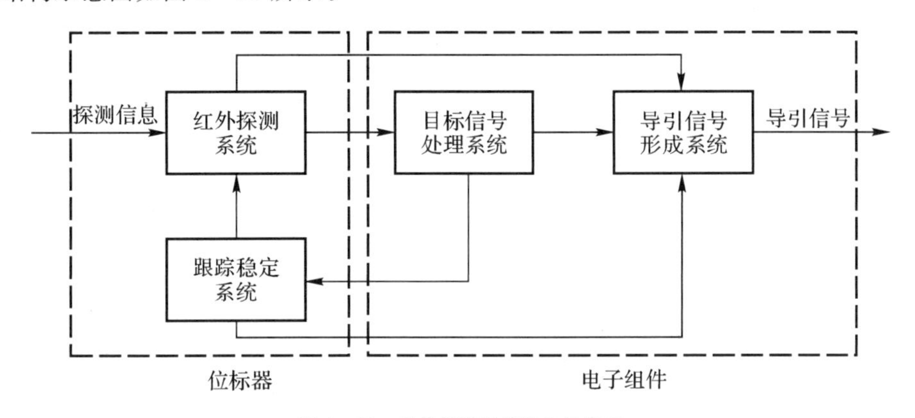

图 1－11 红外探测系统结构示意图

雷达导引系统也称雷达导引头，是利用雷达探测原理对目标进行探测、跟踪。雷达利用目标反射的电磁波来探测目标的信息，不仅可以测定目标的距离，还可以测定目标的速度、角度等信息，为制导控制系统提供了充分的信息量。雷达探测能力与目标对入射电磁波的散射特性息息相关，这种特性由目标的雷达散射面积(Radar Cross Section，RCS)来度量。目标的 RCS 越大，被雷达探测到的可能性就越大。RCS 的大小与目标的尺寸、形状以及材料有关。目前，隐身飞机主要是通过气动外形设计来减小 RCS，另外，在飞机表面涂覆特殊的吸收电磁波材料也可以进一步的提高飞机隐身性。

雷达导引系统的主要功能是搜索、探测、截获和跟踪目标，在导弹的高速运动中不断地测量目标相对于导弹的位置和位置变化率，并由获得的目标相对于导弹的运动参数信息生成导引信息，其主要由天线罩、天线、发射机、频率源、接收机、信号与信息处理机和位标器等组成，典型的主动雷达系统组成如图 1－12 所示。

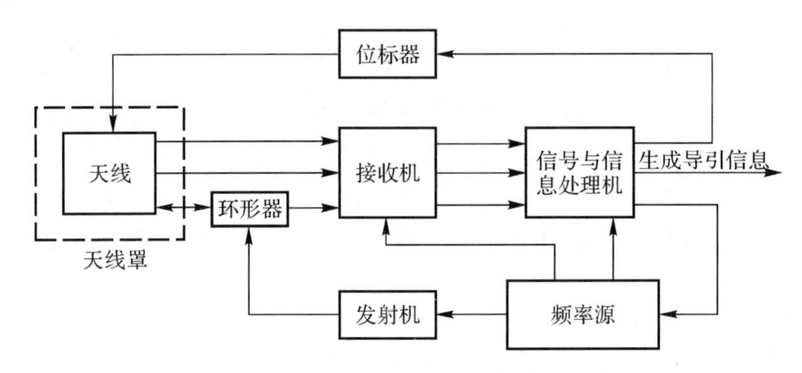

图 1－12　雷达探测系统结构示意图

雷达导引头按照体制可分为被动雷达导引头、半主动雷达导引头和主动雷达导引头。被动式雷达是利用目标发出的无线电辐射来实现的；半主动式雷达通过照射目标得到反射电波来实现对目标的跟踪，但照射目标的初始电波能源（雷达发射机）不装在导弹上；相对应的主动式雷达电波能源装在导弹上。尽管三种雷达导引系统观测目标所需无线电波的来源不同，但三种方式的基本工作原理和系统构成大体相同，差异不大。

自寻的导弹制导系统的作用是自动截获和跟踪目标，并以某种自动寻的方法控制导弹产生机动，最终击毁目标。常见的自寻的制导系统的组成部分包括运动学环节、导引头、稳定回路及导弹弹体，自寻的制导系统回路结构示意图如图 1－13 所示。

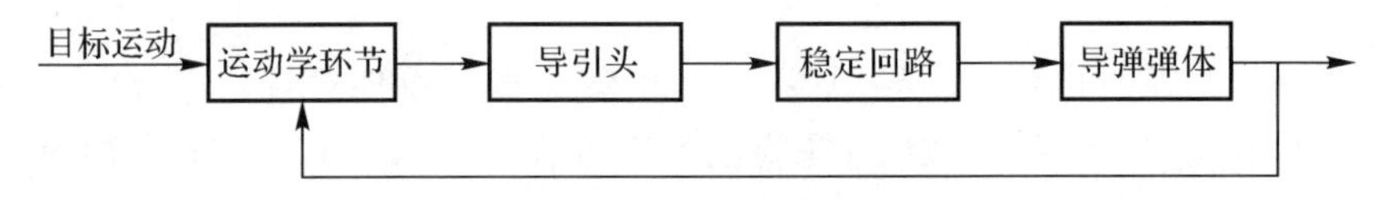

图 1－13　自寻的制导系统结构示意图

自寻的常用的制导算法包括追踪法、平行导引法与比例导引法。追踪法要求导弹向目标运动时，目标的视线角与导弹的速度矢量重合。该方法的实现具有一定的限制，既要求导弹速度与目标速度比值在一定范围内。当导弹速度与目标速度之比小于 2 时，在整个飞行过程中导弹的法向过载将是有限值，导弹将直接命中目标。当导弹速度与目标速度之比大于 2 时，导弹的法向过载将趋于无穷大，导弹在过载能力的限制下会逐渐偏离所需求的弹道，不能直接击中目标。追踪法在现代空空导弹制导系统设计中应用较少，通常只有在进行后半球攻击或目标速度较低时才适用。

平行导引法要求导弹在攻击目标时，目标视线在空间中保持平行移动。该方法的基本特点是：当目标机动时，按平行导引法导引的弹道需用过载将小于目标的机动过载。与其他方法相比，用平行导引法导引的弹道最为平直，还可以实现全向攻击。然而，平行导引法的实现却异常困难，它要求制导系统在飞行过程中的每一瞬间都要精确测量目标及导弹的速度和前置角，并严格保持平行导引法的运动关系，这样的苛刻条件对导弹的制导控制系统提出了较高要求，在实际的工程中难以保证，因此使用范围很有限。

比例导引法要求导弹速度矢量的转动角速度与目标视线的转动角速度成正比，比例导引法是可以得到较为平直的弹道；在比例系数满足一定条件下，弹道前段能充分地利用机动能力；弹道后段则较为平直，使导弹具有较为充裕的机动能力；只要发射条件及导航参数组合适当，就可以使全弹道上的需用过载小于可用过载而实现全向攻击；另外，它对瞄准发射时的初始条件要求不严，也有利于空空导弹的发射；比例导引法所需的信息量小，在工程上来说是非常易于实现的，在导弹飞行过程中，只需要测量目标视线角速度和导弹的弹道倾斜角速度即可，所以，比例导引法在空空导弹制导系统设计上得到了最广泛的应用。三种不同的自寻的制导弹道特性如图 1-14 所示。

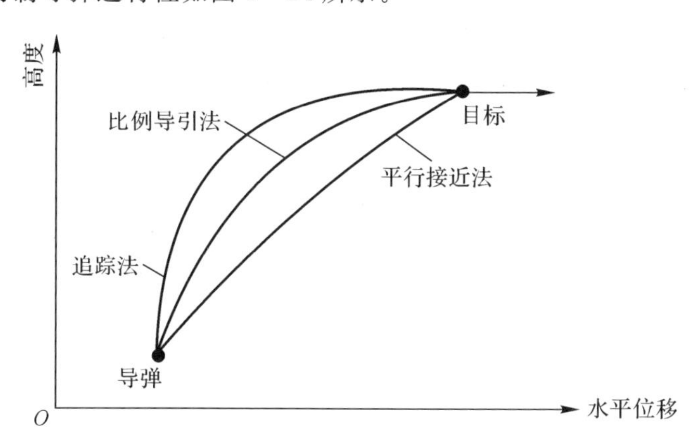

图 1-14　三种不同制导方法的导弹弹道特性曲线示意图

多种多样的制导方式和算法为导弹实现不同的弹道要求提供了可能。现代空空导弹打击目标种类繁多，战术需求的不同，对导弹设计提出的技术要求更高更复杂。在多数情况下，采用单一的制导方式很难完成既定的战术目标。复合制导技术的提出和应用可以弥补单一制导方式上性能的不足，充分发挥各自导引体制的优势，有效提高武器作战效能，这也是现代空空导弹制导系统研制设计的新趋势[5-7]。

1.3 空空导弹自动驾驶仪分类与组成

1.3.1 稳定回路与自动驾驶仪

自动驾驶仪一般由惯性器件、控制电路和舵机系统组成。稳定回路是由自动驾驶仪与导弹弹体构成的闭合回路。以过载控制为例，来说明自动驾驶仪与稳定回路的区别，图 1-15 为空空导弹典型过载控制稳定回路原理图[6-8]。

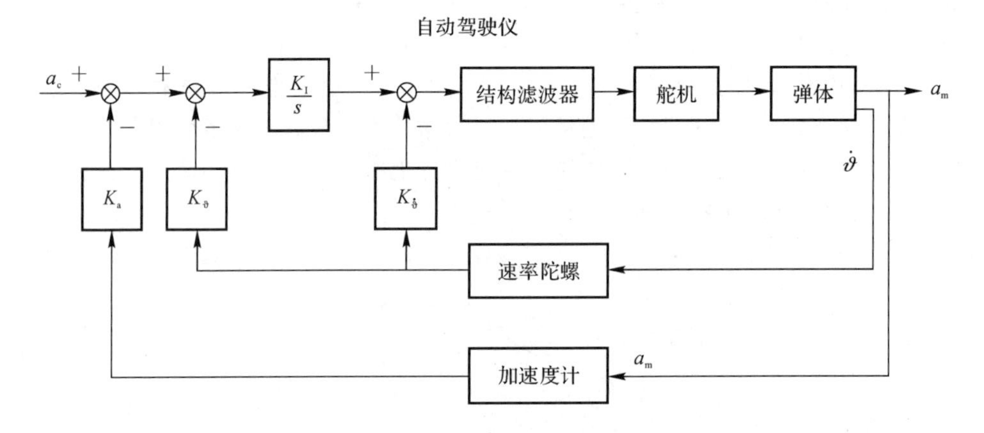

图 1-15　空空导弹典型过载控制稳定回路原理图

可见，稳定回路指的是为实现导弹稳定控制功能的整个闭合回路，而自动驾驶仪指的是稳定回路中除弹体之外与稳定控制功能实现有关的部分。

1.3.2 单通道控制

单通道自动驾驶仪常用于旋转式导弹上，美国的“麻雀”3 导弹、意大利的 Aspide 旋转弹翼式布局。这类弹体绕自身纵轴滚转的导弹相对常规导弹来说，具有较多优点：可以减小制造过程中的误差造成的气动不对称、结构不对称和推力偏心等干扰；弹体滚转产生的陀螺定轴稳定效应能在一定程度上削弱飞行过程中的随机干扰对弹体飞行性能的影响。但是，弹体的旋转也使得旋转弹载空气动力学特性、飞行力学特性、控制理论与方法等方面有别于非旋转弹，并带来一定的特有问题，如马格努斯效应、陀螺效应等，使得该类飞行器的姿态运动远较于非旋转飞行器复杂[5]。

弹体自旋的存在，意味着一对舵面可以产生空间任意方向的法向控制力，因此采用单通道执行机构即可同时控制俯仰和偏航运动，有助于简化自动驾驶仪结构。同时，由于旋转弹的滚转通道一般不需要控制，可以省去控制滚转通道所需的相关设备，进一步简化了自动驾驶仪的组成。单通道控制的基本原理：自动驾驶仪接收导引系统的控制信号，操纵一对舵面做偏转运动。利用导弹绕其纵轴的旋转，通过舵面切换时间的控制，在要求方向上产生所需的等效控制力，这样就可以实现同时进行导弹的俯仰和偏航运动控制，改变导弹的姿态，控制导弹沿着导引弹道飞行[17]。

在滚转导弹的设计中，脉冲调宽控制信号直接控制执行机构是最为常见的操纵方式。在控制信号的作用下，导弹的执行机构呈现继电式的工作状态，控制信号极性的交替改变。执行机构往复摆动，相应地产生的操纵力也就随之正负交替变化。为了更为方便地分析导弹在旋转过程所产生的气动力，一般在准弹体坐标系下对操纵力进行描述。假设控制信号和操纵力都为理想的方波信号，考虑系统中的舵机延迟效果，典型的控制信号与操纵力的对应图如图 1－16 所示。

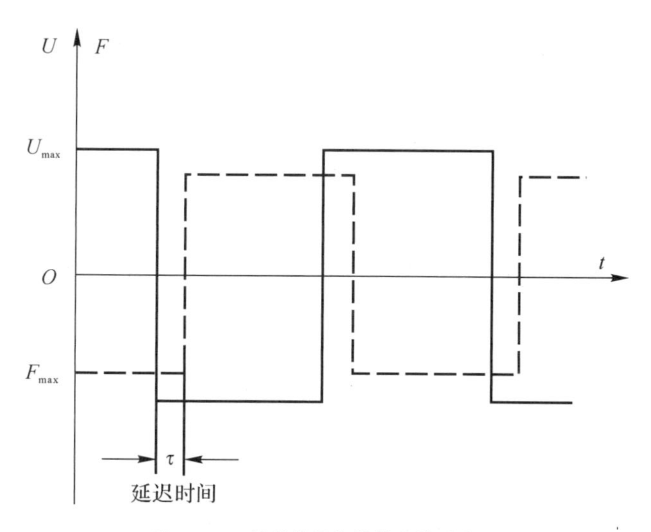

图 1－16 控制信号与操纵力的对应图

通常，在导弹发射状态时将滚转角 γ 设为 0，既满足弹体坐标系和准弹体坐

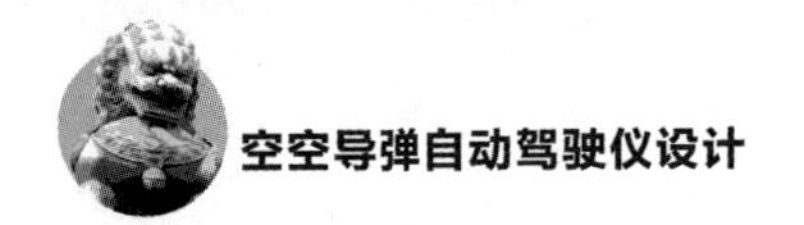

标系相重合的状态。导弹发射之后在空间旋转的过程中，此时导弹的操纵力 F 可以分解为沿准弹体坐标系侧向和竖直方向的两正交分量。

$$F_y = F\cos\gamma$$
$$F_z = F\sin\gamma$$

式中，F_y 为俯仰操纵力；F_z 为偏航操纵力，将它统称为瞬时操纵力。由于导弹的弹体具有低通滤波的性质，所以在导弹不可能响应每一瞬时的操纵力，它只能响应滚转一周内产生的平均操纵力。通过对瞬时力的积分可得到俯仰、偏航平均操纵力的表达形式为

$$F_{yp} = \frac{1}{T}\int_{t-T}^{t} F_y \, \mathrm{d}t$$
$$F_{zp} = \frac{1}{T}\int_{t-T}^{t} F_z \, \mathrm{d}t$$

如果同时存在 F_{yp}、F_{zp}，则导弹就可以获得空间内任意方向的运动。为了能正确地操纵导弹飞行，同时减少自动驾驶仪的复杂程度，滚转导弹的控制信号的换向次数与导弹绕其纵轴的旋转周期应保持严格的对应关系。一般情况下，典型的控制信号在一次旋转周期内换向零次、两次或四次，相应的力换向次数也是如此。当在导弹旋转一周内控制信号不换向时，其操纵力平均值为零。导弹旋转一周内换向两次和四次原理相似，以换向两次为例，假设导弹在零滚转角时初始的操纵力指向弹体坐标系 y 轴方向，不考虑延迟作用，在不同的典型换向点操纵力 F_y、F_z 的周期变化如图 1－17 所示。

由图 1－17 可以看出，当导弹操纵力在一个旋转周期内换向两次时，操纵力扫过 180°的半平面两次；而另外的半平面未扫过，所扫过的半平面的位置取决于操纵力的换向点的位置。在这种情况下，弹体只在某一方向上受到控制作用。图 1－17 中，图(a)表示导弹旋转一周内平均力效果向右，图(b)则表示操纵力的平均效果向上，再经过对瞬时力求取定积分便可得到周期平均值。由此可见，通过对换向点与换向次数进行操纵，即可实现对导弹在空间内任意方向的运动[5-6]。

单通道自动驾驶仪作为导弹的控制装置，利用负反馈原理与弹体组成稳定控制回路，增大导弹的等效阻尼，减少导弹参数变化对制导系统性能的影响。当有控制信号时，操纵导弹向导引规律要求方向机动；当无控制信号时，稳定导弹的姿态角运动，典型的旋转弹单通道稳定回路控制结构示意图如图 1－18 所示。

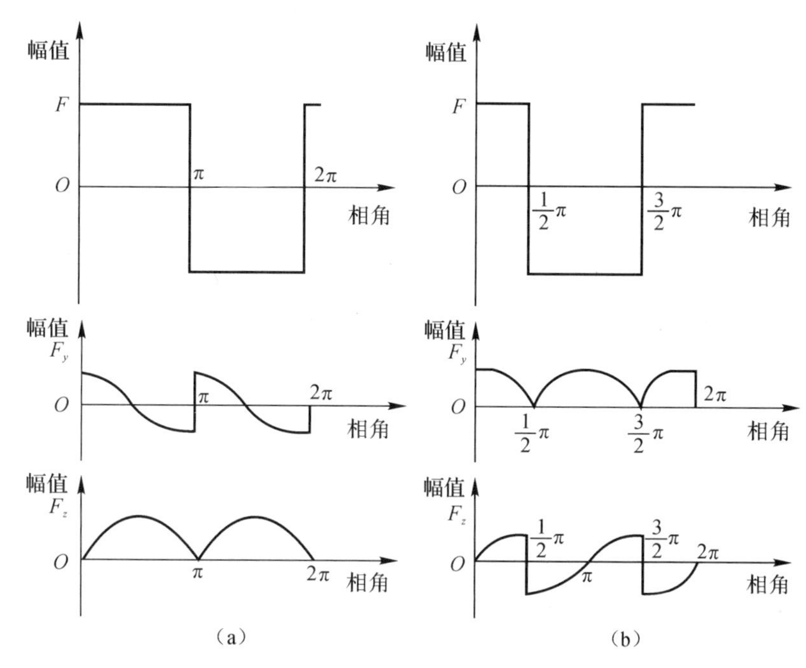

图1-17　两次切换在不同的换向点操纵力的周期变化

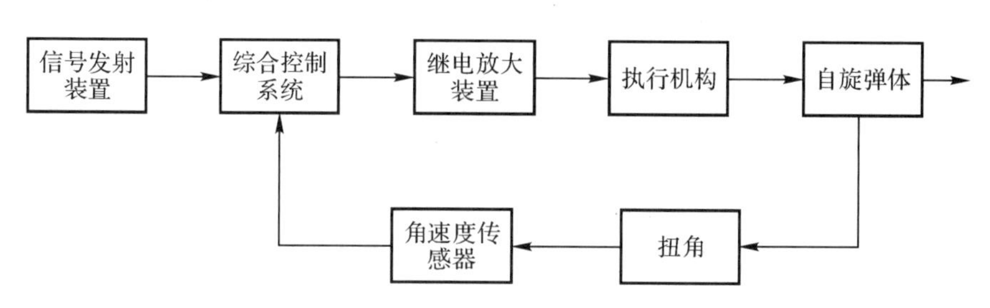

图1-18　旋转弹单通道稳定回路控制结构图

旋转弹固有的陀螺效应和马格努斯效应，使得旋转弹在俯仰和偏航方向的运动存在交叉耦合作用，对于带有制导控制系统的旋转弹来说，自动驾驶仪不可避免地存在相位延迟，也导致用于控制俯仰通道的控制力和力矩同时引入偏航方向的输出响应，反之亦然。因此旋转弹单通道控制的研究不可避免地要面对解耦控制问题。在近年来的研究中，基于反馈交叉补差思想的线性化方法、基于模型跟踪思想的动态逆方法以及基于复杂模型跟踪的智能/鲁棒方法均在单通道控制解耦问题上有所应用，取得一定的进展。但算法的工程实用性与可靠性仍是需进一步研究的关键技术。

1.3.3 双通道控制

非旋转式空空导弹基本控制模式有 2 种:双通道控制和三通道控制。空空导弹具有俯仰、偏航与滚转三个通道,通常需要三套设备来分别加以控制,但有时只采用两对舵面操纵导弹、做两个相互垂直方向的运动,即双通道自动驾驶仪来实现对导弹的控制。双通道控制导弹无滚转控制通道,导弹在飞行过程中绕其纵轴低速滚转。导弹的基本控制模式的确定与基本气动布局形式的选择是密切相关的,需要在设计中统筹考虑。

双通道自动驾驶仪的实质就是对横滚只施加稳定效果而不加以控制,为了降低通道之间的交叉耦合,在滚转通道上引入了降低滚转角度的措施。典型的代表就是美国的"响尾蛇"AIM－9 系列导弹。它采用铰链力矩与制导信号成比例关系来控制导弹飞行,使得自动驾驶仪参数与气动力负载变化与飞行高度、速度基本无关,使自动驾驶仪大为简化。导弹的滚转控制不是采用常规的副翼控制,而是采用陀螺舵来实现导弹滚动角速率的稳定,陀螺舵是利用导弹在飞行中气流吹动陀螺舵的转子使其高速旋转,当弹体出现滚转时,陀螺舵以陀螺效应产生进动,使舵产生偏转,进而产生与弹体滚转相反的力矩。较早的设计中陀螺舵的转动轴垂直于弹轴,后来改进为斜置的 45°,这不仅可以产生滚转阻尼,而且还可以产生俯仰与偏航阻尼,为导弹的双通道设计大大提供了便利。

为了简化自动驾驶仪的设计过程,双通道控制的俯仰与偏航通道通常设计成控制结构相同的形式,也称为侧向稳定回路控制。侧向稳定控制回路的设计包括两个方面,即稳定与控制,具体包含改善弹体阻尼特性、增加系统稳定性、实现从指令到过载的线性传输、抑制不确定性与干扰、以及在某些情况下对过载进行限制的设计等。与旋转弹的单通道控制相似,三回路驾驶仪是现阶段应用最为广泛的控制形式,其在物理概念上清晰,并且可以较好地实现自动驾驶仪在各个方面上的要求,已广泛应用到多型号导弹的设计中。

1.3.4 三通道控制

在俯仰、偏航、滚转三个通道分别加以稳定与控制,并具有独立的执行机构完成对导弹的操纵,称为导弹三通道控制。三通道控制可用于轴对称导弹,也可用于面对称导弹。从稳定和控制的角度来说,面对称导弹与轴对称导弹的控制目标有所不同，面对称导弹三个方向上的运动耦合特性强，若要导弹做偏航运动，通常先使之滚转，而若导弹产生了滚转，也会产生偏航，同时滚转效果也可能对高度产生一定的影响。因此，控制面对称构型的导弹，不同的控制信号之间应具有相对应的联系，有一定的协调效果，这样的控制方式也称为协调控制[6-8]。为保证导弹的正确控制，除了三通道分别接收俯仰。偏航和滚转信号外，还必须引入协调信号对各个通道的耦合效应进行补偿，面对称导弹的三通道协调控制结构示意图如图1-19所示。

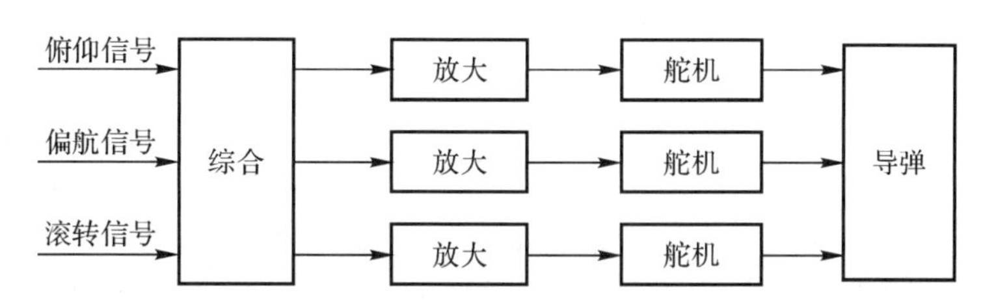

图1-19　面对称导弹三通道协调控制结构

对于轴对称导弹来说，俯仰、偏航和滚转三个方向上的运动可以近似地认为是相互独立的。因此，控制轴对称导弹可以采用各自独立的控制系统，这样的控制也称为独立控制。独立控制主要用于轴对称导弹上，采用的是三个通道，独立地分别完成对导弹三个方向上的控制。轴对称导弹三通道独立控制的结构示意图如图1-20所示。

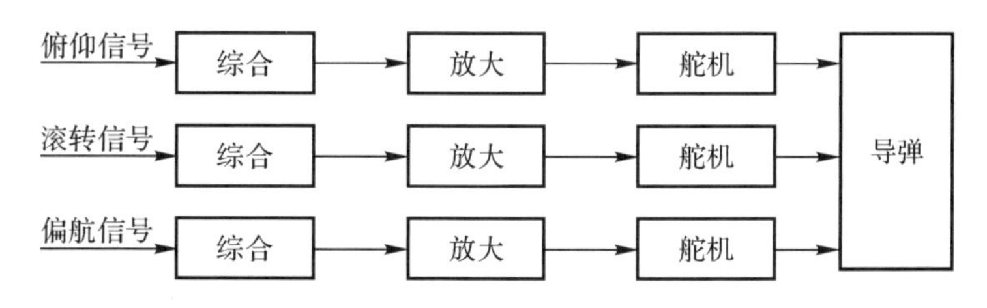

图1-20　轴对称导弹三通道独立控制结构

采用三通道控制的导弹，其常用的转弯策略（操纵策略）通常可以分为侧滑转弯（Slide-To-Turn，STT）、倾斜转弯（Bank-To-Turn，BTT）、边滚边转三类（Bank-While-Turning，BWT），示意图如图1-21所示。

可见，采用STT操纵策略的导弹，其转弯机动是靠执行机构同时改变攻角与侧滑角，从而产生指令方向的合成过载来实现的；采用BTT操纵策略的导弹，其转弯机动是靠执行机构先改变滚转角后改变攻角，从而产生最大升力面方向的过载来实现的；采用 BWT 操纵策略的导弹，其转弯机动是靠执行机构同时改变滚转角与攻角，从而产生指令方向的合成过载来实现的[7-8]。

目前，多数空空导弹都采用 STT 控制技术，这种技术在飞行过程中，导弹弹体不发生滚转，将其保持在零滚转角附近，并且为了满足导引律的需求，制导系统需要在导弹的俯仰和偏航两个平面上产生相应的法向过载，使导弹具有在空间内任意方向运动的能力。因此，导弹的机动可视为是攻角和侧滑角作用的结果。STT 导弹在飞行过程中滚转角速率很小，所以可近似认为三个运动通道相互独立，互不干扰，因此适合三通道的独立控制。

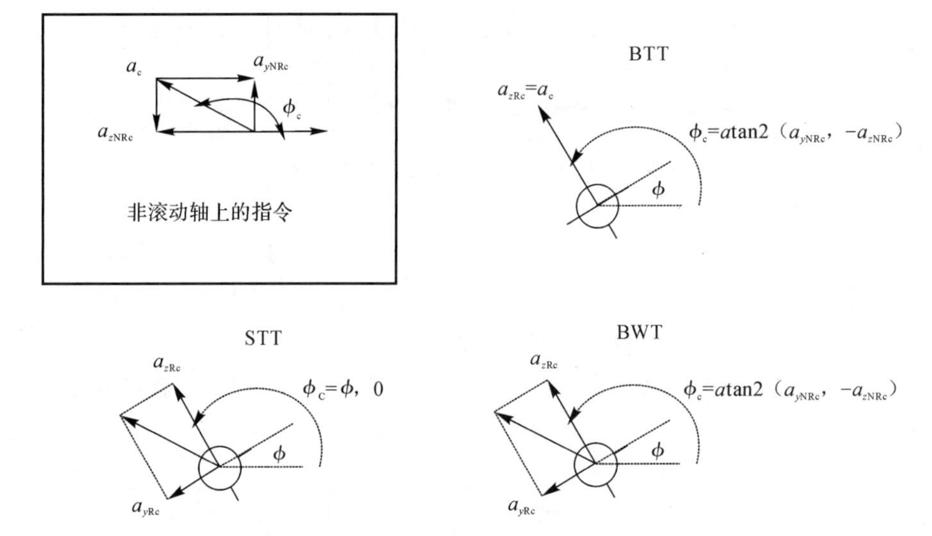

图 1-21　三种典型操纵策略示意图

BTT 控制多用于面对称气动外形的导弹，如采用下颚进气式冲压发动机的导弹，也有部分轴对称导弹采用这项技术。面对称气动外形的空空导弹阻力和气动耦合小，可提供大的机动过载，也便于载机的保形外挂和隐身。同时，采用冲压喷气发动机是远程和高速导弹的发展新趋势，BTT 控制技术非常适合基于冲压发动机技术的空空导弹自动驾驶仪设计。由于空空导弹气动布局、总体外形，冲压发动机进气道口等设计方案的不同，面对称 BTT 控制导弹分为 BTT-90°和 BTT-180°两种类型。BTT-90°用于具有正负攻角能力的面对称导弹，它具有一个有效升力面；BTT-180°主要用于配有鄂下进气道冲压发动机的面对称导弹，由于导弹结构布局或发动机进气道设计限制，要求只在正攻角条件下工作，在制导过程中，使该平面与法向过载方向重合，要控制导弹滚转角绝对值最大达 180°才行。采用 BTT 控制方式的空空导弹为了提高导弹的气动稳定性，减小诱导滚转力矩，减小气动涡流的不利影响和提高最大可用攻角，需通过协调控制保持导弹飞行过程中侧滑角近似为零。由于倾斜转弯过程中，需要操纵导弹绕弹体纵轴高速旋转，过去常用的三通道互相独立的导弹动力学模型不再适用。这时不仅需要考虑气动耦合，还需要考虑运动耦合和惯性耦合，其耦合特征如图 1－22 所示。因此空空导弹倾斜转弯自动驾驶仪的设计，需寻求合适的分析与设计方法，实现侧滑角近似为零的协调转弯，并保证具有一定的鲁棒性。

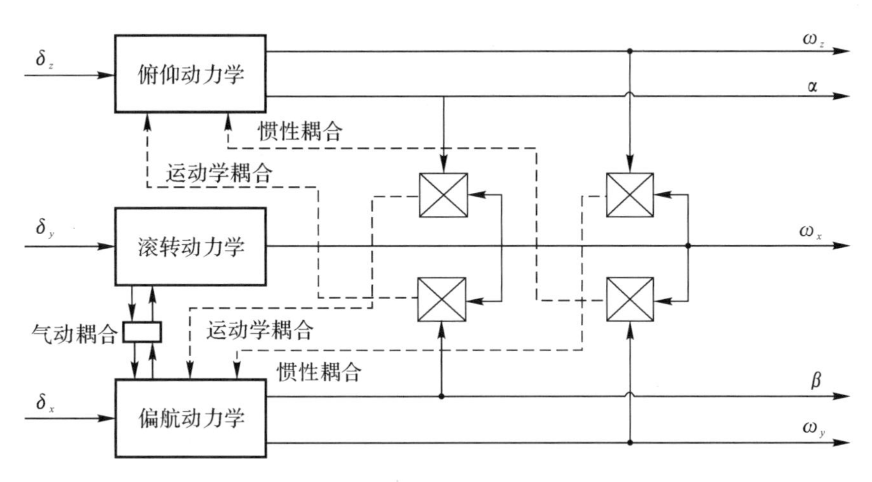

图 1－22 倾斜转弯动力学耦合关系图

BWT 控制是为适应先进导弹控制性能深度优化而开发的一项新技术，它是 STT 控制与 BTT 控制的有机组合，既可用于面对称导弹（如欧洲 MBDA 公司的“流星”空空导弹，如图 1－23 所示），也可用于轴对称导弹。它综合了 STT 控制与 BTT 控制的诸多优点，但由于在滚转过程中，BWT 控制要求在导弹侧向有一定的机动能力，因此，对弹体截面过于扁平，而全向过载能力又要求较高的导弹，并不适用 BWT 控制。

需要说明的是，并非所有种类的导弹都需要自动驾驶仪。若弹体自身具有很高的静稳定性，在压心或质心移动时也不会造成静稳定度有较大的变化，则这样的导弹是不需要自动驾驶仪的。比如用于攻击慢速移动目标的反坦克导弹，其飞行高度基本保持不变，不存在增益调度问题，也没必要设计自动驾驶仪。

图 1-23　欧洲 MBDA 公司研制的流星空空导弹

1.4　空空导弹自动驾驶仪设计的多学科交互关系

空空导弹自动驾驶仪设计是一项应用多学科理论的工程技术，它涉及的专业技术包括自动控制、空气动力学、飞行力学、惯性技术等。此外，自动驾驶仪与导弹各个子系统之间也存在交联耦合关系，在设计的过程中需充分考虑，反复推理迭代，以实现导弹总体性能最优为最终目标。

1.4.1　自动驾驶仪研制流程

空空导弹自动驾驶仪研制工作主要包括气动特性分析和气动建模、弹体动态建模、自动驾驶仪设计、数字仿真、半实物仿真试验等。详细设计流程如图 1-24 所示。

1.4.2　自动驾驶仪设计与导航制导系统的关系

制导回路是以一定的精度把导弹引向目标的闭合回路。制导回路必须能够测量导弹与目标之间的相对运动参数，按一定的导引规律产生导弹的过载控制指令，把导弹引向目标。制导回路在建立导弹和目标相对运动关系的运动学环节基础之上，在末制导段可以连续的测量导弹和目标之间的相对运动参数(视线角速度、接近速度、导弹目标之间的距离等状态量)。在中制导段则可以将目标信息通过数据链从制导站向导弹传输,或将目标运动参数在导弹发射之前进行装订。为了降低各种噪声对测量精度的影响,通常要引入制导滤波器进行滤波,最后经制导律生成导弹弹道飞行控制指令。

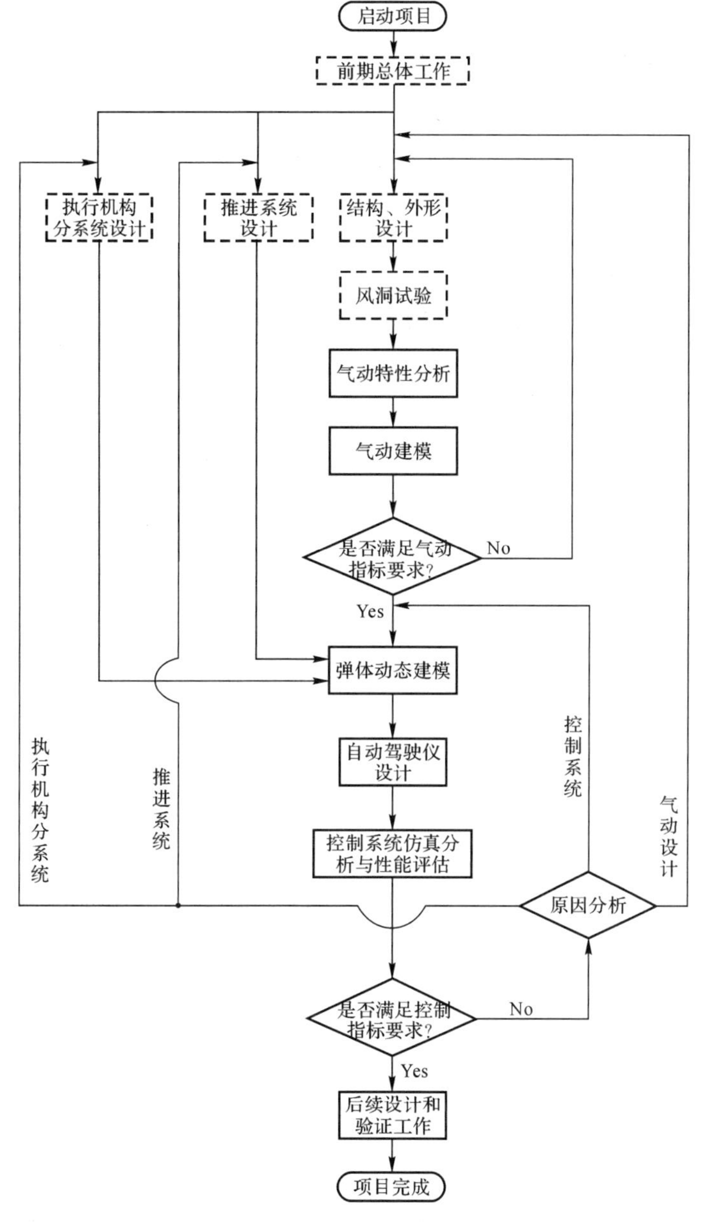

图1-24 导弹自动驾驶仪研制流程

飞行器中常用的导航方式是惯性导航，分为平台惯导和捷联惯导，空空导弹中基本采用的是捷联惯导。捷联惯导系统是把三个陀螺和三个加速度计固连到弹体上，并保证传感器的敏感轴与弹体系的三个轴方向是一致的，利用速率陀螺测量的弹体角速度进行积分就可以得到弹体坐标系和惯性坐标系的角度关系，以及弹体系到惯性系的坐标转换矩阵，从而可以计算导弹姿态。而弹上的加速度计可以测量导弹的加速度和重力加速度之比，经数据处理之后就可以得到弹体加速度，利用坐标转换关系把它转换到惯性系下，经一次积分得到弹体质心速度，经二次积分就可以得到位置信息。除了在空空导弹上单独使用外，惯性导航系统还可以结合卫星导航系统，构成组合导航系统。惯性导航系统是自主导航系统，不容易受到外界的干扰，但导航误差会随着时间增长而增大；卫星导航系统恰恰相反，易受到外界的干扰，导航误差不随时间变化。这两种导航系统互补性强，因此在空空导弹的导航系统中经常组合到一起使用，精度更高，性能更好[5-8]。

制导控制与导航作为三个子系统，经常一起提起，其内在关系是密不可分的。制导子系统测量导弹的实际弹道与理想弹道之间的误差，并根据选择的导引律计算出为减小或消除上述误差所需的修正量，并对自动驾驶仪发出指令，驱动执行机构，获得这种修正量。自动驾驶仪的作用是让导弹具有良好的动力学响应特性，并按照期望的弹道进行飞行。而制导控制系统的工作离不开导航系统对导弹飞行状态的测量值，形成反馈构成闭合回路，使制导控制系统具有理想特性。因此制导控制与导航之间具有强烈的耦合关系，在自动驾驶仪设计过程中需统筹全局，兼顾各个子系统的能力需求，才能使系统性能达到最优。三者之间的结构示意图如图 1 - 25 所示。

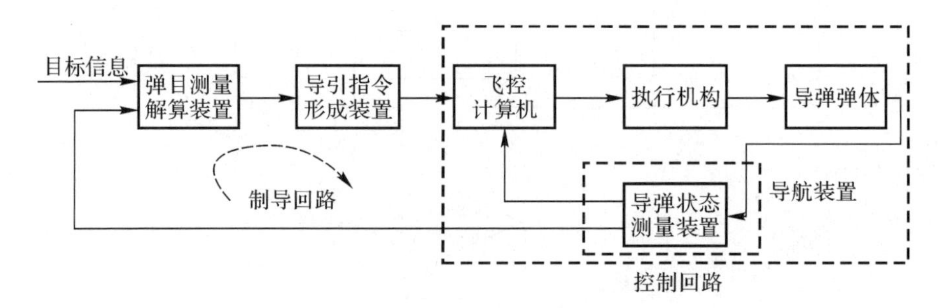

图 1 - 25　制导控制与导航结构示意图

1.4.3 自动驾驶仪设计与执行机构子系统的关系

自动驾驶仪接收制导指令，经控制算法处理，将其转化为伺服机构指令，例如控制舵面的偏转角度和偏转速率。为了按照要求的角度和速率提供偏转，伺服机构的电动机必须克服控制装置的惯性及其绕轴的转矩。自动驾驶仪将加速度制导指令转换成控制指令，就必须确定由偏转控制面提供的加速度或角速度是否能满足需求。在工程实际中，执行机构对自动驾驶仪的影响因素主要包括：舵机的带宽、偏转角速度、输出力矩以及零位。

舵机是输出较大功率的部件，相比之下陀螺、加速度计等传感器的带宽远小于舵机带宽，因此舵机是限制自动驾驶仪性能的主要因素。从频率特性的角度看，弹体和舵机是两个串联的环节，舵机的带宽越宽开环传递函数的带宽就越宽，阻尼回路的带宽相应可以更宽。相反，舵机的带宽不宽，阻尼回路的带宽也不可能宽，就实现不了稳定回路对过载的快速响应。在设计稳定回路时，忽略舵机、陀螺和加速度计的动特性，可以导出设计参数的解析公式，而舵机、陀螺和加速度计的动特性可以忽略的前提就是舵机、陀螺和加速度计的带宽远比弹体的频带宽，这种设计方法才可以应用。

舵机的角速度不高，同样影响稳定回路的快速响应。因为舵偏角在一定时间内达不到平衡攻角要求的舵偏角，这个攻角就不能实现。另外，由于舵机的角速度不高，所以两个通道用一个舵机时，有一个通道舵面角速度信号很高就会影响另一个通道的信号正常驱动舵面运动。制导信号中的高频噪声同样可能使舵面角速度接近饱和而影响正常制导或控制信号的响应。

舵机的输出力矩必须大于气动铰链力矩、摩擦力矩、惯性负载力矩之和，才能正常偏转舵面运动，实现自动驾驶仪指令的驱动。在确定舵机最大输出力矩时，必须找到最大气动铰链力矩，要在全包线内各种飞行条件（高度、速度）下，比较进入或退出最大过载或最大迎角对应的平衡状态的铰链力矩，找出最大值，为输出力矩提供参考下限。

在自动驾驶仪工作的状态下，舵机零位影响不大，因为舵机零位造成弹体摆动，阻尼回路的负反馈会产生与零位相反的舵偏角进行纠正。但如果导弹发射时采用“归零”方式发射导弹，稳定回路和阻尼回路不工作，对舵机零位要求就要高一些，否则可能影响发射安全。

1.4.4 自动驾驶仪设计与气动专业的关系

气动外形设计是指在保证导弹性能要求的前提下，正确地选择导弹气动布局，即确定各部件的相互位置与安排；综合选择导弹各个部件的几何参数，即确定几何尺寸与几何外形，使其具有良好的启动特性、机动性、稳定性与操纵能力。因此，好的气动设计不仅要将导弹的各个部分组合成一个整体，更重要的是设计一个好的外形，应使导弹具有低的阻力和好的升力，产生一定的导弹控制力，同时要综合自动驾驶仪设计使导弹满足稳定性和快速响应过载指令的要求。

随控布局方法是近年来提出的一种非常规式的气动外形设计技术。随控布局是指根据飞行器的不同工作条件和技术要求，改变飞行器的气动布局形式或外形尺寸，以满足飞行器控制需要的一种气动设计方法。随控布局最早起源并推广于飞机外形设计，在战术导弹上很少使用。随着对现代空空导弹作战空域及机动能力要求的与日俱增，导弹的气动外形设计与部位安排、机动能力之间就产生了许多矛盾，很难完全兼顾各个方面，随控布局方法便逐步应用到导弹气动外形设计上面来。

导弹的气动外形，一方面关系着整个导弹系统的基本特性，如射程、作战空域、机动能力、控制响应速度、尺寸质量等；另一方面也关系到它的工程适用特性，如导弹上各部位的协调性、工艺与结构的可实现程度、生产加工成本、操作维护的难易程度等。现代战争对空空导弹的性能要求越来越高，高机动性和大空域飞行是现代空空导弹的主要特征之一，这也给常规导弹气动布局设计带来了许多问题。

导弹的升力主要取决于升力系数、速度和空气密度，依据大气密度变化规律，大气密度随高度下降较快。尽管在不同的高度下导弹具有不同的速度，可以采用不同的攻角来缩小升力的差距，但是不断地提高攻角也会给导弹的气动设计、控制设计带来一定的影响。这样的升力变化趋势将使导弹随着高度的上升，机动能力有所下降，从而影响导弹的高度使用范围。此外当空空导弹采用冲压发动机为主推进装置的时候，如果进气道的形状大小没有变化，也会在高空时影响推力和机动能力。

基于固体火箭发动机的导弹整体质心变化也是在整个飞行过程中需要考虑的问题。固体火箭的燃烧室与装药是一个整体，它的体积与质量占导弹整体比例很大，且在飞行中变化快，它的质心变化就决定了导弹的质心变化。从火箭开始工作到最后的熄火过程中，当外形不随导弹的质心变化时，质心的变化会引起静稳定度大范围变化，容易使导弹变为不稳定或过稳定状态，影响导弹的操纵。

为了解决气动外形与性能、各分系统、各设备之间的矛盾，可以采用许多种方法折中解决，随控布局设计就是其中一种有效手段。这种方法可以充分考虑导弹在不同阶段的不同需求，同样也可以为自动驾驶仪的设计提供便利。典型的随控布局技术包括根据质心变化调整压心、根据飞行阶段来调整布局形式以及根据高低空调整弹翼和尾翼等。在导弹飞行过程中，当固体推进剂燃烧完后，导弹质心不断前移，造成静稳定度不断增大，操控性能变差。为保证静稳定度维持在设计值附近，必须使压心也前移同等距离，若采用外形布局来解决，可以通过弹身前段伸出一对附加面来，或通过弹身后段弹翼收缩一块面积来实现。导弹在整个飞行过程中具有不同的飞行阶段，随控布局可通过在不同阶段调整构型来实现不同的特定要求。如采用初段无控旋转飞行的导弹，可以采用在启控时才伸出控制面的方法，这样可以避免启控时稳定度过大难以操纵调整的问题。在高低空下，通过伸缩或变后掠弹翼，可以有效地兼顾导弹高低空飞行，同时不增加其他子系统的复杂程度，是解决超高空飞行的有效办法。除上述方法外，调节冲压发动机进气道形状与尺寸、使用滚动调节片等办法也是极为有效的设计手段。随控布局可以很好地解决一些气动布局上的难题，但是外形的变换、调整涉及许多复杂的问题，如需要增加新的伺服作动机构、增加导弹的成本与复杂程度，降低可靠性等。因此，针对不同对象不同任务，随控布局技术的使用还需要仔细论证，谨慎使用[5-8]。

1.4.5　自动驾驶仪设计与结构专业的关系

空空导弹结构布局的主要任务是将弹上各个子系统整合成一个完整个体，为导弹各系统提供良好的工作环境。空空导弹的结构布局设计与导弹的总体性能、气动外形、推进系统、悬挂方式、使用要求等均有密切关联，需导弹各个专业不断地协调才能形成一个完整的结构布局方案。同样，导弹结构布局设计与自动驾驶仪的设计密也是不可分的，其主要影响因素包含结构强度设计、导弹质心与转动惯量的调整、弹体振动影响以及传感器安放位置等。

结构强度对于空空导弹自动驾驶仪设计来说是一项重要参考指标。在空空导弹飞行过程中，当指令和干扰同时存在时，导弹的机动过载可能超过结构强度设计允许的范围。因此在自动驾驶仪设计过程中，需将过载限制在一定的范围内。但对过载进行限制的同时还必须考虑到导弹在低速高空的飞行状态下，对过载的充分利用，如果只是单纯考虑到对过载进行限制，必然造成导弹在高空飞行时的过载不足现象。显然这是一对相矛盾的设计思想,因而需要反复协调迭代,使设计结果对过载的限制既满足结构强度的要求,又可最大限度的发挥导弹的机动性能。

空空导弹的静稳定度和操纵性是自动驾驶仪设计的重要参考依据。导弹气动设计中需要保证导弹质心与导弹压心、操纵力的合力中心之间的差值在一定的范围内,适度的稳定性和操纵性才能满足导弹的机动性要求。空空导弹的飞行高度范围大,飞行速度变化大,在整个弹道上,导弹的压心及操纵力的合力中心会有较大变化,但这些参数主要取决于导弹的气动外形设计。在导弹的外形确定后,导弹的静稳定度和操纵性主要取决于导弹的质心位置。导弹质量质心的变化,势必会引起控制的变化,导致设计的反复,增加了导弹的研制时间和研制成本。导弹质心对于自动驾驶仪的设计来说,希望导弹在飞行过程中的质心位置能够比较稳定,并贯穿到导弹的整个研制过程中。同样,导弹的转动惯量也是弹体的重要参数,其数值大小直接影响导弹的运动特性,是自动驾驶仪设计中的重要参数,需要反复协调。在导弹的结构设计中,改变质心位置和转动惯量的办法包括:改变分系统在弹身内的位置安排,特别是改变质量大的质量可变的分系统的位置;当弹身内分系统位置难以调整的机构,可以加适量的配种改变导弹的质心。

气动伺服弹性是空空导弹自动驾驶仪设计过程中无法回避的问题。导弹的弹性振动被敏感元件所测量,与刚体运动信息相结合,经过自动驾驶仪的解算转化成控制信号,并通过执行机构形成操纵力,操纵力再以各种频率将能量反馈到弹体结构上面,其结构示意图如图 1-26 所示。常规空空导弹弹体为长细形,自身的弹体阻尼较小,弹体往往来不及吸收弹性振动的能量,而弹性振动的反馈信号产生的操纵力在一定的相位条件下又增加了振动能量,这就很容易造成自动驾驶仪的发散。

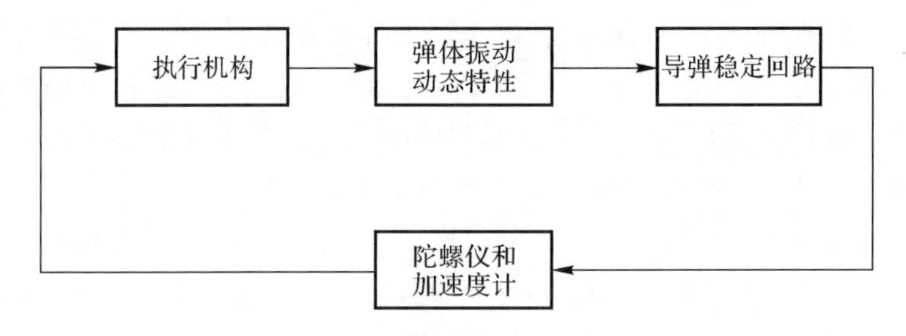

图 1-26 导弹气动弹性结构示意图

在自动驾驶仪设计过程中经常考虑的弹性振动包括全弹结构振动、局部弯曲、谐振效应等。弹体结构弹性主要通过传感装置作用于稳定控制系统，从而引起结构弹性与控制回路之间的耦合关系，因此在自动驾驶仪的设计过程中要充分考虑到传感器所感受到的结构振动。自动驾驶仪设计过程中常用的解决手段包括在稳定回路中设置结构滤波器滤掉结构弹性频率信号，防止自动驾驶仪在结构弹性频率处提供能量；或者采用操纵力相移的办法，把控制能量从弹性振型频率处移开。

在导弹的结构设计中，传感器（包括陀螺仪和加速度计）安放位置的正确选择也可以大大减弱结构弹性振动对导弹自动驾驶仪的影响。传感器的最佳安装位置是在对导弹弹体振动完全不敏感的位置上，它可以保证导弹按刚性弹体设计的自动驾驶仪在弹性弹体下仍然处于稳定状态，自动驾驶仪不需要任何额外的处理措施。但是导弹的总体布局很难完全满足上面提出的传感器位置要求，这时传感器安装位置的好坏应取决于对导弹自动驾驶仪设计的影响，位置选择尽量满足导弹按刚性弹体设计的自动驾驶仪在低阶数振型处稳定，避免使自动驾驶仪的设计变得过于复杂。

导弹的结构设计通常将速率陀螺及加速度计放置在接近位置，如果传感器所在的位置弹体结构刚度不够大，那么这部分结构在外部动压作用下可产生较大的形变，产生局部弯曲振动，这些振动被敏感元件所感受，并耦合到稳定回路中，使自动驾驶仪的效果变差甚至失稳。消除这种影响的办法是将敏感元件安装在导弹的中轴上，并尽量提高传感器位置的弹体刚度，尽量将结构振动对自动驾驶仪的影响降到最低[6-8]。

1.4.6 自动驾驶仪设计与推进系统的关系

推进系统为空空导弹的飞行提供动力，保证导弹所需的射程、飞行速度和加速特性。近距离格斗空空导弹和中距离拦射空空导弹主要采用固体火箭发动机，其具有结构简单、可靠性高、使用方便等特点。近年来随着对空空导弹射程需求的不断提高，整体式固体火箭冲压发动机也逐渐应用到空空导弹的推进系统中，相比于固体火箭发动机，固体冲压发动机具有比冲高、工作时间长、结构一体化等优点，具有广阔的应用前景。

提高空空导弹的射程和平均速度，以实现更远、更快的攻击目标，是导弹推进系统设计的主要目标。导弹总体依据功能、性能和弹道计算，确定出导弹发动机的基本要求。空空导弹固体火箭发动机推力为非受控状态，不受自动驾驶仪直接控制。发动机推力特性与导弹弹道存在强耦合关系，很大程度上影响着导弹的飞行状态，因此与自动驾驶仪的增益调度之间有紧密的联系。相比火箭发动机，固体火箭冲压发动机的控制更为复杂，发动机的性能与飞行速度、高度、攻角、侧滑角有和大的关系，通常需要进行流量调节控制，来实现导弹的最佳性能。此外，固体火箭冲压发动机使用空域、速度范围稍小，对导弹的攻角、侧滑角有很大限制，一般要求导弹采用倾斜转弯控制方法，这对于自动驾驶仪的设计来说也更为复杂。

在导弹飞行过程中，除了利用气动舵面产生力和力矩的常规操纵方式，推力矢量技术的应用可以提供额外的侧向控制力，大大增强了导弹的性能。与空气舵相比，推力矢量的优点是可以大幅度提高自动驾驶仪的响应速度，增强导弹的机动过载能力，同时不受导弹低速和高空飞行状态影响，这也为自动驾驶仪的设计提供了便利；其主要的缺点在于推力矢量控制只能在导弹发动机工作时间段内运行，当发动机停止工作时，推力矢量也就失去了控制能力，因此具有一定的使用局限性。

空空导弹上常见的推力矢量控制装置有燃气舵、扰流板等，不同的推力矢量装置各具优缺点，并均已在型号上有所应用。燃气舵与空气舵配合作动，可以实现导弹主动段俯仰、偏航和滚转的全姿态控制，比单一靠气动力控制能产生更大的控制力矩，便于实现推力矢量/气动力的复合控制，适用于空空导弹的自动驾驶仪设计。燃气舵具有结构简单、作动力矩小、伺服系统质量小等优点，如美国AIM-9X、德国IRIS-T等导弹推力矢量装置均为燃气舵。扰流板结构简单，可实现系统的线性控制，已成功应用在俄罗斯P-73空空导弹上。扰流板只在需要产生侧向力时进入燃气流，因此烧蚀效果要比燃气舵小，主推力损失小。但相比于燃气舵，扰流板结构质量大，且只能产生俯仰、偏航方向控制力，不能对滚转通道进行有效控制。

为便于导弹自动驾驶仪的设计，空空导弹推力矢量装置的操纵效率应具有侧向控制力大、轴向推力损失小、对控制信号响应快等特点。同时在推力矢量作用下，不同通道之间耦合作用要小，避免产生过大的非预期控制力，超出自动驾驶仪的控制能力。此外，为充分发挥导弹的气动控制能力，也可以采用联动性能较好的气动力/推力矢量符合控制模式，将推力矢量和气动舵设计为联动的形式，可以减少一套伺服机构，减轻导弹质量，提高可靠性，同时也大大减小了自动驾驶仪设计的复杂程度[5-8]。

第2章

常用坐标系定义及其转换

为了分析导弹在导航、制导与控制系统作用下的空间运动特性，需要定义多种不同的坐标系，把描述导弹空间运动的各参量更清晰地定义在相应的坐标系中。与自动驾驶仪设计及实现紧密相关的常用坐标系主要有地面坐标系、弹体坐标系、弹道坐标系、速度坐标系及吹风坐标系等[9-10]。

2.1 常用坐标系

1.地面坐标系

地面坐标系$A(O)xyz$,为惯性坐标系。地面坐标系是与地球表面固连的坐标系。对于空空导弹,该坐标系的原点可取在发射瞬时的发射点A上,也可取在发射瞬时导弹质心O上:Ax轴在水平方向内指向目标为正;Ay轴在包含A的铅垂平面内,向上为正;Az轴按右手法则确定。

2.弹体坐标系

弹体坐标系$Ox_1y_1z_1$。弹体坐标系固连于弹体上,随弹体一起在空间内移动和转动。坐标系原点O选在导弹质心上:Ox_1轴沿着弹体纵轴,指向弹体前方为正;Oy_1轴在弹体的纵向对称平面内,垂直与Oy_1轴,指向上方为正;Oz_1轴垂直于弹体的纵向对称平面,与Ox_1轴和Oy_1轴组成右手直角坐标系。

3.弹道坐标系

弹道坐标系$Ox_2y_2z_2$。坐标原点O取在导弹的瞬时质心上:Ox_2轴与导弹的速度矢量$\mathbf{V}$重合;Oy_2轴位于包含速度矢量$\mathbf{V}$的铅垂面内垂直于Ox_2轴,指向上为正；Oz_2 轴与其他两轴垂直并构成右手坐标系。

4.速度坐标系

速度坐标系 $Ox_3y_3z_3$。坐标原点 O 取在导弹的瞬时质心上：Ox_3 轴与导弹的速度矢量 $\boldsymbol{v}$ 重合；Oy_3 轴位于弹体纵向对称面内垂直于 Ox_3 轴，指向上为正；Oz_3 轴与其他两轴垂直并构成右手坐标系。

5.吹风坐标系

吹风坐标系 $O\zeta\xi\eta$。主要用于定义风洞试验测得的气动力与力矩系数。在全尺寸状态下，坐标原点 O 取为导弹质心：$O\zeta$ 轴沿着弹体纵轴，指向弹体前方为正；$O\xi$ 轴位于包含速度矢量 $\boldsymbol{v}$ 的铅垂面内垂直于 $O\zeta$，指向上为正；$O\eta$ 轴与其他两轴垂直并构成右手坐标系。吹风坐标系可由弹体坐标系绕弹体纵轴旋转至弹体对称面与速度平面重合而得到。

2.2　常用坐标系的转换

地面系 $Axyz$、弹体系 $Ox_1y_1z_1$、弹道系 $Ox_2y_2z_2$ 及速度系 $Ox_3y_3z_3$ 的定义及其相互转换关系如图 2-1 所示。

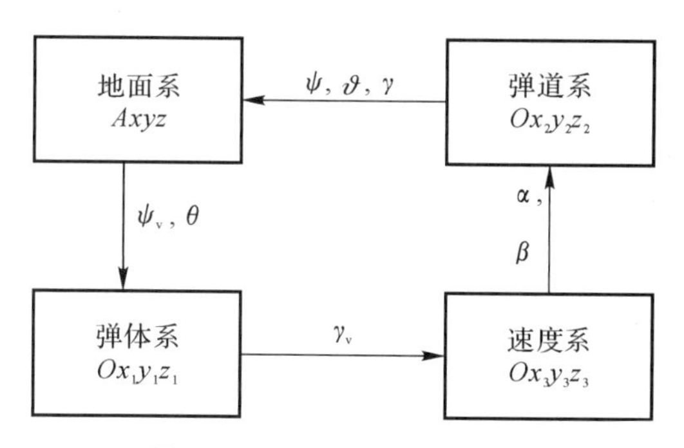

图 2-1　通用坐标系转换示意图

1.地面系与弹体系转换

弹体坐标系与惯性坐标系之间的关系通常用 3 个角度（又称为欧拉角）来表示，如图 2-2 所示，地面惯性系的原点为导弹质心。

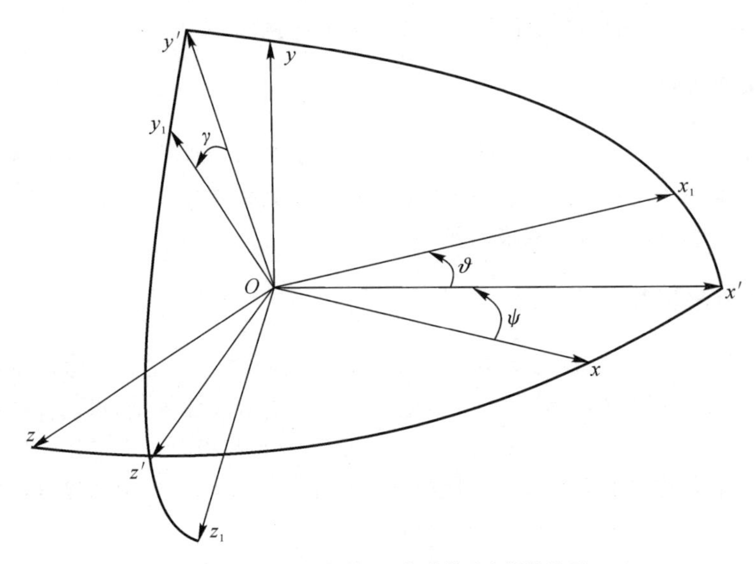

图 2-2　地面(惯性)系与弹体系之间的关系

其中,ϑ 表示俯仰角;ψ 表示偏航角;γ 表示倾斜角(或者叫滚动角)。这三个角度的意义可以清楚地从图 2-2 中看出,由箭头表示各个角度旋转的正方向。根据姿态角正负的定义,考虑俯仰平面内导弹的越肩发射,俯仰角会从 0° 变化到 180°,且一直都为正。根据姿态角旋转顺序的不同,对应的转换矩阵也不同。每次旋转一个姿态角,对应一个变换矩阵,惯性坐标系经历三次旋转变换到弹体坐标系,最终的变换矩阵为三个变换矩阵依次相乘。如惯性坐标系经过滚转、俯仰、偏航三次变换到弹体坐标系。滚转对应的变换矩阵为

$$\boldsymbol{L}(\gamma)=\begin{bmatrix}1 & 0 & 0\\ 0 & \cos\gamma & \sin\gamma\\ 0 & -\sin\gamma & \cos\gamma\end{bmatrix} \tag{2-1}$$

俯仰对应的变换矩阵为

$$\boldsymbol{L}(\vartheta)=\begin{bmatrix}\cos\vartheta & \sin\vartheta & 0\\ -\sin\vartheta & \cos\vartheta & 0\\ 0 & 0 & 1\end{bmatrix} \tag{2-2}$$

偏航对应的变换矩阵为

$$\boldsymbol{L}(\psi)=\begin{bmatrix}\cos\psi & 0 & -\sin\psi\\ 0 & 1 & 0\\ \sin\psi & 0 & \cos\psi\end{bmatrix} \tag{2-3}$$

三个变换矩阵依次相乘得到最终的变换矩阵为

$$
\boldsymbol{L}(\psi,\vartheta,\gamma)=\begin{bmatrix}\cos\psi\cos\vartheta & \cos\psi\sin\vartheta\cos\gamma+\sin\psi\sin\gamma & \cos\psi\sin\vartheta\cos\gamma-\sin\psi\cos\gamma\\ -\sin\vartheta & \cos\vartheta\cos\gamma & \cos\vartheta\sin\gamma\\ \sin\psi\cos\vartheta & \sin\psi\sin\vartheta\cos\gamma-\cos\psi\sin\gamma & \sin\psi\sin\vartheta\sin\gamma+\cos\psi\cos\gamma\end{bmatrix}
$$

(2-4)

2.惯性系与弹道系转换

根据惯性系和弹道系的定义,通过弹道倾角 θ 和弹道偏角 ψ_V 两个角度来确定两个坐标系之间的关系,如图 2-3 所示。

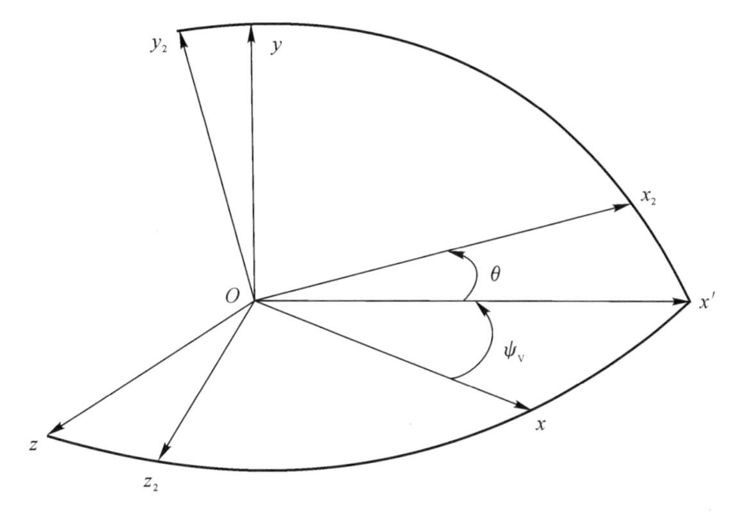

图 2-3 地面(惯性)系与弹道系之间的关系

其中,θ 表示弹道倾角;ψ_V 表示弹道偏角。这两个角度的意义可以清楚地从图 2-3 中看出,由箭头表示各个角度旋转的正方向。

惯性坐标系依次经过弹道偏角、弹道倾角两次旋转变换即可变换到弹道坐标系。弹道偏角的旋转对应的变换矩阵为

$$
\boldsymbol{L}(\psi_V)=\begin{bmatrix}\cos\psi_V & 0 & -\sin\psi_V\\ 0 & 1 & 0\\ \sin\psi_V & 0 & \cos\psi_V\end{bmatrix} \tag{2-5}
$$

弹道倾角旋转对应的变换矩阵为

$$
\boldsymbol{L}(\theta)=\begin{bmatrix}\cos\theta & \sin\theta & 0\\ -\sin\theta & \cos\theta & 0\\ 0 & 0 & 1\end{bmatrix} \tag{2-6}
$$

两次变换得到惯性坐标系到弹道坐标系的变换矩阵为

$$L(\theta,\psi_V)=\begin{bmatrix}\cos\theta\cos\psi_V & \sin\theta & -\cos\theta\sin\psi_V\\ -\sin\theta\cos\psi_V & \cos\theta & \sin\theta\sin\psi_V\\ \sin\psi_V & 0 & \cos\psi_V\end{bmatrix} \tag{2-7}$$

3.速度系与弹体系转换

根据速度坐标系与弹体坐标系的定义，通过攻角 α、侧滑角 β 两个角度来确定这两个坐标系之间的关系，如图 2-4 所示。

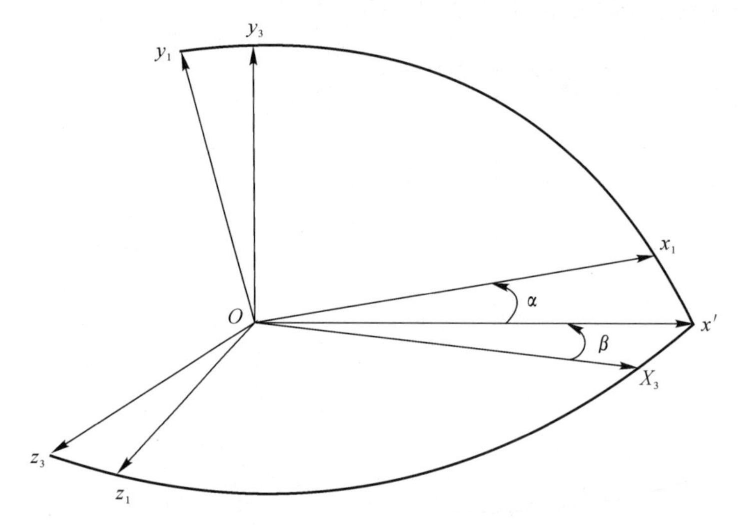

图 2-4　速度系与弹体系之间的关系

其中，α 表示攻角；β 表示侧滑角。这两个角度的意义可以清楚地从图 2-4 中看出，由箭头表示各个角度旋转的正方向。

速度坐标系依次经过 α 角、β 角两次旋转变换可以得到弹体坐标系。侧滑角的旋转对应的矩阵为

$$L(\beta)=\begin{bmatrix}\cos\beta & 0 & -\sin\beta\\ 0 & 1 & 0\\ \sin\beta & 0 & \cos\beta\end{bmatrix} \tag{2-8}$$

攻角旋转对应的矩阵为

$$L(\alpha)=\begin{bmatrix}\cos\alpha & \sin\alpha & 0\\ -\sin\alpha & \cos\alpha & 0\\ 0 & 0 & 1\end{bmatrix} \tag{2-9}$$

两次变换得到由速度坐标系到弹体坐标系的变换矩阵为

$$
\boldsymbol{L}(\alpha,\beta)=\begin{bmatrix}\cos\alpha\cos\beta & \sin\alpha & -\cos\alpha\sin\beta \\ -\sin\alpha\cos\beta & \cos\alpha & \sin\alpha\sin\beta \\ \sin\beta & 0 & \cos\beta\end{bmatrix} \tag{2-10}
$$

4.弹道系与速度系转换

根据弹道坐标系与速度坐标系的定义，通过速度倾斜角 γ_{v} 来确定这两个坐标系之间的关系，如图 2－5 所示。

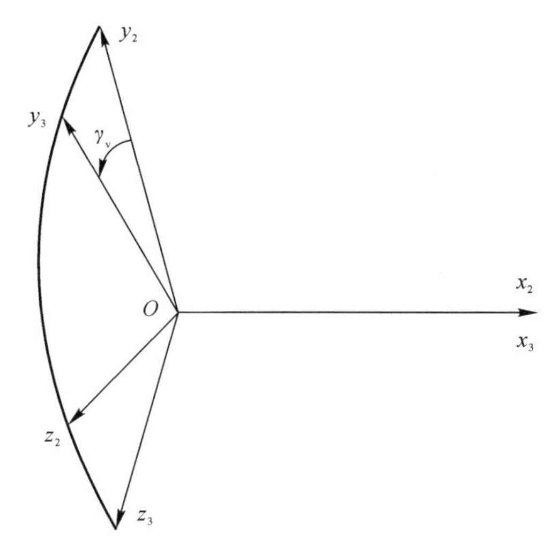

图 2－5　弹道系与速度系之间的关系

其中，γ_{v} 表示速度倾斜角。这一角度的意义可以清楚地从图 2－5 中看出，由箭头表示角度旋转的正方向。

通过一次速度倾斜角的旋转，得到弹道坐标系到速度坐标系的变换矩阵为

$$
\boldsymbol{L}(\gamma_{\mathrm{v}})=\begin{bmatrix}1 & 0 & 0 \\ 0 & \cos\gamma_{\mathrm{v}} & \sin\gamma_{\mathrm{v}} \\ 0 & -\sin\gamma_{\mathrm{v}} & \cos\gamma_{\mathrm{v}}\end{bmatrix} \tag{2-11}
$$

坐标系是为描述导弹位置和运动规律而选取的参考基准，选取的坐标系不同，据此建立的导弹运动方程繁简程度也不同，这会直接影响求解该方程组的难易程度，因此选取合适的坐标系是十分重要的。选取坐标系的原则应该是：既能正确地描述导弹的运动，又要使描述导弹运动的方程形式简单清晰。

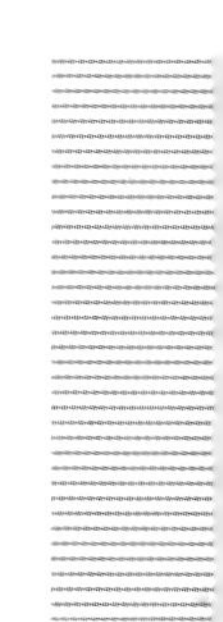

第3章

空空导弹气动特性分析与建模

作为控制对象，空空导弹的气动特性是自动驾驶仪设计的重要依据。同时，完整、准确的气动特性也是自动驾驶仪性能仿真验证所必不可少的。本章将介绍几种常见形式的气动布局及其控制特性，可为自动驾驶仪选型提供初步参考。此外，还将阐述由控制通道舵偏到物理舵偏的分解算法设计原理，可通用于类似控制分配问题的求解。然后以典型气动布局为例，对气动特性分析的主要流程与内容进行简介。最后给出几种常用的气动特性建模方法，建模结果即数字仿真系统的空气动力学模型。

3.1 气动布局与控制方式

3.1.1 空空导弹的气动布局

气动布局是指导弹各主要部件的气动外形及其相对位置的设计与安排。具体来说，就是研究两个问题：一是选择气动翼面（包括弹翼、舵面等）的数目及其在弹身周向的布置方案；另一个是确定气动翼面（如弹翼与舵面之间）沿弹身纵向的布置方案[11-13]。

空空导弹常用的气动布局主要有旋转弹翼式布局（也称主翼控制式布局，如图3-1所示的美国AIM-7D/E导弹），鸭式布局（如图3-2所示的美国AIM-9L导弹）、正常式布局（如图3-3所示的美国AIM-120导弹），无翼式布局（如图3-4所示的英国ASRAAM导弹[1-2]）。

1. 旋转弹翼式布局特点

（1）动态特性好，系统响应快，过渡过程振荡小。

（2）在总体设计与工程实现时便于部位安排。

（3）弹身的攻角可保持较小的值，适于整体式冲压发动机的工作。

（4）因为弹身攻角小，斜吹力矩较小，可利用弹翼的差动作副翼。

(5)弹翼面积大,故铰链力矩很大,舵机的质量、体积和消耗的能量都比较大。

(6)迎风阻力大,且空气动力存在明显的非线性,自动驾驶仪设计难度较大。

(7)当弹翼偏转时,弹身与弹翼间有间隙,这会使升力稍为降低。

图 3-1 旋转弹翼式布局导弹

2. 鸭式布局特点

(1)舵面安置在弹身头部,纵向操纵力臂长,舵的效率高。

(2)在总体设计与工程实现时便于部位安排。

(3)舵面偏转角与导弹攻角方向相同,可以使用的最大攻角受到限制。

(4)具有较大的斜吹力矩,横向稳定性较差。一般来讲,舵面不宜用作差动副翼,需要有单独副翼来进行滚动控制。

图 3-2 鸭式布局导弹

3. 正常式布局特点

(1)由于弹翼位于舵面之前,不存在因舵面偏转对弹翼引起的下洗,所以纵

向和横向稳定性较好。

(2)舵面差动可同时用作副翼,不必在弹翼上安置副翼,操纵机构和弹翼结构比较简单。

(3)舵面偏转角与导弹攻角方向相反,可以增大可用攻角。

(4)舵面位于弹翼洗流区,舵的操纵效率低。

(5)由于舵面产生控制力的方向始终与弹体攻角产生的升力方向相反,因此导弹的响应特性较慢。

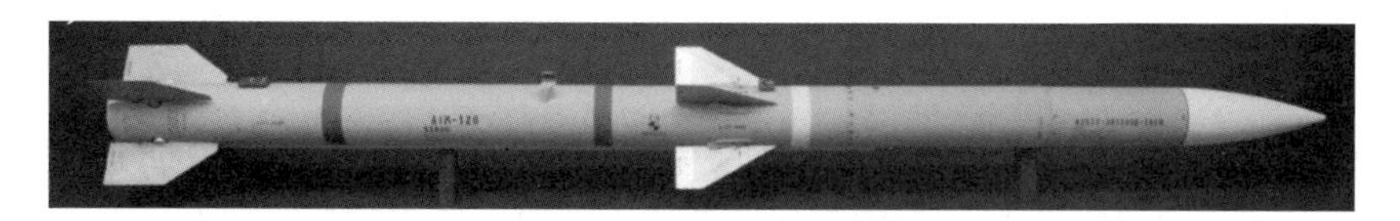

图3-3　正常式布局导弹

4. 无翼式布局特点

(1)具有大的机动过载和舵面效率,有利于解决高低空过载要求的矛盾。

(2)具有需要的过载特性。在导弹拦截目标的过程中,其大部分弹道的需用过载较小,利用导弹在小攻角飞行时有较小升力的特点,可以限制可用过载;同时当导弹接近目标需要作大机动时,无翼式布局通过增大使用攻角以获得所需要的机动过载。

(3)取消了弹翼和相应减小了舵面,显著改善了非线性气动力特性。

(4)减少了主翼面,具有较高的舵面效率和需要的纵向静稳定性。

(5)具有较轻的质量和较小的气动阻力。

(6)外形简单使结构设计、生产工艺、操作使用都较方便,外加导弹展向尺寸小,给发射系统带来方便。

图3-4　无翼式布局导弹

3.1.2 正常式布局应用现状分析

尽管不同的气动布局都有各自的优点，但已服役的空空导弹仍普遍采用正常式或鸭式布局。特别是正常式布局，近年来在先进空空导弹领域得到了更为广泛的应用，如美国的中远距空空导弹 AIM－120 与近距格斗空空导弹 AIM－9X 均采用正常式布局。分析其原因主要有以下几点。

1. 武器系统性能

（1）鸭式布局比正常式布局的舵面更容易陷入局部失速，故鸭式布局导弹的可用攻角不能太大，限制了过载能力的提升。而增大舵翼面尺寸，又无疑会影响载机的武器挂载性能。

（2）鸭式布局比正常式布局的诱导滚转力矩更大，若处理不好，会加速弹体滚转，导致控制性能恶化。故常在鸭式布局导弹尾翼的端部加装陀螺舵，以起到阻尼滚转的作用，但这样会增大舵面尺寸，通常影响载机的武器挂载性能。

（3）为获得较强的过载能力，很容易将鸭式布局的舵翼面尺寸设计得较大，不仅会使武器系统气动阻力增大，航程与射程降低；而且还会导致雷达散射特性变差，影响系统隐身作战性能。而正常式布局导弹的舵翼面尺寸通常较小，甚至可采用无翼外形，既有利于减阻，又利于系统隐身。

2. 机动性能

从空气动力学角度来说，鸭式布局的平衡攻角较小，其弹翼对全弹升力贡献占比较大，弹体对全弹升力贡献较小，潜力未充分发挥，故其过载能力有限；而正常式布局的可用攻角更大，在较大攻角时，弹体的非线性升力贡献明显，全弹可用过载较大，机动性更好。

3. 升阻比特性

鸭式布局的舵翼面尺寸较大，导致零升阻力与诱导阻力较大，而阻力与攻角的二次方近似成正比关系。因此，在相同的升力条件下，正常式布局的升阻比要高于鸭式布局，其平均飞行速度与射程也更有优势。当然，这也是近距格斗空空导弹常采用鸭式布局，而中远程拦射空空导弹多采用正常式布局的原因之一。

虽然正常式布局具有上述诸多优势，但从对过载指令响应的快速性角度来说，鸭式布局更有利，而正常式布局会带来较显著的负调现象，即过载或加速度响应在初始段与指令方向相反，这是所有正常式布局导弹的共有特性，因为在正

常式布局执行机构操纵导弹建立攻角跟踪过载指令的过程中，由执行机构作动直接导致的初始过载方向总是与过载指令方向相反，而只有在攻角增大到一定程度并与该反向过载量相抵消后，过载响应才会与指令方向一致。尽管负调现象影响了正常式布局导弹响应过载的快速性，但由于现代舵机技术发展迅速，其快速性足以弥补正常式布局负调现象带来的不利影响，因此，正常式布局的这一劣势并不影响其广泛应用。

3.1.3　空空导弹的控制方式

根据所采用的执行机构类型或操纵原理的不同，空空导弹常用的控制方式主要有气动舵控制、推力矢量控制（如美国的 AIM－9X 导弹）和侧喷直接力控制［如美国的 CUDA 导弹（见图 3－5）、JDRADM 导弹（见图 3－6）］等。其中，广义的推力矢量控制应包括侧喷直接力控制，而后两种控制方式一般都不单独应用于空空导弹，而是与气动舵控制共同应用[14-15]。

与气动舵控制相比，采用推力矢量控制与侧喷直接力控制将使空空导弹具有更快的响应特性，更有利于提高制导控制系统性能。目前，推力矢量控制技术较为成熟，已经应用于国外多型近距格斗空空导弹。但由于推力矢量控制只能在发动机主动段工作，而不能在制导末端起到快速控制、精确命中的作用，因此，随着多脉冲发动机技术取得实质进展，近年来在弹体前端安装脉冲阵列式侧喷直接力装置与在弹体尾端安装主发动机引流式直接力装置的空空导弹概念日益引起重视。

图 3－5　美国 CUDA 空空导弹

图 3-6　美国 JDRADM 空空导弹

研究表明，采用侧喷直接力控制的空空导弹，其优势如下：

(1)快速性好。它能将导弹的响应时间常数从空气舵控制时的 150～350 ms 缩短到几十 ms，提高导弹快速响应能力，因此可以有效提高导弹的制导控制精度，进而实现远距拦截大机动目标和高速目标功能，甚至实现一定的近距格斗目的。

(2)控制性能受飞行条件影响小。当高空低速、低空低速气动力不足时，采用反作用喷气装置可以使导弹快速进入大攻角飞行，从而提高导弹的快速转弯能力，能大离轴 90°～180°越肩发射快速攻击载机侧后方目标，能攻击高空高速、智能机动逃逸等目标。

(3)相对于推力矢量，直接力装置不工作状态下不会影响发动机推力，因此是兼顾中远距拦截和近距格斗双重需求的比较可行的方案。

3.2　舵偏的等效与分解

3.2.1　X 字布局导弹通道舵偏定义

通道舵偏是指用于控制导弹俯仰通道、偏航通道、横滚通道的等效舵偏角，它是一组虚拟量，由每片舵的物理偏转角(物理舵偏)混合形成。

为导出通道舵偏与物理舵偏的定义关系，通常约定：在弹体系下，正通道舵偏产生负操纵力矩；从舵轴端部往舵轴根部（沿舵轴往里）看，舵面逆时针偏转时该片舵的物理舵偏为正。

下面以X字布局空空导弹前视图正舵偏状态为例，说明通道舵偏与物理舵偏的关系，受力分析如图3-7所示。

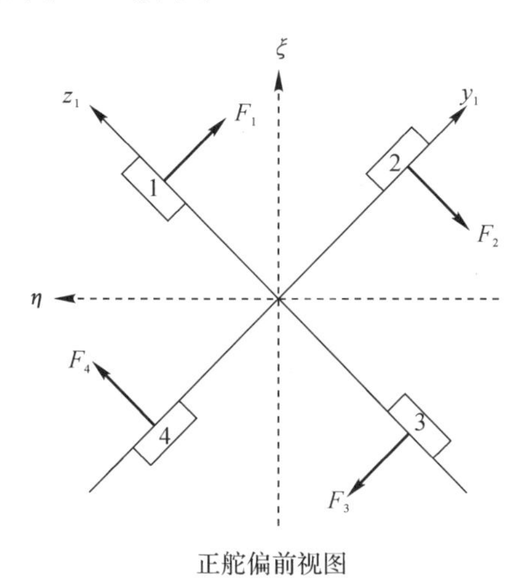

图3-7 X字布局导弹正舵偏状态受力示意图

1. X字布局导弹俯仰通道舵偏

由受力分析可知，能够产生负的俯仰操纵力矩的舵控力为

$$Y(\delta)=\frac{\sqrt{2}}{2}F_1-\frac{\sqrt{2}}{2}F_2-\frac{\sqrt{2}}{2}F_3+\frac{\sqrt{2}}{2}F_4 \tag{3-1}$$

若单片舵产生舵控力的舵效均为F^{δ}，则式(3-1)可写为

$$Y(\delta)=\frac{\sqrt{2}}{2}F^{\delta}(\delta_1-\delta_2-\delta_3+\delta_4) \tag{3-2}$$

式中，δ_i为第i号舵面的偏转角。

定义单片舵的等效舵效为

$$\overline{F}^{\delta}=\frac{\sqrt{2}}{2}F^{\delta} \tag{3-3}$$

则有

$$Y(\delta)=\overline{F}^{\delta}(\delta_1-\delta_2-\delta_3+\delta_4) \tag{3-4}$$

由于俯仰通道是由 4 片舵共同偏转来控制的，所以可认为俯仰通道的通道舵偏效率为 4 片舵的等效舵效率之和，即

$$Y^{\delta_z}=4\bar{F}^{\delta} \tag{3-5}$$

将式(3-5)代入式(3-4)可得

$$Y(\delta)=Y^{\delta_z}\delta_z=(4\bar{F}^{\delta})\delta_z=\bar{F}^{\delta}(\delta_1-\delta_2-\delta_3+\delta_4) \tag{3-6}$$

进一步整理可得

$$\delta_z=\frac{\delta_1-\delta_2-\delta_3+\delta_4}{4} \tag{3-7}$$

这就是常用的俯仰通道舵偏定义。

2. X 字布局导弹偏航通道舵偏

推导过程与前文类似。

由受力分析可知，能够产生负的偏航操纵力矩的舵控力为

$$Z(\delta)=\frac{\sqrt{2}}{2}F_1+\frac{\sqrt{2}}{2}F_2-\frac{\sqrt{2}}{2}F_3-\frac{\sqrt{2}}{2}F_4 \tag{3-8}$$

若单片舵产生舵控力的舵效均为 F^{δ}，则式(3-8)可写为

$$Z(\delta)=\frac{\sqrt{2}}{2}F^{\delta}(\delta_1+\delta_2-\delta_3+\delta_4) \tag{3-9}$$

定义单片舵的等效舵效为

$$\bar{F}^{\delta}=\frac{\sqrt{2}}{2}F^{\delta} \tag{3-10}$$

此时有

$$Z(\delta)=\bar{F}^{\delta}(\delta_1+\delta_2-\delta_3+\delta_4) \tag{3-11}$$

由于偏航通道是由 4 片舵共同偏转来控制的，可认为偏航通道的通道舵偏效率为 4 片舵的等效舵效率之和，即

$$Z^{\delta_y}=4\bar{F}^{\delta} \tag{3-12}$$

将式(3-12)代入式(3-11)可得

$$Z(\delta)=Z^{\delta_y}\delta_y=(4\bar{F}^{\delta})\delta_y=\bar{F}^{\delta}(\delta_1+\delta_2-\delta_3-\delta_4) \tag{3-13}$$

进一步整理可得

$$\delta_y=\frac{\delta_1+\delta_2-\delta_3-\delta_4}{4} \tag{3-14}$$

这就是常用的偏航通道舵偏定义。

3. X字布局导弹横滚通道舵偏

推导过程与前文类似。

由力矩分析可知，横滚操纵力矩为

$$M_x(\delta)=(F_1+F_2+F_3+F_4)l \tag{3-15}$$

式中，l 为各舵片气动中心到导弹纵轴的距离。则必存在一个与横滚操纵力矩等效的力偶 T_{eq}，其与 F_1、F_2、F_3、F_4 的合力矩相等，即

$$T_{eq}l=(F_1+F_2+F_3+F_4)l \tag{3-16}$$

简写为

$$T_{eq}=F_1+F_2+F_3+F_4 \tag{3-17}$$

若单片舵产生舵控力的舵效均为 F^{δ}，则式(3-17)可写为

$$T_{eq}=F^{\delta}(\delta_1+\delta_2+\delta_3+\delta_4) \tag{3-18}$$

由于横滚通道是由4片舵共同偏转来控制的，所以可认为横滚通道的通道舵偏效率为4片舵舵效率之和，即

$$T^{\delta_x}=4F^{\delta} \tag{3-19}$$

将式(3-19)代入式(3-18)可得

$$T_{eq}=T^{\delta_x}\delta_x=(4\bar{F}^{\delta})\delta_x=F^{\delta}(\delta_1+\delta_2+\delta_3+\delta_4) \tag{3-20}$$

进一步整理可得

$$\delta_x=\frac{\delta_1+\delta_2+\delta_3+\delta_4}{4} \tag{3-21}$$

这就是常用的横滚通道舵偏定义。

综上可知，X字布局导弹横滚、俯仰、偏航三通道舵偏与物理舵偏的定义为

$$\left.\begin{aligned}\delta_x&=\frac{\delta_1+\delta_2+\delta_3+\delta_4}{4}\\ \delta_z&=\frac{\delta_1-\delta_2-\delta_3+\delta_4}{4}\\ \delta_y&=\frac{\delta_1+\delta_2-\delta_3-\delta_4}{4}\end{aligned}\right\} \tag{3-22}$$

写成矩阵形式为

$$\begin{bmatrix}\delta_x\\ \delta_z\\ \delta_y\end{bmatrix}=\begin{bmatrix}\frac{1}{4} & \frac{1}{4} & \frac{1}{4} & \frac{1}{4}\\ \frac{1}{4} & -\frac{1}{4} & -\frac{1}{4} & \frac{1}{4}\\ \frac{1}{4} & \frac{1}{4} & -\frac{1}{4} & -\frac{1}{4}\end{bmatrix}\begin{bmatrix}\delta_1\\ \delta_2\\ \delta_3\\ \delta_4\end{bmatrix} \tag{3-23}$$

3.2.2 十字布局导弹通道舵偏定义

推导过程与 X 字布局导弹类似，直接给出十字布局导弹通道舵偏与物理舵偏的关系如下：

$$\begin{bmatrix}\delta_x\\ \delta_z\\ \delta_y\end{bmatrix}=\begin{bmatrix}\frac{1}{4} & \frac{1}{4} & \frac{1}{4} & \frac{1}{4}\\ \frac{1}{2} & 0 & -\frac{1}{2} & 0\\ 0 & \frac{1}{2} & 0 & -\frac{1}{2}\end{bmatrix}\begin{bmatrix}\delta_1\\ \delta_2\\ \delta_3\\ \delta_4\end{bmatrix} \tag{3-24}$$

3.2.3 X 字布局导弹通道舵偏到物理舵偏的分解

导弹在飞行中会接收自动驾驶仪的通道舵偏指令，并将其转换为物理舵偏信号，提供给舵机执行。因此，有必要将三通道舵偏分解成物理舵偏。

先画出三通道的正通道舵偏定义示意图，如图 3-8 所示。

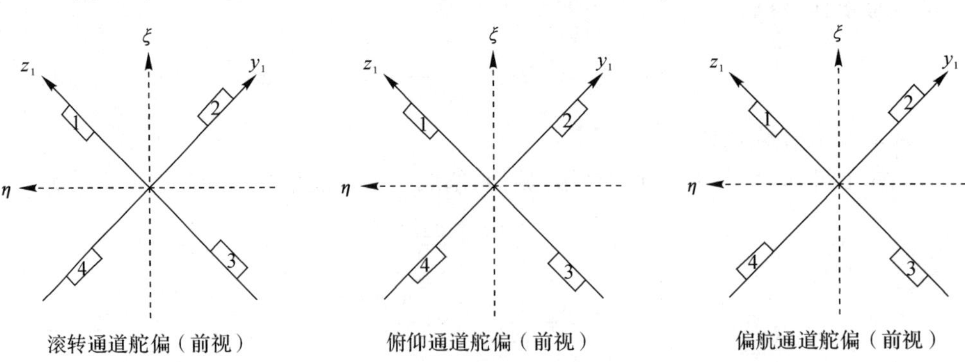

图 3-8　X 字布局导弹正通道舵偏定义示意图

对应图 3-8,三通道正舵偏的定义即为

$$\left.\begin{aligned}\delta_x&=\frac{\delta_1+\delta_2+\delta_3+\delta_4}{4}\\\delta_z&=\frac{\delta_1-\delta_2-\delta_3+\delta_4}{4}\\\delta_y&=\frac{\delta_1+\delta_2-\delta_3-\delta_4}{4}\end{aligned}\right\}\tag{3-25}$$

方程组式(3-25)中有 3 个方程,但有 4 个未知数,属于欠定方程组,解不唯一。因此,可将方程组视为对待求变量的等式约束,并基于人为设定的准则,将其转换为优化问题求解,利用优化求解算法,求得一组实用的分解算法。

具体方法是,先设定优化指标为实际舵偏平方和最小,同时考虑将物理舵偏所受的约束式(3-25)引入指标函数,可得到无约束优化问题:

$$\begin{aligned}\min J=\delta_1^2+\delta_2^2+\delta_3^2+\delta_4^2+\lambda_1\left(\delta_x-\frac{\delta_1+\delta_2+\delta_3+\delta_4}{4}\right)+\\\lambda_2\left(\delta_z-\frac{\delta_1-\delta_2-\delta_3+\delta_4}{4}\right)+\\\lambda_3\left(\delta_y-\frac{\delta_1+\delta_2-\delta_3-\delta_4}{4}\right)\end{aligned}\tag{3-26}$$

此时问题的待求未知量为 δ_1、δ_2、δ_3、δ_4 及 λ_1、λ_2、λ_3,根据拉格朗日定理,用指标函数 J 对各未知量求偏导并置零,可得方程组:

$$\left.\begin{aligned}&2\delta_1-\frac{\lambda_1}{4}-\frac{\lambda_2}{4}-\frac{\lambda_3}{4}=0\\&2\delta_2-\frac{\lambda_1}{4}+\frac{\lambda_2}{4}-\frac{\lambda_3}{4}=0\\&2\delta_3-\frac{\lambda_1}{4}+\frac{\lambda_2}{4}+\frac{\lambda_3}{4}=0\\&2\delta_4-\frac{\lambda_1}{4}-\frac{\lambda_2}{4}+\frac{\lambda_3}{4}=0\\&\delta_x-\frac{\delta_1+\delta_2+\delta_3+\delta_4}{4}=0\\&\delta_z-\frac{\delta_1-\delta_2-\delta_3+\delta_4}{4}=0\\&\delta_y-\frac{\delta_1+\delta_2-\delta_3-\delta_4}{4}\end{aligned}\right\}\tag{3-27}$$

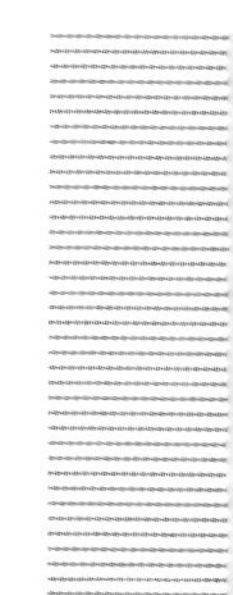

方程组封闭可解,解算结果用矩阵表示即为

$$\begin{bmatrix}\delta_1\\\delta_2\\\delta_3\\\delta_4\end{bmatrix}=\begin{bmatrix}1&1&1\\1&-1&1\\1&-1&-1\\1&1&-1\end{bmatrix}\begin{bmatrix}\delta_x\\\delta_z\\\delta_y\end{bmatrix}\tag{3-28}$$

这就是常用的三通道舵偏分解算法。

3.2.4 十字布局导弹通道舵偏到物理舵偏的分解

十字布局通道舵偏到物理舵偏的分解原理与X字布局类似，不再赘述，直接给出结果如下：

$$\begin{bmatrix}\delta_1\\\delta_2\\\delta_3\\\delta_4\end{bmatrix}=\begin{bmatrix}1&1&0\\1&0&1\\1&-1&0\\1&0&-1\end{bmatrix}\begin{bmatrix}\delta_x\\\delta_z\\\delta_y\end{bmatrix}\tag{3-29}$$

3.3 气动数据获取与气动特性分析

导弹受控飞行所需的力/力矩主要来自空气动力，获得气动数据与导弹飞行性能设计、气动外形设计、自动驾驶仪设计乃至制导弹道仿真都有密切关系。目前，获取导弹气动特性的技术途径有三种：风洞实验、飞行实验数据辨识和理论计算。就产品研制而言，风洞实验是获取气动数据必不可少的手段。而试验数据辨识则是在风洞实验、控制设计、飞行试验、遥测等一系列流程完成之后才能进行的补充优化工作，而且它也并非气动数据获取的必备方式。而在实验工作开始前的设计阶段、研制早期，或为了获取某些特殊状态的气动特性，合理的理论计算就显得尤为必要了。目前，能够用于导弹气动特性计算的理论方法有三类，按计算量大小或计算精度高度依次排列均为CFD数值模拟法、面元法、工程估算法[15-17]。

无论采用何种气动数据获取方法，对自动驾驶仪设计与仿真验证而言，最终需求的数据结果都是气动力六分量。根据导弹飞行动力学及其简化模型所依据的坐标系定义不同，气动力六分量可以分别表示在速度坐标系或弹体坐标系中。本书以弹体坐标系下的气动力六分量为例，其完成的气动数据应包括轴向力系数、法向力系数、侧向力系数、滚转力矩系数、偏航力矩系数和俯仰力矩系数6个

分量。

在导弹气动特性分析过程中，平衡攻角与平衡舵偏是两个关键参数，它们既是控制算法限幅的直接量，又是过载能力评估的自变量。在面向自动驾驶仪设计的气动分析实践中，重点关注的气动数据主要为力矩系数及相关量计算。以采用常规比例导引的空空导弹俯仰通道为例，气动分析工作的主要内容如下：

(1)根据俯仰力矩系数随飞行速度及攻角的变化曲线簇，插值计算平衡舵偏，并考虑针对静态配平与动态配平间的差异预设舵偏裕量，以确认其是否满足气动限幅与机械限幅需求。

(2)根据平衡攻角与平衡舵偏，计算不同飞行速度下的平衡过载能力，确认其机动能力满足指标要求，并为算法限幅提供参考。

(3)计算导弹的静稳定度 $m_z^{c_y}$ 变化情况，为兼顾不同飞行条件下的稳定控制系统设计提供依据。

(4)定性评估法向力系数与俯仰力矩系数随攻角变化曲线的线性程度，为拟采用的控制设计方法及调参策略提供参考。

对于几乎所有类型的空空导弹，面向自动驾驶仪设计的气动特性分析工作至少应包括前三条内容。若该导弹气动布局及控制方式较为复杂，则有必要对其静稳定度进行评估。图 3-9～图 3-11 所示为某导弹气动特性估算与分析结果示例。

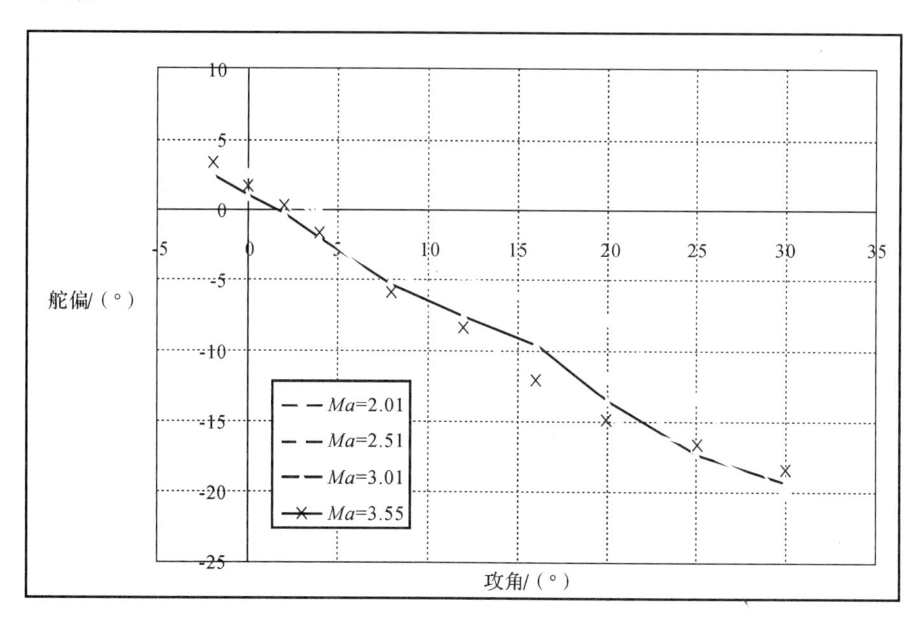

图 3-9　典型算例的平衡舵偏

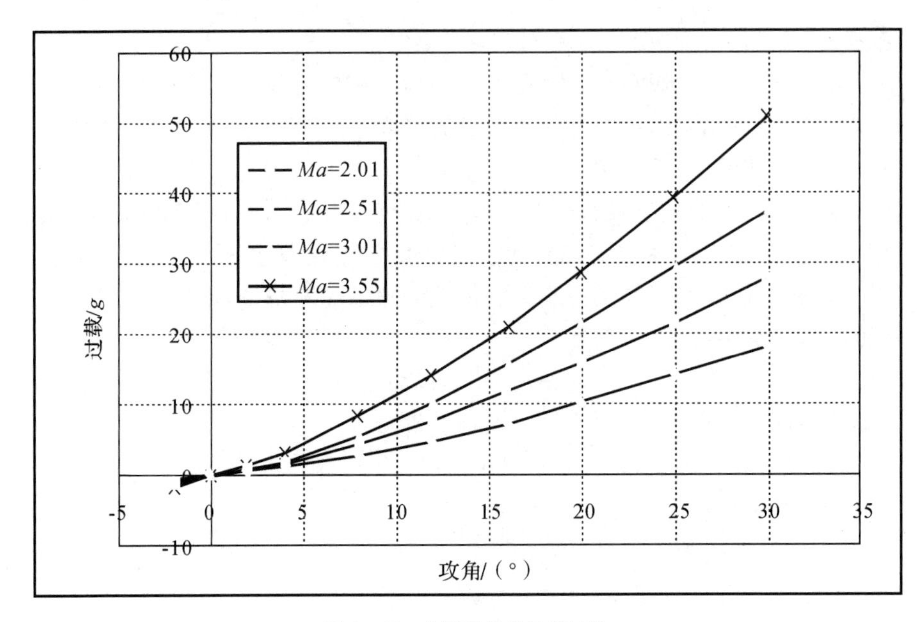

图 3-10 典型算例的平衡过载

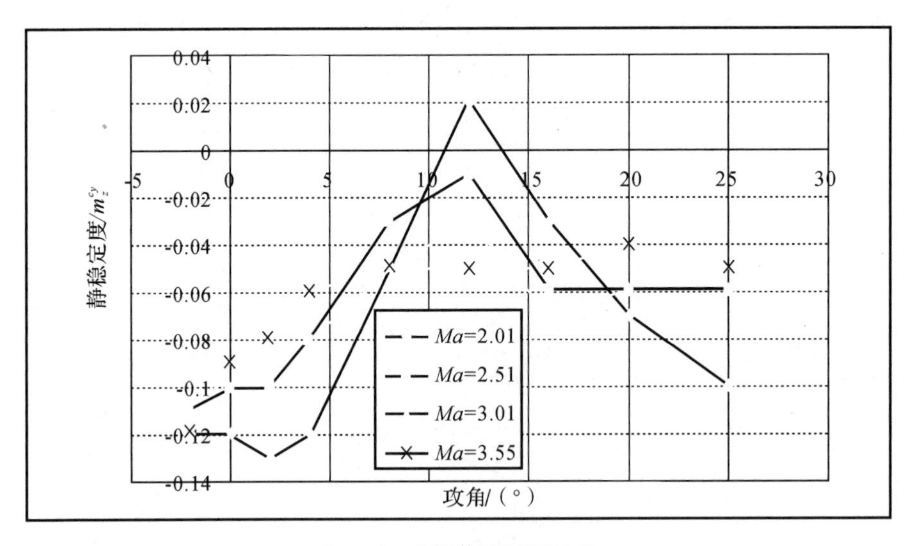

图 3-11 典型算例的静稳定度

由图 3-9 可见，在计算的攻角范围内，平衡舵偏不超过 25°，能够满足带有一定裕量的限幅要求。同时，由图 3-10 可见，在马赫数为 3.55 时，平衡过载超过 50g，采用比例导引能够对付机动过载能力为 7g 左右的空中目标。然而，如

图 3-11 可见，在马赫数为 2.01 左右，约 12°攻角条件下，导弹具有一定的静不稳定性，控制设计时应兼顾此条件下的稳定性，并采用较高频带的舵系统来实现一定静不稳定范围内的稳定控制。

3.4　面向控制仿真的气动建模

在弹体系中建立导弹的气动特性模型，其完整形式应包含如下变量：

$$\left.\begin{aligned}
&X_1 = X_1(v, H, \alpha, \beta, \delta_x, \delta_y, \delta_z)\\
&Y_1 = Y_1(v, H, \alpha, \delta_z)\\
&Z_1 = Y_1(v, H, \beta, \delta_y)\\
&M_x = M_x(v, H, \alpha, \beta, \delta_x, \delta_y, \delta_z, \omega_x, \omega_y, \omega_z)\\
&M_y = M_y(v, H, \beta, \delta_y, \omega_x, \omega_y, \dot{\beta}, \dot{\delta}_y)\\
&M_z = M_z(v, H, \alpha, \delta_z, \omega_x, \omega_z, \dot{\alpha}, \dot{\delta}_z)
\end{aligned}\right\} \tag{3-30}$$

3.4.1　表格插值法

引入气动导数，则气动模型形式为

$$\left.\begin{aligned}
&X_1 = X_{01} + X_1^{\alpha^2}\alpha^2 + X_1^{\beta^2}\beta^2 + X_1^{\delta_x^2}\delta_x^2 + X_1^{\delta_y^2}\delta_y^2 + X_1^{\delta_z^2}\delta_z^2\\
&Y_1 = Y_{01} + Y_1^{\alpha}\alpha + Y_1^{\delta_z}\delta_z\\
&Z_1 = Z_{01} + Z_1^{\beta}\beta + Z_1^{\delta_y}\delta_y\\
&M_x = M_{x0} + M_x^{\alpha}\alpha + M_x^{\beta}\beta + M_x^{\delta_x}\delta_x + M_x^{\delta_y}\delta_y +\\
&\qquad M_x^{\delta_z}\delta_z + M_x^{\omega_x}\omega_x + M_x^{\omega_y}\omega_y + M_x^{\omega_z}\omega_z\\
&M_y = M_{y0} + M_y^{\beta}\beta + M_y^{\delta_y}\delta_y + M_y^{\omega_x}\omega_x + M_y^{\omega_y}\omega_y + M_y^{\dot{\beta}}\dot{\beta} + M_x^{\dot{\delta}_y}\dot{\delta}_y\\
&M_z = M_{z0} + M_z^{\alpha}\alpha + M_z^{\delta_z}\delta_z + M_z^{\omega_x}\omega_x + M_z^{\omega_z}\omega_z + M_z^{\dot{\alpha}}\dot{\alpha} + M_z^{\dot{\delta}_z}\dot{\delta}_z
\end{aligned}\right\} \tag{3-31}$$

这种引入气动导数的方法对线性控制设计也是很方便的。

若忽略气动六分量中的各小量项，并认为轴向力主要由零升轴向力项、诱导轴向力项和轴向力高度修正项等三项组成，则实用的空空导弹气动模型可写为

$$\left.\begin{array}{l}
X_1 = X_{01}(v) + X_i + \Delta X_H(v, H) \\
Y_1 = Y_{01} + Y_1^{\alpha}\alpha + Y_1^{\delta_z}\delta_z \\
Z_1 = Z_{01} + Z_1^{\beta}\beta + Z_1^{\delta_y}\delta_y \\
M_x = M_{x0} + M_x^{\alpha}\alpha + M_x^{\beta}\beta + M_x^{\delta_x}\delta_x + M_x^{\delta_y}\delta_y + \\
\qquad M_x^{\delta_z}\delta_z + M_x^{\omega_x}\omega_x + M_x^{\omega_y}\omega_y + M_x^{\omega_z}\omega_z \\
M_y = M_{y0} + M_y^{\beta}\beta + M_y^{\delta_y}\delta_y + M_y^{\omega_x}\omega_x + M_y^{\omega_y}\omega_y + M_y^{\dot{\beta}}\dot{\beta} + M_x^{\dot{\delta}_y}\dot{\delta}_y \\
M_z = M_{z0} + M_z^{\alpha}\alpha + M_z^{\delta_z}\delta_z + M_z^{\omega_x}\omega_x + M_z^{\omega_z}\omega_z + M_z^{\dot{\alpha}}\dot{\alpha} + M_z^{\dot{\delta}_z}\dot{\delta}_z
\end{array}\right\} \tag{3-32}$$

写成无量纲形式即为

$$\left.\begin{array}{l}
X_1 = X_{01}(v) + X_i + \Delta X_H(v, H) \\
Y_1 = Y_{01} + Y_1{}^{\alpha}\alpha + Y_1{}^{\delta_z}\delta_z \\
Z_1 = Z_{01} + Z_1{}^{\beta}\beta + Z_1{}^{\delta_y}\delta_y \\
M_x = M_{x0} + M_x^{\alpha}\alpha + M_x^{\beta}\beta + M_x^{\delta_x}\delta_x + M_x^{\delta_y}\delta_y + \\
\qquad M_x^{\delta_z}\delta_z + M_x^{\omega_x}\omega_x + M_x^{\omega_y}\omega_y + M_x^{\omega_z}\omega_z \\
M_y = M_{y0} + M_y^{\beta}\beta + M_y^{\delta_y}\delta_y + M_y^{\omega_x}\omega_x + M_y^{\omega_y}\omega_y + M_y^{\dot{\beta}}\dot{\beta} + M_x^{\dot{\delta}_y}\dot{\delta}_y \\
M_z = M_{z0} + M_z^{\alpha}\alpha + M_z^{\delta_z}\delta_z + M_z^{\omega_x}\omega_x + M_z^{\omega_z}\omega_z + M_z^{\dot{\alpha}}\dot{\alpha} + M_z^{\dot{\delta}_z}\dot{\delta}_z
\end{array}\right\} \tag{3-33}$$

注意，俯仰力矩与偏航力矩数据需要分为主动段与被动段，两段之间的数据按时间线性插值即可。

3.4.2 数学拟合法

通过风洞试验或计算得到导弹的力和力矩。力和力矩系数是马赫数、2个通道攻角(或总攻角和气动滚动角)、4个舵偏角的函数，阻力系数是高度的函数。使用这些数据的传统的方法是使用高维插值，力和力矩系数是7维或8维插值，数据存储量和计算量都很大，使用不方便。特别是实时仿真，前几年往往要用专用的仿真计算机。

这种数据形式也不利于分析。分析要绘制大量的图，而每张图也只能看到和一、两种变量的关系。例如要找到 $m_x(M, \alpha_\Sigma, \varphi)$ 的最大值，要查阅很多表或图(特别是随着先进的空空导弹攻角的不断增大，通道之间的耦合越来越严重，用表格或图分析更显得不方便)。如果把这些数据拟合成解析函数，用求导数的方法很容易找到最大值。特别是随着先进的空空导弹攻角的不断增大，通道之间的耦合越来越严重，用表格或图分析更显得不方便。

把气动参数拟合成解析函数，一直是工程技术人员追求的目标，下面将介绍这方面的工作。

在轴对称的导弹中，俯仰和偏航两个通道的气动特性是完全一样的。力和力矩可以作为通道攻角 α_{I} 和 α_{II} 或总攻角 α_{Σ} 和气动滚动角 φ 的函数。它们之间的关系是

$$\alpha_{\mathrm{I}}=\alpha_{\Sigma}\cos\varphi,\quad \alpha_{\mathrm{II}}=\alpha_{\Sigma}\sin\varphi,\quad \alpha_{\Sigma}^{2}=\alpha_{\mathrm{I}}^{2}+\alpha_{\mathrm{II}}^{2} \tag{3-34}$$

力和力矩还是舵偏角的函数，同样舵偏角可以用4个舵偏角 δ_1、δ_2、δ_3、δ_4 表示，也可以用通道舵偏角 δ_{I}、δ_{II}、δ_{III} 表示。舵面偏转的极性规定为从舵轴向弹内看，顺时针转角为正。如图3－12所示，图中长方形表示舵面后缘，δ_1、δ_2、δ_3、δ_4 均为正舵偏角。通道舵偏角和4个舵偏角的关系规定为

$$\delta_{\mathrm{I}}=\frac{1}{2}(\delta_2-\delta_4),\quad \delta_{\mathrm{II}}-\frac{1}{2}(\delta_1-\delta_3),\quad \delta_{\mathrm{III}}=\frac{1}{4}(\delta_1+\delta_2+\delta_3+\delta_4) \tag{3-35}$$

图3－12中 $Ox_{\mathrm{b}}y_{\mathrm{b}}z_{\mathrm{b}}$ 表示弹体坐标系，$O\zeta\xi\eta$ 表示风动吹风坐标系，$O\zeta$ 轴与 Ox_{b} 轴重合。弹体气动力和力矩系数在两个坐标系中表达式的关系为

$$\left.\begin{aligned}
&C_{y\mathrm{b}}=C_{\xi}\cos\varphi+C_{\eta}\sin\varphi\cdot m_{y}=m_{\eta}\sin\varphi+m_{\xi}\cos\varphi\\
&C_{z\mathrm{b}}=-C_{\xi}\sin\varphi+C_{\eta}\cos\varphi,\quad m_{z}=m_{\eta}\cos\varphi-m_{\xi}\sin\varphi\\
&C_{x\mathrm{b}}=-C_{\zeta},\quad m_{x}=m_{\zeta}
\end{aligned}\right\} \tag{3-36}$$

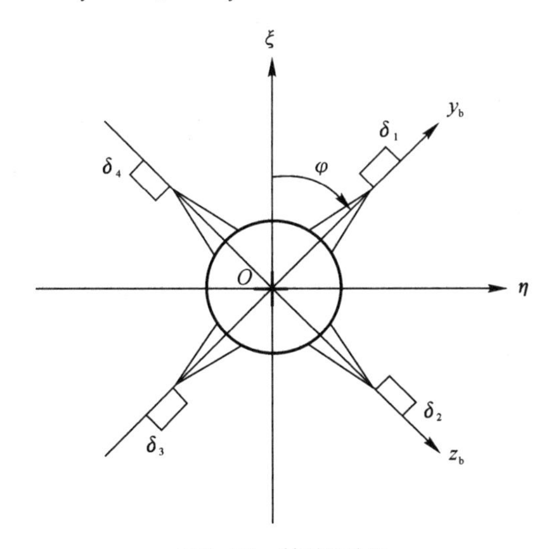

图3－12　轴对称外形

混合级数数学模型是俄罗斯空空导弹研究单位普遍使用的模型，成功地用于第四代空空导弹的设计。建立混合级数数学模型的目的是要得到气动力和力矩系数的解析表达式，它的主要优点：

(1) 利用导弹的轴对称和面对称特点，用吹风数据拟合混合级数的系数，建立解析模型，可以减少吹风次数。

(2) 利用解析模型，方便进行分析和对气动耦合进行补偿。

(3) 和高维插值相比大大减少数据存储量和计算量。

(4) 利用新数据提高拟合精度，只需增加新的高次谐波项，已经确定的系数不用重新计算。

研究弹体坐标系中的力的无量纲系数 C_{x_b}、C_{y_b}、C_{z_b} 和力矩的无量纲系数 m_x、m_y、m_z。它们是攻角和舵偏角的函数，建立解析函数分两步：

第一步令 $\delta_i=0, i=1,2,3,4$。力和力矩的无量纲系数作为 α_Σ 和 φ 的函数，在固定的 α_Σ 下，对 φ 展开成三角级数，对固定的 φ 下，α_Σ 以多项式表示：

$$F(\alpha_\Sigma,\varphi)=\sum_k[a_k(\alpha_\Sigma)\cos k\varphi+b_k(\alpha_\Sigma)\sin k\varphi],\quad k=0,1,2,\cdots \tag{3-37}$$

由三角级数的性质可知：当被拟合的函数是奇函数时，$a_k(\alpha_\Sigma)=0, k=1,2,\cdots$；当被拟合的函数是偶函数时，$b_k(\alpha_\Sigma)=0, k=1,2,\cdots$。

n 阶轴对称是指在导弹相对纵轴转动 $\dfrac{2\pi}{n}$ 角(被称为闭合运算角)时，其翼面与自身重合。十字翼配置具有 $n=4$ 的轴对称。$n=1$ 的情况为最低次的对称，它对应于任何外形，$n=\infty$ 的情况只对应于旋转体。“十”字布局的空空导弹为4阶轴对称。

镜面对称是指有这样的平面，该平面通过导弹轴，导弹表面上位于这个平面一侧的每一个点都镜面反射到平面另一侧导弹表面的点上。容易看出：C_x、C_ξ、m_η(阻力、作用在攻角平面的法向力和法向力矩系数) 是 φ 角偶函数的对称因子；C_η、m_ξ、m_x(侧向力、侧向力矩和滚转力矩系数) 是 φ 角奇函数的非对称因子。那么，可表示为

$$F(\alpha_\Sigma,-\varphi)=\varepsilon F(\alpha_\Sigma,\varphi),\quad \varepsilon=\begin{cases}1, & 对\ C_x, C_\xi, m_\eta\\ -1, & 对\ C_\eta, m_\xi, m_x\end{cases} \tag{3-38}$$

“十”字布局在 $\delta_1=\delta_2=\delta_3=\delta_4=0$ 时构成4阶轴对称和镜面对称(见图3-13)。风洞吹风坐标系气动力和力矩可对 φ 的三角级数展开，得

$$\left.\begin{aligned}C_x&=\sum_k f_{xkn}(\alpha_\Sigma)\cos kn\varphi; & m_x&=\sum_k m_{xkn}(\alpha_\Sigma)\sin kn\varphi\\ C_\xi&=\sum_k f_{kn}(\alpha_\Sigma)\cos kn\varphi; & m_\xi&=\sum_k \overline{m}_{kn}(\alpha_\Sigma)\sin kn\varphi\\ m_\eta&=\sum_k m_{kn}(\alpha_\Sigma)\cos kn\varphi; & C_\eta&=\sum_k \overline{f}_{kn}(\alpha_\Sigma)\sin kn\varphi\end{aligned}\right\} \tag{3-39}$$

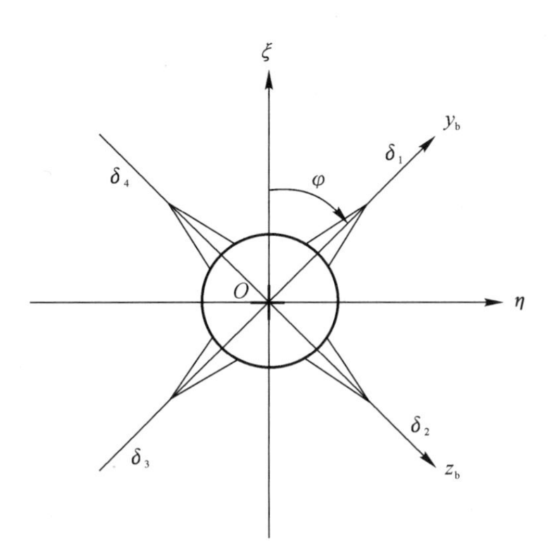

图 3-13 四阶轴对称和镜面对称外形

式(3-39)中 $k=0$ 和 $k=1$ 是展式的主要部分,对于大多数的实际计算问题,考虑这些项就足够了。$k=0$ 对应与 φ 角无关的项;$k=1$ 对应 4φ 角的项($n=4$)。则弹体坐标系中力系数为

$$\left.\begin{aligned}C_x(\alpha)&=f_{x0}(\alpha_\Sigma)+f_{x4}(\alpha_\Sigma)\cos4\varphi\\C_y(\alpha)&=[f_{y0}(\alpha_\Sigma)+f_{x4}(\alpha_\Sigma)\cos4\varphi]\cos\varphi+\bar{f}_{y4}(\alpha_\Sigma)\sin4\varphi\sin\varphi\\C_z(\alpha)&=-[f_{z0}(\alpha_\Sigma)+f_{z4}(\alpha_\Sigma)\cos4\varphi]\sin\varphi+\bar{f}_{z4}(\alpha_\Sigma)\sin4\varphi\cos\varphi\end{aligned}\right\}\tag{3-40}$$

力矩系数为

$$\left.\begin{aligned}m_x(\alpha)&=m_{x4}(\alpha_\Sigma)\sin4\varphi\\m_y(\alpha)&=[m_{y0}(\alpha_\Sigma)+m_{y4}(\alpha_\Sigma)\cos4\varphi]\sin\varphi+\bar{m}_{y4}(\alpha_\Sigma)\sin4\varphi\cos\varphi\\m_z(\alpha)&=[m_{z0}(\alpha_\Sigma)+m_{z4}(\alpha_\Sigma)\cos4\varphi]\cos\varphi-\bar{m}_{z4}(\alpha_\Sigma)\sin4\varphi\sin\varphi\end{aligned}\right\}\tag{3-41}$$

这些力和力矩系数只有含 $\alpha_\Sigma\sin\varphi$ 或 $\alpha_\Sigma\cos\varphi$ 时,才能用通道攻角表示,通常在小攻角时可以用通道攻角表示。

第二步考虑舵偏角不为零的情况。在这种情况下,力和力矩系数不仅是 α_Σ 和 φ 的函数,而且是 $\delta_i(i=1,2,3,4)$ 的函数,一般情况下4阶轴对称和面对称均被破坏,只能根据 δ_{I}、δ_{II}、δ_{III} 的三种构型进行讨论。现以力矩系数来说明。

$$\left.\begin{aligned}m_x(\delta,\alpha_\Sigma)&=m'_x(\alpha_\Sigma,\varphi)+\eta(\delta_{\mathrm{III}})m''_x(\alpha_\Sigma,\varphi)\\m_y(\delta,\alpha_\Sigma)&=m'_y(\alpha_\Sigma,\varphi)+\eta(\delta_{\mathrm{I}})m''_y(\alpha_\Sigma,\varphi)\\m_z(\delta,\alpha_\Sigma)&=m'_z(\alpha_\Sigma,\varphi)+\eta(\delta_{\mathrm{II}})m''_x(\alpha_\Sigma,\varphi)\end{aligned}\right\}\tag{3-42}$$

式(3-42)中等号右边第一项对应于舵偏为零,第二项表示舵偏不为零。

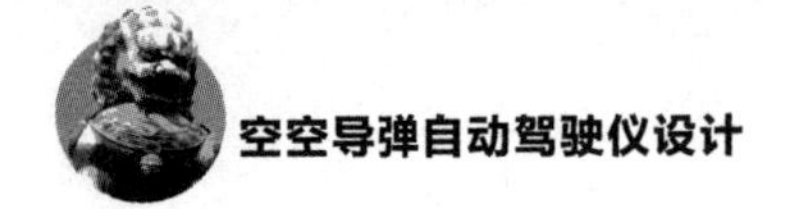

$\eta(\delta)$ 为 δ 的奇函数，即 $\eta(0)=0, \eta(-\delta)=-\eta(\delta)$。分析限于最简单的情况 $\eta(\delta)=\delta$。以 m_x 为例，假设保持镜面对称，则轴对称的次数从 $n=4$ 降低到 $n=2$ 和 $n=1$。因为 φ 变号 δ 也变号才能构成镜面对称，故只含有正弦项，只考虑到 4 次谐波：

$$m''_x(\delta_1,\delta_2,\delta_3,\delta_4,\alpha_\Sigma,\varphi)=\begin{cases} b_1\sin4\varphi, & \text{当 } n=4 \text{ 时} \\ b_1\sin2\varphi+b_2\sin4\varphi, & \text{当 } n=2 \text{ 时} \\ b_1\sin\varphi+b_2\sin2\varphi+b_3\sin3\varphi+\sin4\varphi, & \text{当 } n=1 \text{ 时} \end{cases} \tag{3-43}$$

因此，降低轴对称的次数可导致多项式的复杂化。例如，当 n 从 4 降低到 1 时，展开式中的项数从 1 项增加到 4 项。

对“十”字形翼配置（保留谐波到四次为止，包括四次）的多项式 m''_x 的一般表达式可写为

$$\begin{aligned} m''_x = {} & \eta(\delta_1)[a_0+a_1\cos\varphi+a_2\cos2\varphi+a_3\cos3\varphi+a_4\cos4\varphi]+ \\ & \eta(\delta_2)\left[a_0+a_1\cos\left(\varphi+\frac{\pi}{2}\right)+a_2\cos2\left(\varphi+\frac{\pi}{2}\right)+a_3\cos3\left(\varphi+\frac{\pi}{2}\right)+a_4\cos4\left(\varphi+\frac{\pi}{2}\right)\right]+ \\ & \eta(\delta_3)[a_0+a_1\cos(\varphi+\pi)+a_2\cos2(\varphi+\pi)+a_3\cos3(\varphi+\pi)+a_4\cos4(\varphi+\pi)]+ \\ & \eta(\delta_4)\left[a_0+a_1\cos\left(\varphi+\frac{3\pi}{2}\right)+a_2\cos2\left(\varphi+\frac{3\pi}{2}\right)+a_3\cos3\left(\varphi+\frac{3\pi}{2}\right)+a_4\cos4\left(\varphi+\frac{3\pi}{2}\right)\right] \end{aligned}$$

展开后得

$$\begin{aligned} m''_x = {} & \eta(\delta_1)[a_0+a_1\cos\varphi+a_2\cos2\varphi+a_3\cos3\varphi+a_4\cos4\varphi]+ \\ & \eta(\delta_2)[a_0-a_1\sin\varphi-a_2\cos2\varphi+a_3\sin3\varphi+a_4\cos4\varphi]+ \\ & \eta(\delta_3)[a_0-a_1\cos\varphi+a_2\cos2\varphi-a_3\cos3\varphi+a_4\cos4\varphi]+ \\ & \eta(\delta_4)[a_0+a_1\sin\varphi-a_2\cos2\varphi-a_3\sin3\varphi+a_4\cos4\varphi] \end{aligned}$$

把 φ 的偶次项和奇次项分开整理得

$$\begin{aligned} m''_x = {} & [\eta(\delta_1)+\eta(\delta_3)](a_0+a_2\cos2\varphi+a_4\cos4\varphi)+ \\ & [\eta(\delta_2)+\eta(\delta_4)](a_0-a_2\cos2\varphi+a_4\cos4\varphi)+ \\ & [\eta(\delta_1)-\eta(\delta_3)](a_1\cos\varphi+a_3\cos3\varphi)- \\ & [\eta(\delta_2)-\eta(\delta_4)](a_1\sin\varphi-a_3\sin3\varphi) \end{aligned} \tag{3-44}$$

由此可见，第一行和第二行的项形成副翼效能力矩，最后两行给出了斜吹力矩的广义公式。还可以看出，含有偶次谐波的项表征舵面效能，含有奇次谐波的项表征斜吹力矩。斜吹力矩项略去 3 次谐波和利用 $\eta(\delta)=\delta$ 的简化模型可以得

$$m''_x(\delta_{\text{I}},\delta_{\text{II}},\alpha_{\text{I}},\alpha_{\text{II}})=\kappa_2(\delta_{\text{II}}\alpha_{\text{I}}-\delta_{\text{I}}\alpha_{\text{II}}) \tag{3-45}$$

式中，$\kappa_2=\dfrac{2a_1}{\alpha_\Sigma}$。当 $\alpha_{\text{I}}/\delta_{\text{I}}=\alpha_{\text{II}}/\delta_{\text{II}}$ 时，此斜吹力矩为零。

将 $\delta_1=-\delta_3=\delta_{\mathrm{II}},\delta_2=-\delta_4=\delta_{\mathrm{I}}$ 代入式(3-45)可得

$$m''_x=2\eta(\delta_{\mathrm{II}})(a_1\cos\varphi+a_3\cos3\varphi)-2\eta(\delta_{\mathrm{I}})(a_1\sin\varphi-a_3\sin3\varphi) \tag{3-46}$$

还可以化成用1次和4次谐波表示：

$$\begin{aligned}m''_x=&2[\eta(\delta_{\mathrm{II}})\cos\varphi-\eta(\delta_{\mathrm{I}})\sin\varphi]a_1+2[\eta(\delta_{\mathrm{II}})\cos3\varphi+\eta(\delta_{\mathrm{I}})\sin3\varphi]a_3=\\&2[\eta(\delta_{\mathrm{II}})\cos\varphi-\eta(\delta_{\mathrm{I}})\sin\varphi](a_1+a_3\cos4\varphi-a_3\cos4\varphi)+\\&2[\eta(\delta_{\mathrm{II}})\cos3\varphi+\eta(\delta_{\mathrm{I}})\sin3\varphi]a_3=\\&2[\eta(\delta_{\mathrm{II}})\cos\varphi-\eta(\delta_{\mathrm{I}})\sin\varphi](a_1+a_3\cos4\varphi)-2a_3\cos4\varphi[\eta(\delta_{\mathrm{II}})\cos\varphi-\\&\eta(\delta_{\mathrm{I}})\sin\varphi]+2[\eta(\delta_{\mathrm{II}})\cos3\varphi+\eta(\delta_{\mathrm{I}})\sin3\varphi]a_3\end{aligned}$$

利用 $\cos4\varphi=\cos3\varphi\cos\varphi-\sin3\varphi\sin\varphi$ 代入上式整理得到

$$\begin{aligned}m''_x=&2[\eta(\delta_{\mathrm{II}})\cos\varphi-\eta(\delta_{\mathrm{I}})\sin\varphi](a_1+a_3\cos4\varphi)+2[\eta(\delta_{\mathrm{II}})a_3(\cos3\varphi\sin\varphi-\\&\sin3\varphi\cos\varphi)\sin\varphi+2\eta(\delta_{\mathrm{I}})a_3(\cos3\varphi\sin\varphi+\sin3\varphi\cos\varphi)\cos\varphi]=\\&2[\eta(\delta_{\mathrm{II}})\cos\varphi-\eta(\delta_{\mathrm{I}})\sin\varphi](a_1+a_3\cos4\varphi)+\\&2[\eta(\delta_{\mathrm{II}})\sin\varphi+\eta(\delta_{\mathrm{I}})\cos\varphi]a_3\sin4\varphi\end{aligned}$$

进一步分析可以得到的结果：

零构型：$\delta_1=\delta_2=\delta_3=\delta_4=0$，则

$$m''_x=0$$

四个舵的副翼构型：$\delta_1=\delta_2=\delta_3=\delta_4=\delta_{\mathrm{III}}$，则

$$m''_x=4\eta(\delta_{\mathrm{III}})[a_0+a_4\cos4\varphi]$$

两个舵的副翼构型：$\delta_2=\delta_4=\delta_1,\delta_1=\delta_3=0$，则

$$m''_x=2\eta(\delta_{\mathrm{III}})[a_0-a_2\cos2\varphi+a_4\cos4\varphi]$$

通道构型：$\delta_1=-\delta_3=\delta_{\mathrm{II}},\delta_2=-\delta_4=\delta_{\mathrm{I}}$，则

$$\begin{aligned}m''_x=&2[\eta(\delta_{\mathrm{II}})\cos\varphi-\eta(\delta_{\mathrm{I}})\sin\varphi][a_1+a_3\cos4\varphi]+\\&2[\eta(\delta_{\mathrm{II}})\sin\varphi+\eta(\delta_{\mathrm{I}})\cos\varphi]a_3\sin4\varphi\end{aligned}$$

一般来说，由于任意 δ 构型既不具有镜面对称，也不具有不同于1次的轴对称，所以构造的复合多项式应含有所有次的谐波，既有正弦谐波，也有余弦谐波。这种情况很难得到足够简单的力和力矩系数与角 δ_i 的关系式。但是可以找出由控制机构旋转轴配置的结构对称所引起的，而不是由构型的几何对称所引起的未知函数的某些通性[5]。这些性质反映了力和力矩系数在某些具有下标换位特征的自变量变换时的不变性。

限于讨论4个舵"十"字形配置，容易验证

$$F(\alpha_\Sigma,\varphi,\delta_1,\delta_2,\delta_3,\delta_4)=F\left(\alpha_\Sigma,\varphi+\frac{\pi}{2},\delta_2,\delta_3,\delta_4,\delta_1\right) \tag{3-47}$$

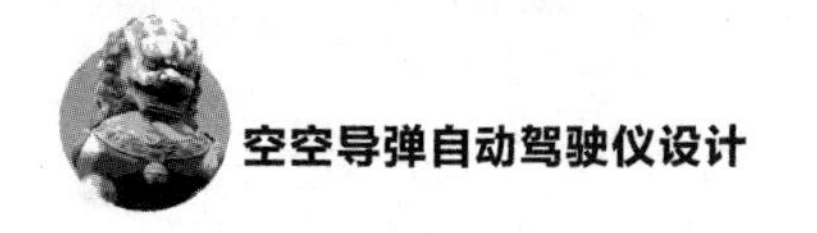

$$F(\alpha_\Sigma,\varphi,\delta_1,\delta_2,\delta_3,\delta_4)=\varepsilon F(\alpha_\Sigma,-\varphi,-\delta_1,-\delta_4,-\delta_3,-\delta_2) \tag{3-48}$$

式中，$\varepsilon=\begin{cases}1, & 对于 C_x,C_\xi,m_\eta \\ -1, & 对于 C_\eta,m_\zeta,m_x\end{cases}$。还可以引入换位符号使书写简单一些：

$$\hat{\delta}\rightarrow\delta_1,\delta_2,\delta_3,\delta_4$$

$$h\hat{\delta}\rightarrow\delta_2,\delta_3,\delta_4,\delta_1$$

$$\bar{h}\hat{\delta}=-\delta_1,-\delta_4,-\delta_3,-\delta_2$$

其中，h 表示正向换位一步；$\bar{h}$ 表示反向换位一步。则有

$$F(\alpha_\Sigma,\varphi,\hat{\delta})=F\left(\alpha_\Sigma,\varphi+\frac{\pi}{2},h\hat{\delta}\right) \tag{3-49}$$

$$F(\alpha_\Sigma,\varphi,\hat{\delta})=\varepsilon F(\alpha_\Sigma,-\varphi,\bar{h}\hat{\delta}) \tag{3-50}$$

多次使用 h 或 $\bar{h}$ 可实现正向或反向多步换位。对任意 δ 构型展开成 φ 的三角级数：

$$F(\alpha_\Sigma,\varphi,\hat{\delta})=\sum_k a_k(\alpha_\Sigma,\hat{\delta})\cos k\varphi+b_k(\alpha_\Sigma,\hat{\delta})\sin k\varphi \tag{3-51}$$

对 $n=4$ 的“十”字形配置，注意到 a_0 与 φ 无关，正弦和余弦差 $\frac{\pi}{2}$ 的相位关系，可得

$$\left.\begin{aligned}a_0(\alpha_\Sigma,\hat{\delta})&=a_0(\alpha_\Sigma,h\hat{\delta})\\a_1(\alpha_\Sigma,\hat{\delta})&=b_1(\alpha_\Sigma,h\hat{\delta})\\b_1(\alpha_\Sigma,\hat{\delta})&=-a_1(\alpha_\Sigma,h\hat{\delta})\\a_2(\alpha_\Sigma,\hat{\delta})&=-a_2(\alpha_\Sigma,h\hat{\delta})\\b_2(\alpha_\Sigma,\hat{\delta})&=-b_2(\alpha_\Sigma,h\hat{\delta})\end{aligned}\right\} \tag{3-52}$$

$$\left.\begin{aligned}a_0(\alpha_\Sigma,\hat{\delta})&=\varepsilon a_0(\alpha_\Sigma,\bar{h}\hat{\delta})\\a_1(\alpha_\Sigma,\hat{\delta})&=\varepsilon a_1(\alpha_\Sigma,h\hat{\delta})\\b_1(\alpha_\Sigma,\hat{\delta})&=\varepsilon b_1(\alpha_\Sigma,h\hat{\delta})\end{aligned}\right\} \tag{3-53}$$

建立力和力矩的数学模型就是求满足 $n=4$ 条件式的多维函数 $a_k(\alpha_\Sigma,h\hat{\delta})$ 和 $b_k(\alpha_\Sigma,h\hat{\delta})$。在这种情况下，需要单独求下列系数的函数值：一组系数为 C_y、C_z 和 C_x，另一组系数为 m_z、m_y 和 m_x。

建立力和力矩的数学模型实际上就是利用风洞试验数据，拟合解析函数。从数学的观点来看，这就意味着根据风洞中所研究的模型和控制机构位置所对应的一组离散点处的数值来建立多维连续函数。这可以有两种方法：第一种方

法，超曲面必须通过每一个多维点，称插值法；第二种方法，超曲面可以不通过实验点，但须按照某种准则（例如均匀准则）的标准接近实验点，称为近似法。当所研究的攻角平面位置和控制机构偏转角的数量较少时，必须使用插值法；当风洞试验数据量很大时（通常多是这种情况），应当使用近似法。

在实际使用时，力和力矩的数学模型可以采取存储在计算机存储器中数组的形式。目前的趋势是缩短计算时间，简化插值程序，详细了解研究这个或那个自变量的影响，因而必须从以组合形式表示的一类低维数函数，甚至是一维函数中选择近似函数。这不仅能降低计算机的存储量和计算量，而且方便导弹运动的计算。

在这些模型中反映控制机构效能的多维函数可以近似地表示为单变量函数的组合，但已不是和，而是积。例如：

$$f(\alpha_\Sigma,\delta_i,\delta_{i+1})=g(\alpha_\Sigma,\delta_i)\mu(\alpha_\Sigma,\delta_{i+1})+g(\alpha_\Sigma,\delta_{i+1})\mu(\alpha_\Sigma,\delta_i)$$

而且，任何一个 $g(\alpha_\Sigma,\delta)$，$\mu(\alpha_\Sigma,\delta)$ 形式的两维关系式同样也可以用下列形式表示为乘积组合的形式：

$$f(\alpha_\Sigma,\delta_i,\delta_{i+1})=g(\alpha_\Sigma,\delta_i)\mu(\alpha_\Sigma,\delta_{i+1})+g(\alpha_\Sigma,\delta_{i+1})\mu(\alpha_\Sigma,\delta_i)$$

如果在常数因子（常数因子只与马赫数有关）的精度范围内，对于所有的系数 a_k，b_k 来说，函数 $\mu(\delta)$ 都是相同的，那么可以得到适用的数学模型。

既然混合级数模型是对吹风数据的拟合，所取项数的多少不能统一规定，那么就要看拟合精度。一般可用如下的表达式：

法向力无量纲系数：

$$\begin{aligned}C_{y\mathrm{b}}(\delta,\alpha_\Sigma)=&[f_0(0,\alpha_\Sigma)+f_4(0,\alpha_\Sigma)\cos4\varphi]\cos\varphi+A_{y0}(\delta_2,\alpha_\Sigma)-\\&A_{y0}(\delta_4,\alpha_\Sigma)-[A_{y2}(\alpha_\Sigma,\delta_2)-A_{y2}(\delta_4)]\cos2\varphi+C_{y_\mathrm{d}}\end{aligned}\tag{3-54}$$

横向力无量纲系数：

$$\begin{aligned}C_{z\mathrm{b}}(\delta,\alpha_\Sigma)=&[f_0(0,\alpha_\Sigma)+f_4(0,\alpha_\Sigma)\cos4\varphi]\sin\varphi+A_{y0}(\delta_1,\alpha_\Sigma)-\\&A_{y0}(\delta_3,\alpha_\Sigma)+[A_{y2}(\alpha_\Sigma,\delta_1)-A_{y2}(\delta_3)]\cos2\varphi+C_{z_\mathrm{d}}\end{aligned}\tag{3-55}$$

轴向力无量纲系数：

$$\begin{aligned}C_{x\mathrm{b}}(\delta,\alpha_\Sigma)=&X_0(0,\alpha_\Sigma)+X_4(0,\alpha_\Sigma)\cos4\varphi+A_{x0}(\delta_1,\alpha_\Sigma)+A_{x0}(\delta_2,\alpha_\Sigma)+\\&A_{x0}(\delta_3,\alpha_\Sigma)+A_{x0}(\delta_4,\alpha_\Sigma)+[B_{x1}(\delta_2,\alpha_\Sigma)-B_{x1}(\delta_4,\alpha_\Sigma)]\sin\varphi+\\&[B_{x1}(\delta_1,\alpha_\Sigma)-B_{x1}(\delta_3,\alpha_\Sigma)]\cos\varphi+[A_{x2}(\delta_2,\alpha_\Sigma)+\\&A_{x2}(\delta_1,\alpha_\Sigma)-A_{x2}(\delta_4,\alpha_\Sigma)-A_{x2}(\delta_3,\alpha_\Sigma)]\cos2\varphi+C_{x_\mathrm{d}}\end{aligned}\tag{3-56}$$

偏航力矩无量纲系数：

$$m_y(\delta,\alpha_\Sigma)=[m_{y0}(0,\alpha_\Sigma)+m_{y4}(0,\alpha_\Sigma)\cos 4\varphi]\sin\varphi+A_{10}(\delta_1,\alpha_\Sigma)-A_{10}(\delta_3,\alpha_\Sigma)+[B_{11}(\delta_1,\alpha_\Sigma)+B_{11}(\delta_3,\alpha_\Sigma)+A_{11}(\delta_2,\alpha_\Sigma)+A_{11}(\delta_4,\alpha_\Sigma)]\sin\varphi+[A_{12}(\delta_1,\alpha_\Sigma)-A_{12}(\delta_3,\alpha_\Sigma)]\cos 2\varphi+m_{y\mathrm{d}} \tag{3-57}$$

俯仰力矩无量纲系数：

$$m_z(\delta,\alpha_\Sigma)=[m_{y0}(0,\alpha_\Sigma)+m_{y4}(0,\alpha_\Sigma)\cos 4\varphi]\cos\varphi+A_{10}(\delta_2,\alpha_\Sigma)-A_{10}(\delta_4,\alpha_\Sigma)+[B_{11}(\delta_2,\alpha_\Sigma)+B_{11}(\delta_4,\alpha_\Sigma)+A_{11}(\delta_1,\alpha_\Sigma)+A_{11}(\delta_3,\alpha_\Sigma)]\cos\varphi+[A_{12}(\delta_2,\alpha_\Sigma)-A_{12}(\delta_4,\alpha_\Sigma)]\cos 2\varphi+m_{z\mathrm{d}} \tag{3-58}$$

滚转力矩无量纲系数：

$$m_x(\delta,\alpha_\Sigma)=[m_{x4}(0,\alpha_\Sigma)\cos 4\varphi\sin\varphi+A_{30}(\delta_1,\alpha_\Sigma)+A_{30}(\delta_2,\alpha_\Sigma)+A_{30}(\delta_3,\alpha_\Sigma)+A_{30}(\delta_4,\alpha_\Sigma)+[A_{34}(\delta_1,\alpha_\Sigma)+A_{34}(\delta_2,\alpha_\Sigma)+A_{34}(\delta_3,\alpha_\Sigma)+A_{34}(\delta_4,\alpha_\Sigma)]\cos 4\varphi+m_{x\mathrm{d}} \tag{3-59}$$

式中，$C_{y\mathrm{d}}$、$C_{z\mathrm{d}}$、$C_{x\mathrm{d}}$、$m_{y\mathrm{d}}$、$m_{z\mathrm{d}}$、$m_{x\mathrm{d}}$ 为拟合误差构成的扰动项。

第4章 空空导弹动态建模

导弹非线性动态模型描述了其在空间中的六自由度运动，可用于数字仿真。在非线性动态模型基础上，可通过简化得到自动驾驶仪设计所需的线性动态模型及其传递函数。动态模型的一系列简化方法包括小扰动线性化、通道分离和系数冻结等。然后，考虑弹体弹性振动影响，建立弹性导弹的线性动态模型，为自动驾驶仪的结构滤波器设计提供依据。

|4.1 刚体运动建模|

4.1.1 动力学方程

导弹是变质量运动体，为便于研究，可把导弹质量与喷出燃气质量合在一起视为常质量系，导弹动量为 $m\boldsymbol{V}$，动量矩为 $\boldsymbol{H}$，则利用动量定理得到导弹质心平动动力学方程的一般形式为

$$m\frac{\mathrm{d}\boldsymbol{V}}{\mathrm{d}t}=m\left(\frac{\delta\boldsymbol{V}}{\delta t}+\boldsymbol{\omega}\times\boldsymbol{V}\right)=\sum\boldsymbol{F} \tag{4-1}$$

利用动量矩定理得到导弹绕其质心的转动动力学方程一般形式为

$$\frac{\mathrm{d}\boldsymbol{H}}{\mathrm{d}t}=\frac{\delta\boldsymbol{H}}{\delta t}+\boldsymbol{\omega}\times\boldsymbol{H}=\sum\boldsymbol{M} \tag{4-2}$$

其中，$\boldsymbol{\omega}$ 为导弹转动角速度矢量；$\sum\boldsymbol{F}$ 和 $\sum\boldsymbol{M}$ 分别为作用于弹体的外力矢量和及力矩矢量和。

4.1.2 质心平动动力学方程

在弹体系中建立导弹质心平动动力学方程。

导弹外力矢量和 $\sum \boldsymbol{F}$ 主要由推力 $\boldsymbol{T}$、气动力 $\boldsymbol{F}$、重力 $\boldsymbol{G}$ 三部分组成：

$$\sum \boldsymbol{F} = \boldsymbol{T} + \boldsymbol{F} + \boldsymbol{G} \tag{4-3}$$

导弹平动速度 $\boldsymbol{V}$ 在弹体系各轴的投影分量为 V_{x1}、V_{y1}、V_{z1} 则展开矢量方程(4-1)可得

$$\begin{bmatrix} \dot{V}_{x1} \\ \dot{V}_{y1} \\ \dot{V}_{z1} \end{bmatrix} = \frac{1}{m}\begin{bmatrix} T_{x1} + X_1 + G_{x1} \\ T_{y1} + Y_1 + G_{y1} \\ T_{z1} + Z_1 + G_{z1} \end{bmatrix} + \begin{bmatrix} -\omega_{y1}V_{z1} + \omega_{z1}V_{y1} \\ -\omega_{z1}V_{x1} + \omega_{x1}V_{z1} \\ -\omega_{x1}V_{y1} + \omega_{y1}V_{x1} \end{bmatrix} \tag{4-4}$$

又由攻角 α 与侧滑角 β 的定义可得

$$\begin{bmatrix} V_{x1} \\ V_{y1} \\ V_{z1} \end{bmatrix} = \begin{bmatrix} V\cos\alpha\cos\beta \\ -V\sin\alpha\cos\beta \\ V\sin\beta \end{bmatrix} \tag{4-5}$$

式(4-5)对时间求一阶导数可得

$$\begin{bmatrix} \dot{V}_{x1} \\ \dot{V}_{y1} \\ \dot{V}_{z1} \end{bmatrix} = \begin{bmatrix} \cos\alpha\cos\beta & -\sin\alpha\sin\beta & -\cos\alpha\sin\beta \\ -\sin\alpha\cos\beta & -\cos\alpha\cos\beta & \sin\alpha\sin\beta \\ \sin\beta & 0 & \cos\beta \end{bmatrix} \begin{bmatrix} \dot{V} \\ V\dot{\alpha} \\ V\dot{\beta} \end{bmatrix} \tag{4-6}$$

对式(4-6)求逆可得

$$\begin{bmatrix} \dot{V} \\ V\dot{\alpha} \\ V\dot{\beta} \end{bmatrix} = \begin{bmatrix} \cos\alpha\cos\beta & -\sin\alpha\cos\beta & \sin\beta \\ -\sin\alpha\cos\beta & -\cos\alpha\cos\beta & 0 \\ -\cos\alpha\sin\beta & \sin\alpha\sin\beta & \cos\beta \end{bmatrix} \begin{bmatrix} \dot{V}_{x1} \\ \dot{V}_{y1} \\ \dot{V}_{z1} \end{bmatrix} \tag{4-7}$$

将式(4-4)代入式(4-7),整理可得

$$\left.\begin{aligned} \dot{V} &= \frac{T_{x1} + X_1 + G_{x1}}{m}\cos\alpha\cos\beta - \frac{T_{y1} + Y_1 + G_{y1}}{m}\sin\alpha\cos\beta + \\ &\quad \frac{T_{z1} + Z_1 + G_{z1}}{m}\sin\beta \\ \dot{\alpha} &= -\frac{1}{V\cos\beta}\left(\frac{T_{x1} + X_1 + G_{x1}}{m}\sin\alpha + \frac{T_{y1} + Y_1 + G_{y1}}{m}\cos\alpha\right) + \\ &\quad \omega_{z1} + (\omega_{y1}\sin\alpha - \omega_{x1}\cos\alpha)\tan\beta \\ \dot{\beta} &= \frac{1}{V}\left(-\frac{T_{x1} + X_1 + G_{x1}}{m}\cos\alpha\sin\beta + \frac{T_{y1} + Y_1 + G_{y1}}{m}\sin\alpha\sin\beta + \right. \\ &\quad \left.\frac{T_{z1} + Z_1 + G_{z1}}{m}\cos\beta\right) + \omega_{y1}\cos\alpha + \omega_{x1}\sin\alpha \end{aligned}\right\} \tag{4-8}$$

此方程即为导弹质心平动动力学方程的常用形式。

4.1.3 绕质心转动动力学方程

在弹体系中建立导弹绕质心转动动力学方程。

导弹转动角速度 $\boldsymbol{\omega}$ 在弹体系各轴的投影分量为 ω_{x1}、ω_{y1}、ω_{z1}，则动量矩 $\boldsymbol{H}$ 在弹体系各轴的投影分量为

$$\begin{bmatrix} H_{x1} \\ H_{y1} \\ H_{z1} \end{bmatrix} = \begin{bmatrix} J_{xx} & -J_{xy} & -J_{xz} \\ -J_{yx} & J_{yy} & -J_{yz} \\ -J_{zx} & -J_{zy} & J_{zz} \end{bmatrix} \begin{bmatrix} \omega_{x1} \\ \omega_{y1} \\ \omega_{z1} \end{bmatrix} \tag{4-9}$$

则动量矩对时间的相对导数为

$$\frac{\delta \boldsymbol{H}}{\delta t} = \begin{bmatrix} \dot{H}_{x1} \\ \dot{H}_{y1} \\ \dot{H}_{z1} \end{bmatrix} = \begin{bmatrix} J_{xx} & -J_{xy} & -J_{xz} \\ -J_{yx} & J_{yy} & -J_{yz} \\ -J_{zx} & -J_{zy} & J_{zz} \end{bmatrix} \begin{bmatrix} \dot{\omega}_{x1} \\ \dot{\omega}_{y1} \\ \dot{\omega}_{z1} \end{bmatrix} \tag{4-10}$$

矢量叉乘 $\boldsymbol{\omega} \times \boldsymbol{H}$ 可以写为

$$\boldsymbol{\omega} \times \boldsymbol{H} = \begin{bmatrix} \omega_{y1}(-J_{zx}\omega_{x1} - J_{zy}\omega_{y1} + J_{zz}\omega_{z1}) - \omega_{z1}(-J_{yx}\omega_{x1} + J_{yy}\omega_{y1} - J_{yz}\omega_{z1}) \\ \omega_{z1}(J_{xx}\omega_{x1} - J_{xy}\omega_{y1} - J_{xz}\omega_{z1}) - \omega_{x1}(-J_{zx}\omega_{x1} - J_{zy}\omega_{y1} + J_{zz}\omega_{z1}) \\ \omega_{x1}(-J_{yx}\omega_{x1} + J_{yy}\omega_{y1} - J_{yz}\omega_{z1}) - \omega_{y1}(J_{xx}\omega_{x1} - J_{xy}\omega_{y1} - J_{xz}\omega_{z1}) \end{bmatrix} \tag{4-11}$$

导弹外力矩矢量可写为

$$\sum \boldsymbol{M} = [M_{x1} \quad M_{y1} \quad M_{z1}]^{\mathrm{T}} \tag{4-12}$$

则将式(4-10)与式(4-11)代入式(4-2)，整理可得绕质心转动动力学方程如下：

$$\left.\begin{aligned} \dot{\omega}_{x1} &= \frac{M_{x1} - [(-J_{zx}\omega_{x1} - J_{zy}\omega_{y1} + J_{zz}\omega_{z1})\omega_{y1} - (-J_{yx}\omega_{x1} + J_{yy}\omega_{y1} - J_{yz}\omega_{z1})\omega_{z1}] + (J_{xy}\dot{\omega}_{y1} + J_{xz}\dot{\omega}_{z1})}{J_{xx}} \\ \dot{\omega}_{y1} &= \frac{M_{y1} - [(J_{xx}\omega_{x1} - J_{xy}\omega_{y1} - J_{xz}\omega_{z1})\omega_{z1} - (-J_{zx}\omega_{x1} - J_{zy}\omega_{y1} + J_{zz}\omega_{z1})\omega_{x1}] + (J_{yx}\dot{\omega}_{x1} + J_{yz}\dot{\omega}_{z1})}{J_{yy}} \\ \dot{\omega}_{z1} &= \frac{M_{z1} - [(-J_{yx}\omega_{x1} + J_{yy}\omega_{y1} - J_{yz}\omega_{z1})\omega_{x1} - (J_{xx}\omega_{x1} - J_{xy}\omega_{y1} - J_{xz}\omega_{z1})\omega_{y1}] + (J_{zx}\dot{\omega}_{x1} + J_{zy}\dot{\omega}_{y1})}{J_{zz}} \end{aligned}\right\} \tag{4-13}$$

式(4-13)即为导弹绕质心转动动力学方程，它完整地描述了俯仰、偏航、横滚等三个运动模态之间存在的各种耦合影响。当然，由于导弹质量分布通常具有面对称或轴对称特性，此方程还可以根据对称性进一步简化，从而得到非线性耦合程度较弱的常用形式，并作为后续线性化与解耦的基础。

1.面对称导弹绕质心转动简化动力学方程

对于面对称导弹，通常有下列条件成立：

$$\left.\begin{aligned} &J_{xy} \approx J_{yx} \\ &J_{xz} = J_{zx} \approx 0 \\ &J_{yz} = J_{zy} \approx 0 \end{aligned}\right\} \tag{4-14}$$

在此条件下，面对称导弹绕质心转动动力学方程(4-13)可简化为

$$\left.\begin{aligned} \dot{\omega}_{x1} &= \frac{M_{x1}}{J_{xx}} - \frac{J_{zz} - J_{yy}}{J_{xx}}\omega_{z1}\omega_{y1} - \frac{J_{yx}}{J_{xx}}\omega_{x1}\omega_{z1} + \frac{J_{xy}}{J_{xx}}\dot{\omega}_{y1} \\ \dot{\omega}_{y1} &= \frac{M_{y1}}{J_{yy}} - \frac{J_{xx} - J_{zz}}{J_{yy}}\omega_{x1}\omega_{z1} + \frac{J_{xy}}{J_{yy}}\omega_{y1}\omega_{z1} + \frac{J_{yx}}{J_{yy}}\dot{\omega}_{x1} \\ \dot{\omega}_{z1} &= \frac{M_{z1}}{J_{zz}} - \frac{J_{yy} - J_{xx}}{J_{zz}}\omega_{y1}\omega_{x1} - \frac{J_{yx}}{J_{zz}}(\omega_{y1}^{2} - \omega_{x1}^{2}) \end{aligned}\right\} \tag{4-15}$$

若结构质量分布合理，通常还有下列条件成立：

$$\left.\begin{aligned} &J_{xy} \ll J_{yy} \\ &J_{xy} \ll J_{xx}J_{yy} \end{aligned}\right\} \tag{4-16}$$

此时可得更为简化的转动动力学方程：

$$\left.\begin{aligned} \dot{\omega}_{x1} &= \frac{M_{x1}}{J_{xx}} - \frac{J_{zz} - J_{yy}}{J_{xx}}\dot{\omega}_{z1}\dot{\omega}_{y1} \\ \dot{\omega}_{y1} &= \frac{M_{y1}}{J_{yy}} - \frac{J_{xx} - J_{zz}}{J_{yy}}\dot{\omega}_{x1}\dot{\omega}_{z1} \\ \dot{\omega}_{z1} &= \frac{M_{z1}}{J_{zz}} - \frac{J_{yy} - J_{xx}}{J_{zz}}\dot{\omega}_{y1}\dot{\omega}_{x1} \end{aligned}\right\} \tag{4-17}$$

2.轴对称导弹绕质心转动简化动力学方程

对于轴对称导弹，通常有下列条件成立：

$$\left.\begin{aligned} &J_{yy} \approx J_{zz} \\ &J_{xx} \ll J_{yy} \\ &J_{xy} = J_{yx} \approx 0 \\ &J_{xz} = J_{zx} \approx 0 \\ &J_{yz} = J_{zy} \approx 0 \end{aligned}\right\} \tag{4-18}$$

在此条件下，导弹绕质心转动动力学方程(4-13)可简化为

$$\left.\begin{aligned}\dot{\omega}_{x1}&=\frac{M_{x1}}{J_{xx}}\\ \dot{\omega}_{y1}&=\frac{M_{y1}}{J_{yy}}+\omega_{x1}\omega_{z1}\\ \dot{\omega}_{z1}&=\frac{M_{z1}}{J_{zz}}-\omega_{y1}\omega_{x1}\end{aligned}\right\}\tag{4-19}$$

对比式(4－17)与式(4－19)可见，如果导弹质量分布同时满足条件 $J_{yy}\approx J_{zz}$ 与 $J_{xx}\ll J_{yy}$，则面对称导弹与轴对称导弹具有相同的转动动力学简化模型。而实际中的空空导弹，无论其对称性如何，基本都能满足此条件，因此在设计与仿真时，可以不加区分地使用方程(4－17)或方程(4－19)。此外，为方便表述，可令 $J_{xx}=J_x$、$J_{yy}=J_y$、$J_{zz}=J_z$，则由式(4－17)可得空空导弹绕质心转动动力学方程为

$$\left.\begin{aligned}\dot{\omega}_{x1}&=\frac{M_{x1}}{J_x}-\frac{J_z-J_y}{J_x}\omega_{z1}\omega_{y1}\\ \dot{\omega}_{y1}&=\frac{M_{y1}}{J_y}-\frac{J_x-J_z}{J_y}\omega_{x1}\omega_{z1}\\ \dot{\omega}_{z1}&=\frac{M_{z1}}{J_z}-\frac{J_y-J_x}{J_z}\omega_{y1}\omega_{x1}\end{aligned}\right\}\tag{4-20}$$

此方程即为导弹绕质心转动动力学方程的常用形式。

4.1.4 运动学方程

1.质心平动运动学方程

在惯性系中建立导弹的质心平动运动学方程如下：

$$\left.\begin{aligned}\frac{\mathrm{d}x}{\mathrm{d}t}&=V\cos\theta\cos\psi_V\\ \frac{\mathrm{d}y}{\mathrm{d}t}&=V\sin\theta\\ \frac{\mathrm{d}z}{\mathrm{d}t}&=-V\cos\theta\sin\psi_V\end{aligned}\right\}\tag{4-21}$$

2.绕质心转动运动学方程

在弹体系中建立导弹绕质心转动运动学方程如下：

$$\left.\begin{aligned}\frac{\mathrm{d}\vartheta}{\mathrm{d}t}&=\omega_{y1}\sin\gamma+\omega_{z1}\cos\gamma\\\frac{\mathrm{d}\psi}{\mathrm{d}t}&=(\omega_{y1}\cos\gamma-\omega_{z1}\sin\gamma)/\cos\vartheta\\\frac{\mathrm{d}\gamma}{\mathrm{d}t}&=\omega_{x}-\tan\vartheta(\omega_{y1}\cos\gamma-\omega_{z1}\sin\gamma)\end{aligned}\right\}\tag{4-22}$$

4.1.5　几何关系方程

根据不同坐标系中各姿态角的定义，写出几何关系方程如下：

$$\left.\begin{aligned}\sin\beta&=\cos\theta[\cos\gamma\sin(\psi-\psi_{\mathrm{V}})+\sin\vartheta\sin\gamma\cos(\psi-\psi_{\mathrm{V}})]-\sin\theta\cos\vartheta\sin\gamma\\\sin\alpha&=\{\cos\theta[\sin\vartheta\cos\gamma\cos(\psi-\psi_{\mathrm{V}})-\sin\gamma\sin(\psi-\psi_{\mathrm{V}})]-\sin\theta\cos\vartheta\cos\gamma\}/\cos\beta\\\sin\gamma_{\mathrm{V}}&=(\cos\alpha\sin\beta\sin\vartheta-\sin\alpha\sin\beta\cos\gamma\cos\vartheta+\cos\beta\sin\gamma\cos\vartheta)/\cos\theta\end{aligned}\right\}\tag{4-23}$$

4.1.6　质量变化方程

导弹的质量变化主要是由发动机燃料燃烧引起的，令燃料质量秒流量为 m_{c}，则质量变化方程为

$$\frac{\mathrm{d}m}{\mathrm{d}t}=-m_{\mathrm{c}}\tag{4-24}$$

4.1.7　控制关系方程

控制关系方程描述了控制系统执行机构操纵量如通道舵偏角 δ_x、δ_y、δ_z 与发动机调节装置调节量 δ_{p} 的变化规律，可写为

$$\left.\begin{aligned}\phi_{\delta_x}&=0\\\phi_{\delta_y}&=0\\\phi_{\delta_z}&=0\\\phi_{\delta_{\mathrm{p}}}&=0\end{aligned}\right\}\tag{4-25}$$

需要说明的是，很多空空导弹仅采用气动舵作为执行机构，此时方程(4－25)中第4式 $\phi_{\delta_{\mathrm{p}}}=0$ 是不存在，而且与之相应的推力和气动力模型也无须考虑 δ_{p} 项。

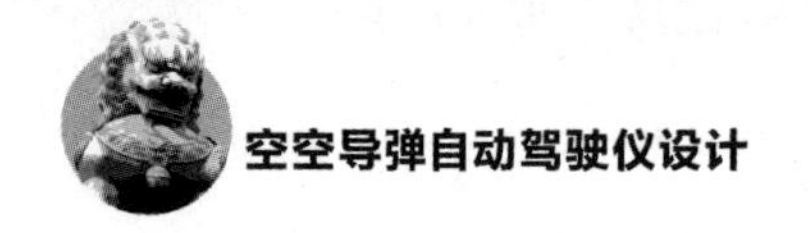

4.1.8 空间运动非线性模型

联立质心平动动力学方程、绕质心转动动力学方程、质心平动运动学方程、绕质心转动运动学方程、几何关系方程、质量变化方程，以及控制关系方程，并为方便表述，将弹体系中定义的除气动力 X_1、Y_1、Z_1 之外其他参量的下标“1”去掉，可以写出空空导弹常用的空间运动非线性方程组：

$$\left.\begin{aligned}
&\dot{V}=\frac{T_x+X_1+G_x}{m}\cos\alpha\cos\beta-\frac{T_y+Y_1+G_y}{m}\sin\alpha\cos\beta+\frac{T_z+Z_1+G_z}{m}\sin\beta\\
&\dot{\alpha}=-\frac{1}{V\cos\beta}\left(\frac{T_x+X_1+G_x}{m}\sin\alpha+\frac{T_y+Y_1+G_y}{m}\cos\alpha\right)+\omega_z+(\omega_y\sin\alpha-\omega_x\cos\alpha)\tan\beta\\
&\dot{\beta}=\frac{1}{V}\left(-\frac{T_x+X_1+G_x}{m}\cos\alpha\sin\beta+\frac{T_y+Y_1+G_y}{m}\sin\alpha\sin\beta+\frac{T_z+Z_1+G_z}{m}\cos\beta\right)+\omega_y\cos\alpha+\omega_x\sin\alpha\\
&\dot{\omega}_x=\frac{M_x}{J_x}-\frac{J_z-J_y}{J_x}\omega_z\omega_y\\
&\dot{\omega}_y=\frac{M_y}{J_y}-\frac{J_x-J_z}{J_y}\omega_x\omega_z\\
&\dot{\omega}_z=\frac{M_z}{J_z}-\frac{J_y-J_x}{J_z}\omega_y\omega_x\\
&\frac{\mathrm{d}x}{\mathrm{d}t}=V\cos\theta\cos\psi_V\\
&\frac{\mathrm{d}y}{\mathrm{d}t}=V\sin\theta\\
&\frac{\mathrm{d}z}{\mathrm{d}t}=-V\cos\theta\sin\psi_V\\
&\frac{\mathrm{d}\vartheta}{\mathrm{d}t}=\omega_y\sin\gamma+\omega_z\cos\gamma\\
&\frac{\mathrm{d}\psi}{\mathrm{d}t}=(\omega_y\cos\gamma-\omega_z\sin\gamma)/\cos\vartheta\\
&\frac{\mathrm{d}\gamma}{\mathrm{d}t}=\omega_x-\tan\vartheta(\omega_y\cos\gamma-\omega_z\sin\gamma)\\
&\sin\beta=\cos\theta[\cos\gamma\sin(\psi-\psi_V)+\sin\vartheta\sin\gamma\cos(\psi-\psi_V)]-\sin\theta\cos\vartheta\sin\gamma\\
&\sin\alpha=\{\cos\theta[\sin\vartheta\cos\gamma\cos(\psi-\psi_V)-\sin\gamma\sin(\psi-\psi_V)]-\sin\theta\cos\vartheta\cos\gamma\}/\cos\beta\\
&\sin\gamma_V=(\cos\alpha\sin\beta\sin\vartheta-\sin\alpha\sin\beta\cos\gamma\cos\vartheta+\cos\beta\sin\gamma\cos\vartheta)/\cos\theta\\
&\frac{\mathrm{d}m}{\mathrm{d}t}=-m_c\\
&\phi_{\delta_z}=0\\
&\phi_{\delta_y}=0\\
&\phi_{\delta_x}=0\\
&\phi_{\delta_p}=0
\end{aligned}\right\}\tag{4-26}$$

方程组(4 - 26)即为空空导弹制导控制系统仿真常用的非线性六自由度(6DOF)模型。它共有 20 个方程,包含 20 个未知数:$V(t)$、$\alpha(t)$、$\beta(t)$、$\omega_{x1}(t)$、$\omega_{y1}(t)$、$\omega_{z1}(t)$、$x(t)$、$y(t)$、$z(t)$、$\vartheta(t)$、$\psi(t)$、$\gamma(t)$、$\psi_{\mathrm{V}}(t)$、$\gamma_{\mathrm{V}}(t)$、$\theta(t)$、$\theta(t)$、$m(t)$、$\delta_x(t)$、$\delta_y(t)$、$\delta_z(t)$、$\delta_{\mathrm{p}}(t)$,故模型封闭可解。

需要指出,在仿真实践中,为了解除反三角函数固有值域对攻角、侧滑角、速度倾角等角度变化范围的不合理限制,可对模型(4 - 26)中的几何关系式,以正弦形式直接输出,而无须依赖几何关系式求角。

4.2　刚体动力学线性模型

非线性六自由度(6DOF)模型全面、细致地描述了导弹任意瞬时的动态特性,但它的形式非常复杂,具有显著的时变非线性耦合特征。目前,还没有合适的数学或控制理论能够直接针对这类模型进行控制设计。在工程上,针对其非线性,通常采用"小扰动线性化"方法对其进行线性化处理;采用"通道分离"方法对其进行三通道解耦;采用"系数冻结"方法对其进行定常假设。通常采用经过这三步简化,最终得到一个定常的线性解耦模型,可直接用于经典的线性控制设计。

值得一提的是,"系数冻结"方法和"小扰动线性化"方法的本质都是假设,但基本符合小时间、小空间域内刚体运动的物理实际,也经过了大量实验验证。然而,传统的"通道分离"方法,其核心是人为认定横滚角速度 ω_x 是小量,且与之有关的二阶小量均可直接略去。显然,该假设并不符合物理实际,包括空空导弹在内的很多战术导弹在飞行时,其横滚角速度 ω_x 经常会远远超过其所谓的"小量"范畴,无法适用传统"通道分离"方法的解释,必须另辟蹊径,研究新的"通道分离"依据。本书将从导弹动稳定性角度出发,研究并应用基于 Lyapunov 稳定性理论的三通道分离方法,为轴对称导弹与轻微轴不对称导弹的三通道解耦控制模型奠定理论基础。

4.3　时变非线性耦合模型的小扰动线性化

空空导弹多为大气层内飞行,主要靠导弹相对气流的姿态角产生质心控制力,故本节仅对与弹体姿态有关的动力学方程进行线性化处理,同时考虑法向加速度表达式,可得线性化对象:

$$\left.\begin{aligned}
\dot{\alpha} &= -\frac{1}{V\cos\beta}\left(\frac{T_x+X_1+G_x}{m}\sin\alpha+\frac{T_y+Y_1+G_y}{m}\cos\alpha\right)+\omega_z+(\omega_y\sin\alpha-\omega_x\cos\alpha)\tan\beta \\
\dot{\beta} &= \frac{1}{V}\left(-\frac{T_x+X_1+G_x}{m}\cos\alpha\sin\beta+\frac{T_y+Y_1+G_y}{m}\sin\alpha\sin\beta+\frac{T_z+Z_1+G_z}{m}\cos\beta\right)+\omega_y\cos\alpha+\omega_x\sin\alpha \\
\dot{\omega}_x &= \frac{M_x}{J_x}-\frac{J_z-J_y}{J_x}\omega_z\omega_y \\
\dot{\omega}_y &= \frac{M_y}{J_y}-\frac{J_x-J_z}{J_y}\omega_x\omega_z \\
\dot{\omega}_z &= \frac{M_z}{J_z}-\frac{J_y-J_x}{J_z}\omega_y\omega_x \\
a_{y1} &= \frac{Y_1+G_y}{m} \\
a_{z1} &= \frac{Z_1+G_z}{m}
\end{aligned}\right\} \tag{4-27}$$

小扰动线性化的本质是对非线性模型进行泰勒展开并取一阶项近似。对非线性模型(4-27)而言,其每个方程都可以写为如下标准形式:

$$\frac{\mathrm{d}x_i}{\mathrm{d}t}=f_i(x_1,x_2,\cdots,x_n) \tag{4-28}$$

式中,i 为非线性模型(4-27)中微分方程的序号($i<n$);x_i 为第i 个微分方程的左端变量;$f_i(x_1,x_2,\cdots,x_n)$ 为第 i 个微分方程的右端函数。对这类方程进行小扰动线性化后,得到的结果具有如下标准形式:

$$\Delta\dot{x}_i=\left(\frac{\partial f_i}{\partial x_1}\right)_0\Delta x_1+\left(\frac{\partial f_i}{\partial x_2}\right)_0\Delta x_2+\cdots+\left(\frac{\partial f_i}{\partial x_i}\right)_0\Delta x_i+\cdots+\left(\frac{\partial f_i}{\partial x_n}\right)_0\Delta x_n \tag{4-29}$$

式中,下标"0"意为未扰动状态。

分析非线性模型(4-27)中每个方程包含的变量,以右端函数的形式描述,可得如下结果:

$$\left.\begin{aligned}
f_1 &= f_1(V,H,\alpha,\beta,\omega_x,\omega_y,\omega_z,\delta_x,\delta_y,\delta_z) \\
f_2 &= f_2(V,H,\alpha,\beta,\omega_x,\omega_y,\omega_z,\delta_x,\delta_y,\delta_z) \\
f_3 &= f_3(V,H,\alpha,\beta,\omega_x,\omega_y,\omega_z,\delta_x,\delta_y,\delta_z) \\
f_4 &= f_4(V,H,\beta,\dot{\beta},\omega_x,\omega_y,\omega_z,\delta_y,\dot{\delta}_y) \\
f_5 &= f_5(V,H,\alpha,\dot{\alpha},\omega_x,\omega_y,\omega_z,\delta_z,\dot{\delta}_z) \\
f_6 &= f_6(V,H,\alpha,\delta_z) \\
f_7 &= f_7(V,H,\beta,\delta_y)
\end{aligned}\right\} \tag{4-30}$$

由于姿态运动参量$\dot{\alpha}$、$\dot{\beta}$、$\dot{\omega}_x$、$\dot{\omega}_y$、$\dot{\omega}_z$是快变量，而速度V与高度H是慢变量，所以在线性化条件成立的较短时间范围内，速度V与高度H的变化对线性化结果影响很小，可以忽略不计。据此对非线性模型(4－27)中的每个方程套用公式(4－29)可得线性化模型的一般形式：

$$\left.\begin{aligned}
\Delta\dot{\alpha} &= \left(\frac{\partial f_1}{\partial \alpha}\right)_0 \Delta\alpha + \left(\frac{\partial f_1}{\partial \beta}\right)_0 \Delta\beta + \left(\frac{\partial f_1}{\partial \omega_x}\right)_0 \Delta\omega_x + \left(\frac{\partial f_1}{\partial \omega_y}\right)_0 \Delta\omega_y + \\
&\quad \left(\frac{\partial f_1}{\partial \omega_z}\right)_0 \Delta\omega_z + \left(\frac{\partial f_1}{\partial \delta_x}\right)_0 \Delta\delta_x + \left(\frac{\partial f_1}{\partial \delta_y}\right)_0 \Delta\delta_y + \left(\frac{\partial f_1}{\partial \delta_z}\right)_0 \Delta\delta_z \\
\Delta\dot{\beta} &= \left(\frac{\partial f_2}{\partial \alpha}\right)_0 \Delta\alpha + \left(\frac{\partial f_2}{\partial \beta}\right)_0 \Delta\beta + \left(\frac{\partial f_2}{\partial \omega_x}\right)_0 \Delta\omega_x + \left(\frac{\partial f_2}{\partial \omega_y}\right)_0 \Delta\omega_y + \\
&\quad \left(\frac{\partial f_2}{\partial \omega_z}\right)_0 \Delta\omega_z + \left(\frac{\partial f_2}{\partial \delta_x}\right)_0 \Delta\delta_x + \left(\frac{\partial f_2}{\partial \delta_y}\right)_0 \Delta\delta_y + \left(\frac{\partial f_2}{\partial \delta_z}\right)_0 \Delta\delta_z \\
\Delta\dot{\omega}_x &= \left(\frac{\partial f_3}{\partial \alpha}\right)_0 \Delta\alpha + \left(\frac{\partial f_3}{\partial \beta}\right)_0 \Delta\beta + \left(\frac{\partial f_3}{\partial \omega_x}\right)_0 \Delta\omega_x + \left(\frac{\partial f_3}{\partial \omega_y}\right)_0 \Delta\omega_y + \\
&\quad \left(\frac{\partial f_3}{\partial \omega_z}\right)_0 \Delta\omega_z + \left(\frac{\partial f_3}{\partial \delta_x}\right)_0 \Delta\delta_x + \left(\frac{\partial f_3}{\partial \delta_y}\right)_0 \Delta\delta_y + \left(\frac{\partial f_3}{\partial \delta_z}\right)_0 \Delta\delta_z \\
\Delta\dot{\omega}_y &= \left(\frac{\partial f_4}{\partial \beta}\right)_0 \Delta\beta + \left(\frac{\partial f_4}{\partial \dot{\beta}}\right)_0 \Delta\dot{\beta} + \left(\frac{\partial f_4}{\partial \omega_x}\right)_0 \Delta\omega_x + \left(\frac{\partial f_4}{\partial \omega_y}\right)_0 \Delta\omega_y + \\
&\quad \left(\frac{\partial f_4}{\partial \omega_z}\right)_0 \Delta\omega_z + \left(\frac{\partial f_4}{\partial \delta_y}\right)_0 \Delta\delta_y + \left(\frac{\partial f_4}{\partial \delta_y}\right)_0 \Delta\dot{\delta}_y \\
\Delta\dot{\omega}_z &= \left(\frac{\partial f_5}{\partial \alpha}\right)_0 \Delta\alpha + \left(\frac{\partial f_5}{\partial \dot{\alpha}}\right)_0 \Delta\dot{\alpha} + \left(\frac{\partial f_5}{\partial \omega_x}\right)_0 \Delta\omega_x + \left(\frac{\partial f_5}{\partial \omega_y}\right)_0 \Delta\omega_y + \\
&\quad \left(\frac{\partial f_5}{\partial \omega_z}\right)_0 \Delta\omega_z + \left(\frac{\partial f_5}{\partial \delta_z}\right)_0 \Delta\delta_z + \left(\frac{\partial f_5}{\partial \delta_z}\right)_0 \Delta\dot{\delta}_z \\
\Delta a_{y1} &= \left(\frac{\partial f_6}{\partial \alpha}\right)_0 \Delta\alpha + \left(\frac{\partial f_6}{\partial \delta_z}\right)_0 \Delta\delta_z \\
\Delta a_{z1} &= \left(\frac{\partial f_7}{\partial \beta}\right)_0 \Delta\beta + \left(\frac{\partial f_7}{\partial \delta_y}\right)_0 \Delta\delta_y
\end{aligned}\right\} \tag{4-31}$$

此时为获得线性模型(4－31)的更简化形式，去掉代表未扰动状态的下标“0”，同时保留偏量符号“Δ”，并在(4－31)中应用如下近似假设：

(1) 忽略重力，即$G_x = G_y = G_z \approx 0$；

(2) 忽略二阶小量，即

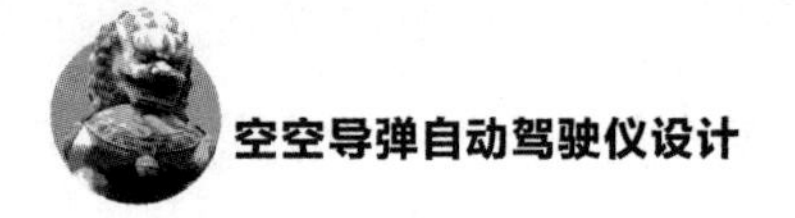

$$\left.\begin{aligned}&\omega_y\tan\beta\approx 0\\&\omega_y\Delta\beta\approx 0\\&\omega_y\Delta\omega_x\approx 0,\quad \omega_z\Delta\omega_x\approx 0\\&\sin\beta\Delta\beta\approx 0,\quad \sin\beta\Delta\delta_x\approx 0,\quad \sin\beta\cdot\Delta\delta_y\approx 0\\&\tan\beta\Delta\omega_x\approx 0,\quad \tan\beta\cdot\Delta\omega_y\approx 0\end{aligned}\right\}\tag{4-32}$$

(3) 在小攻角范围内,还可忽略下列小量,即

$$\left.\begin{aligned}&\alpha\Delta\alpha\approx 0\\&\alpha\Delta\beta\approx 0\\&\sin\beta\Delta\alpha\approx 0\\&\omega_y\Delta\alpha\approx 0\end{aligned}\right\}\tag{4-33}$$

(4) 忽略次要的气动力导数与气动力矩导数,即

$$\left.\begin{aligned}&X_1^{\alpha}\approx 0,\quad X_1^{\beta}\approx 0\\&X_1^{\delta_x}\approx 0,\quad X_1^{\delta_y}\approx 0,\quad X_1^{\delta_z}\approx 0\\&Y_1^{\beta}\approx 0,\quad Y_1^{\delta_x}\approx 0,\quad X_1^{\delta_y}\approx 0\\&Z_1^{\alpha}\approx 0\\&M_x^{\omega_y}\approx 0,\quad M_x^{\delta_y}\approx 0\end{aligned}\right\}\tag{4-34}$$

(5) 忽略包括 Magnus 效应影响在内的非定常型气动力矩导数,即

$$\left.\begin{aligned}&M_y^{\omega_x}\approx 0,\quad M_z^{\omega_x}\approx 0\\&M_y^{\dot\delta_y}\approx 0,\quad M_y^{\dot\beta}\approx 0\\&M_z^{\dot\delta_z}\approx 0,\quad M_z^{\dot\alpha}\approx 0\end{aligned}\right\}\tag{4-35}$$

若发动机推力方向不可调($T_y=T_z=0$),推力始终沿弹体纵轴指向弹头,推力向量的模 $T=T_x$,则利用上述假设,可得非线性模型(4-27)进一步简化后的耦合形式:

$$\left.\begin{aligned}&\Delta\dot\alpha=\Delta\omega_z+\frac{-T-Y_1^{\alpha}}{mV}\Delta\alpha+\frac{-Y_1^{\delta_z}}{mV}\Delta\delta_z-\omega_x\Delta\beta\\&\Delta\dot\beta=\Delta\omega_y+\frac{-T+Z_1^{\beta}}{mV}\Delta\beta+\frac{Z_1^{\delta_y}}{mV}\Delta\delta_y+\omega_x\Delta\beta\\&\Delta\dot\omega_x=\frac{M_x^{\omega_x}}{J_x}\Delta\omega_x+\frac{M_x^{\delta_x}}{J_x}\Delta\delta_x+\frac{\Delta M_{xi}}{J_x}\\&\Delta\dot\omega_y=\frac{M_y^{\omega_y}}{J_y}\Delta\omega_y+\frac{M_y^{\beta}}{J_y}\Delta\beta+\frac{M_y^{\delta_y}}{J_y}\Delta\delta_y+\frac{J_z}{J_y}\omega_x\Delta\omega_z\\&\Delta\dot\omega_z=\frac{M_z^{\omega_z}}{J_z}\Delta\omega_z+\frac{M_z^{\alpha}}{J_z}\Delta\alpha+\frac{M_z^{\delta_z}}{J_z}\Delta\delta_z-\frac{J_y}{J_z}\omega_x\Delta\omega_y\\&\Delta a_{y1}=\frac{Y_1^{\alpha}}{m}\Delta\alpha+\frac{Y_1^{\delta_z}}{m}\Delta\delta_z\\&\Delta a_{z1}=\frac{Z_1^{\beta}}{m}\Delta\beta+\frac{Z_1^{\delta_y}}{m}\Delta\delta_y\end{aligned}\right\}\tag{4-36}$$

其中，由俯仰及偏航运动参数引起的诱导横滚力矩为

$$M_{xi}=M_{xi}(\alpha,\beta^2)=M_{x\alpha\mathrm{T}}(\alpha_{\mathrm{T}})\sin 4\phi$$

式中，α_{T} 为总攻角；ϕ 为气流扭角，且有 $M_{x\alpha\mathrm{T}}(\alpha_{\mathrm{T}}=0)=0$。

可见，经过一系列近似假设，已经得到了较为简化的线性化模型，但是该模型仍然是三通道耦合的，其中的 $\omega_x\Delta\beta$、$\omega_x\Delta\alpha$，叫作运动学耦合项，$\frac{J_z}{J_y}\omega_x\Delta\omega_z$、$\frac{J_y}{J_z}\omega_x\Delta\omega_y$ 叫作惯性耦合项，ΔM_{xi} 为诱导横滚力矩。因此，该模型仍无法直接用于经典的线性控制设计，必须作进一步的解耦简化，将其转化为三通道解耦的线性模型形式。

4.4　时变线性耦合模型的三通道解耦及系数冻结

1. 三通道解耦

本节将依据李雅谱诺夫稳定性理论，对轴对称导弹或轻微轴不对称导弹的线性耦合模型式(4-36)作三通道解耦，其基本原理即线性耦合动力学模型与解耦的俯仰或偏航动力学模型的稳定性一致。

在 $J_y=J_z$ 的条件下定义动力系数：

$$\begin{cases}a_1=\dfrac{-M_z^{\omega_z}}{J_z}=\dfrac{-qSL^2m_z^{\bar{\omega}_z}}{J_zV}\\ a_2=\dfrac{-M_z^{\alpha}}{J_z}=\dfrac{-qSLm_z^{\alpha}}{J_z}\\ a_3=\dfrac{-M_z^{\delta_z}}{J_z}=\dfrac{-qSLm_z^{\delta_z}}{J_z}\\ a_4=\dfrac{T+Y_1^{\alpha}}{mV}=\dfrac{T+qSC_y^{\alpha}}{mV}\\ a_5=\dfrac{Y_1^{\delta_z}}{mV}=\dfrac{qSC_y^{\delta_z}}{mV}\end{cases}$$

$$
\begin{cases}
b_1 = \dfrac{-M_y^{\omega_y}}{J_y} = \dfrac{-qSL^2 m_y^{\bar{\omega}_y}}{J_y V} \\
b_2 = \dfrac{-M_y^{\beta}}{J_y} = \dfrac{-qSLm_y^{\beta}}{J_y} \\
b_3 = \dfrac{-M_y^{\delta_y}}{J_y} = \dfrac{-qSLm_y^{\delta_y}}{J_y} \\
b_4 = \dfrac{-T + Z_1^{\beta}}{mV} = \dfrac{-T + qSC_z^{\beta}}{mV} \\
b_5 = \dfrac{Z_1^{\delta_y}}{mV} = \dfrac{qSC_z^{\delta_y}}{mV}
\end{cases}
$$

$$
\begin{cases}
c_1 = \dfrac{-M_x^{\omega_x}}{J_x} = \dfrac{-qSL^2 m_x^{\bar{\omega}_x}}{J_x V} \\
c_3 = \dfrac{-M_x^{\delta_x}}{J_x} = \dfrac{-qSL^2 m_x^{\delta_x}}{J_x}
\end{cases}
$$

在线性耦合模型式(4-36)前5式中引入动力系数,并去掉除诱导横滚力矩之外的其他偏量符号“Δ”可得

$$
\left.
\begin{aligned}
\dot{\alpha} &= \omega_z - a_4\alpha - a_5\delta_z - \omega_x\beta \\
\dot{\beta} &= \omega_y + b_4\beta + b_5\delta_y + \omega_x\alpha \\
\dot{\omega}_x &= -c_1\omega_x - c_3\delta_x + \frac{\Delta M_{xi}}{J_x} \\
\dot{\omega}_y &= -b_1\omega_y - b_2\beta - b_3\delta_y + \omega_x\omega_z \\
\dot{\omega}_z &= -a_1\omega_z - a_2\alpha - a_3\delta_z - \omega_x\omega_y
\end{aligned}
\right\} \tag{4-37}
$$

研究弹体本身的无控动稳定性,可以去掉式(4-37)中的控制项,并抽取俯仰及偏航动力学方程作为待研究对象:

$$
\left.
\begin{aligned}
\dot{\alpha} &= \omega_z - a_4\alpha - \omega_x\beta \\
\dot{\beta} &= \omega_y + b_4\beta + \omega_x\alpha \\
\dot{\omega}_y &= -b_1\omega_y - b_2\beta + \omega_x\omega_z \\
\dot{\omega}_z &= -a_1\omega_z - a_2\alpha - \omega_x\omega_y
\end{aligned}
\right\} \tag{4-38}
$$

为证明俯仰及偏航动力学稳定性与耦合动力学稳定性的关系,不妨令:

$$\left.\begin{aligned}x_1&=\alpha^2+\beta^2\\x_2&=\omega_y^2+\omega_z^2\\x_3&=\alpha\omega_z+\beta\omega_y\end{aligned}\right\}\tag{4-39}$$

对式(4-39)求导可得

$$\left.\begin{aligned}\dot{x}_1&=2\alpha\dot{\alpha}+2\beta\dot{\beta}\\\dot{x}_2&=2\omega_y\dot{\omega}_y+2\omega_z\dot{\omega}_z\\\dot{x}_3&=\dot{\alpha}\omega_z+\alpha\dot{\omega}_z+\dot{\beta}\omega_y+\beta\dot{\omega}_y\end{aligned}\right\}\tag{4-40}$$

由式(4-38)可得

$$\left.\begin{aligned}&\alpha\dot{\alpha}+\beta\dot{\beta}=\alpha\omega_z+\beta\omega_y-(a_4\alpha^2-b_4\beta^2)\\&\omega_y\dot{\omega}_y+\omega_z\dot{\omega}_z=-(a_1\omega_z^2+b_1\omega_y^2)-(a_2\alpha\omega_z+b_2\beta\omega_y)\\&\dot{\alpha}\omega_z+\beta\dot{\omega}_y=\omega_z^2-a_4\alpha\omega_z-b_1\beta\omega_y-b_2\beta^2\\&\alpha\dot{\omega}_z+\dot{\beta}\omega_y=\omega_y^2-b_4\beta\omega_y-a_1\alpha\omega_z-a_2\alpha^2\end{aligned}\right\}\tag{4-41}$$

对于轴对称或轻微轴不对称导弹,其动力系数有下列关系成立:

$$\begin{cases}a_1=b_1\\a_2=b_2\\a_4=-b_4\end{cases}$$

在式(4-41)中引入此关系式并整理可得

$$\left.\begin{aligned}&2\alpha\dot{\alpha}+2\beta\dot{\beta}=2(\alpha\omega_z+\beta\omega_y)-2a_4(\alpha^2+\beta^2)\\&2\omega_y\dot{\omega}_y+2\omega_z\dot{\omega}_z=-2a_1(\omega_z^2+\omega_y^2)-2a_2(\alpha\omega_z+\beta\omega_y)\\&\dot{\alpha}\omega_z+\alpha\dot{\omega}_z+\dot{\beta}\omega_y+\beta\dot{\omega}_y=(\omega_y^2+\omega_z^2)-(a_1+a_4)(\alpha\omega_z+\beta\omega_y)-a_2(\alpha^2+\beta^2)\end{aligned}\right\}\tag{4-42}$$

将式(4-42)依次代入式(4-40)整理可得

$$\left.\begin{aligned}\dot{x}_1&=2x_3-2a_4x_1\\\dot{x}_2&=-2a_1x_2-2a_2x_3\\\dot{x}_3&=-x_2-(a_1+a_4)x_3-a_2x_1\end{aligned}\right\}\tag{4-43}$$

将此式写成状态空间表达式为

$$\begin{bmatrix} \dot{x}_1 \\ \dot{x}_2 \\ \dot{x}_3 \end{bmatrix} = \begin{bmatrix} -2a_4 & 0 & 2 \\ 0 & -2a_1 & -2a_2 \\ -a_2 & 1 & -(a_1+a_4) \end{bmatrix} \begin{bmatrix} x_1 \\ x_2 \\ x_3 \end{bmatrix} \tag{4-44}$$

其中，状态矩阵为

$$\boldsymbol{A} = \begin{bmatrix} -2a_4 & 0 & 2 \\ 0 & -2a_1 & -2a_2 \\ -a_2 & 1 & -(a_1+a_4) \end{bmatrix}$$

根据李雅谱诺夫稳定性理论，只要状态方程式(4－43)的特征方程 $\det(\lambda \boldsymbol{I} - \boldsymbol{A}) = 0$ 的所有特征根均在复平面的左半面，则系统具有动稳定性，也称稳定性。

现在推导特征方程：

$$|\lambda \boldsymbol{I} - \boldsymbol{A}| = [\lambda + (a_1+a_4)][\lambda^2 + 2(a_1+a_4)\lambda + 4(a_2+a_1a_4)] = 0 \tag{4-45}$$

求特征方程可得特征根为

$$\left.\begin{aligned} \lambda_1 &= -(a_1+a_4) \\ \lambda_{2,3} &= -(a_1+a_4) \pm \sqrt{(a_1+a_4)^2 - 4(a_2+a_1a_4)} \end{aligned}\right\} \tag{4-46}$$

由于 $a_1 > 0$，$a_4 > 0$，故恒有 $\lambda_1 < 0$，即特征根 λ_1 位于复平面左半面。因此，其他两个特征根的分布情况与导弹耦合动力学的稳定性由下列规则判定：

(1) 当 $a_2 + a_1a_4 = 0$ 时，特征方程必有一零根，此时耦合动力学中立动态稳定。

(2) 当 $a_2 + a_1a_4 < 0$ 时，特征方程必有一正实根，此时耦合动力学动态不稳定。

(3) 当 $a_2 + a_1a_4 > 0$ 时，特征方程两根均位于复平面左半面，此时耦合动力学动态稳定。

下面研究解耦后俯仰及偏航动力学的动稳定性问题，所谓解耦，就是俯仰及偏航动力学既互不影响，又不受横滚动力学影响，此时解耦的俯仰及偏航动力学动稳定性可以以俯仰通道为代表，其特征方程可以写为

$$\lambda_2 + (a_1+a_4)\lambda + a_2 + a_1a_4 = 0 \tag{4-47}$$

此方程的根即为解耦后俯仰动力学模型的特征根：

$$\lambda_{1,2} = \frac{-(a_1+a_4) \pm \sqrt{(a_1+a_4)^2 - 4(a_2+a_1a_4)}}{2} \tag{4-48}$$

分析此式可知：

(1) 当$a_2+a_1a_4=0$时，特征方程必有一零根，此时俯仰动力学中立动态稳定。

(2) 当$a_2+a_1a_4<0$时，特征方程必有一正实根，此时俯仰动力学动态不稳定。

(3) 当$a_2+a_1a_4>0$时，特征方程两根均位于复平面左半面，此时俯仰动力学动态稳定。

对比前文结论可见，三通道耦合动力学的稳定性与解耦后俯仰动力学的稳定性完全一致，因此，就 Lyapunov 稳定性而言，三通道耦合动力学可以解耦成三通道独立的形式。可见，用该方法来解释三通道分离的原理，就无须再假设：

$$\left.\begin{aligned}&\omega_x\tan\beta\approx 0\\&\omega_x\Delta\beta\approx 0\\&\omega_x\Delta\omega_x\approx 0,\quad \omega_x\Delta\omega_z\approx 0,\\&M_x^{\beta}\approx 0\end{aligned}\right\}\tag{4-49}$$

而最终导出的线性动态模型是完全一致的，具体形式见后文。

2. 系数冻结

所谓“冻结”就是在研究导弹的动态特性时，近似认为各扰动运动方程中的扰动偏量前的系数，在特征点附近冻结不变。这样，就可以把时变线性解耦模型假设为常系数线性模型来处理，是求解过程大为简化。

当然，“系数冻结”方法只在小时间、小空间范围内近似成立，是一种对物理实际的人为直观假设，并无严谨的理论依据或数学证明。但通过大量的研究实践，表明该假设具有一定合理性。

4.5 微分方程模型与传递函数模型

本节直接给出完全解耦的三通道动力学模型。

4.5.1 俯仰动力学线性模型

1.俯仰动力学线性微分方程模型

俯仰动力学线性微分方程模型如下：

$$\left.\begin{aligned}&\dot{\omega}_z+a_1\omega_z+a_2\alpha+a_3\delta_z=0\\&\dot{\alpha}-\omega_z+a_4\alpha+a_5\delta_z=0\\&a_{y1}=a'_4\alpha+a_5V\delta_z\end{aligned}\right\}\tag{4-50}$$

其中,动力系数 a'_4 定义为

$$a'_4=\frac{qSC_y^\alpha}{m}\tag{4-51}$$

2.俯仰动力学传递函数模型

对模型(4-49)作拉普拉斯变换,可得俯仰动力学完整形式的传递函数模型:

$$\left.\begin{aligned}&\frac{\omega_z(s)}{\delta_z(s)}=\frac{-a_3s-a_3a_4+a_2a_5}{s^2+(a_1+a_4)s+a_2+a_1a_4}\\&\frac{\alpha(s)}{\delta_z(s)}=\frac{-a_5s-a_1a_5-a_3}{s^2+(a_1+a_4)s+a_2+a_1a_4}\\&\frac{a_{y1}(s)}{\delta_z(s)}=\frac{a'_4(-a_5s-a_1a_5-a_3)}{s^2+(a_1+a_4)s+a_2+a_1a_4}+a_5V\end{aligned}\right\}\tag{4-52}$$

4.5.2 偏航动力学线性模型

1.偏航动力学线性微分方程模型

偏航动力学线性微分方程模型如下:

$$\left.\begin{aligned}&\dot{\omega}_y+b_1\omega_y+b_2\beta+b_3\delta_y=0\\&\dot{\beta}-\omega_y-b_4\beta-b_5\delta_y=0\\&a_{z1}=b'_4\beta+b_5V\delta_y\end{aligned}\right\}\tag{4-53}$$

其中,动力系数 b'_4 定义为

$$b'_4=\frac{qSC_z^\beta}{m}\tag{4-54}$$

2.偏航动力学传递函数模型

对模型(4-52)作拉普拉斯变换,可得偏航动力学完整形式的传递函数模型:

$$\left.\begin{aligned}\frac{\omega_y(s)}{\delta_y(s)}&=\frac{-b_3 s+b_3 b_4-b_2 b_5}{s^2+(b_1-b_4)s+b_2-b_1 b_4}\\\frac{\beta(s)}{\delta_y(s)}&=\frac{b_5 s+b_1 b_5-b_3}{s^2+(b_1-b_4)s+b_2-b_1 b_4}\\\frac{a_{z1}(s)}{\delta_y(s)}&=\frac{b'_4(b_5 s+b_1 b_5-b_3)}{s^2+(b_1-b_4)s+b_2-b_1 b_4}+b_5 V\end{aligned}\right\}\tag{4-55}$$

4.5.3 横滚动力学线性模型

1. 横滚动力学线性微分方程模型

横滚动力学线性微分方程模型如下：

$$\dot{\omega}_x+c_1\omega_x+c_3\delta_x=0\tag{4-56}$$

2. 横滚动力学传递函数模型

对模型(4-55)作拉普拉斯变换，可得横滚动力学完整形式的传递函数模型如下：

$$\frac{\omega_x(s)}{\delta_x(s)}=\frac{-c_3}{s+c_1}\tag{4-57}$$

4.6 面向控制设计的弹体动力学传递函数

4.6.1 俯仰通道简化传递函数

为方便控制设计，可进一步简化空空导弹的传递函数模型，常用的做法忽略舵面对导弹的法向力(或升力)贡献，认为

$$a_5=\frac{Y_1^{\delta_z}}{mV}\approx 0\tag{4-58}$$

当然，也有研究表明：对于快响应的自动驾驶仪设计，不宜忽略舵升力贡献。

进一步可得简化的俯仰动力学传递函数：

$$\left.\begin{aligned}\frac{\omega_z(s)}{\delta_z(s)}&=\frac{-a_3 s-a_3 a_4}{s^2+(a_1+a_4)s+a_2+a_1 a_4}\\\frac{\alpha(s)}{\delta_z(s)}&=\frac{-a_3}{s^2+(a_1+a_4)s+a_2+a_1 a_4}\\\frac{a_{y1}(s)}{\delta_z(s)}&=\frac{-3a'_4}{s^2+(a_1+a_4)s+a_2+a_1 a_4}\end{aligned}\right\}\tag{4-59}$$

进一步整理可得

$$\left.\begin{aligned}\frac{\omega_z(s)}{\delta_z(s)}&=\frac{\dfrac{-a_3 a_4}{a_2+a_1 a_4}\left(\dfrac{1}{a_4}s+1\right)}{\left(\dfrac{1}{\sqrt{a_2+a_1 a_4}}\right)^2 s^2+2\dfrac{a_1+a_4}{2\sqrt{a_2+a_1 a_4}}\dfrac{1}{\sqrt{a_2+a_1 a_4}}s+1}\\\frac{\alpha(s)}{\delta_z(s)}&=\frac{\dfrac{-a_3 a_4}{a_2+a_1 a_4}\dfrac{1}{a_4}}{\left(\dfrac{1}{\sqrt{a_2+a_1 a_4}}\right)^2 s^2+2\dfrac{a_1+a_4}{2\sqrt{a_2+a_1 a_4}}\dfrac{1}{\sqrt{a_2+a_1 a_4}}s+1}\\\frac{a_{y1}(s)}{\delta_z(s)}&=\frac{\dfrac{-a_3 a_4}{a_2+a_1 a_4}\dfrac{a'_4}{a_4}}{\left(\dfrac{1}{\sqrt{a_2+a_1 a_4}}\right)^2 s^2+2\dfrac{a_1+a_4}{2\sqrt{a_2+a_1 a_4}}\dfrac{1}{\sqrt{a_2+a_1 a_4}}s+1}\end{aligned}\right\}\tag{4-60}$$

为形式简洁计，进一步忽略动力系数 a_4 在主动段与被动段的差异，也即认为 $T\approx 0$，此时：

$$a_4=\frac{T+Y_1^{\alpha}}{mV}\approx\frac{Y_1^{\alpha}}{mV}\tag{4-61}$$

进一步有

$$a'_4=Va_4\tag{4-62}$$

若令

$$\left.\begin{aligned}K_M&=\frac{-a_3 a_4}{a_2+a_1 a_4}\\T_M&=\frac{1}{\sqrt{a_2+a_1 a_4}}\\T_{1d}&=\frac{1}{a_4}\\\xi_M&=\frac{a_1+a_4}{2\sqrt{a_2+a_1 a_4}}\end{aligned}\right\}\tag{4-63}$$

此时可得实用的俯仰通道简化传递函数为

$$\left.\begin{aligned}\frac{\omega_z(s)}{\delta_z(s)}&=\frac{K_M(T_{1d}s+1)}{T_M^2s^2+2\xi_M T_M s+1}\\\frac{\alpha(s)}{\delta_z(s)}&=\frac{K_M T_{1d}}{T_M^2s^2+2\xi_M T_M s+1}\\\frac{a_{y1}(s)}{\delta_z(s)}&=\frac{VK_M}{T_M^2s^2+2\xi_M T_M s+1}\end{aligned}\right\}\tag{4-64}$$

4.6.2　偏航通道简化传递函数

类似于前文俯仰通道所做的简化假设，在此忽略舵面对导弹侧力贡献，即

$$b_5=\frac{Z_1^{\delta_y}}{mV}\approx 0\tag{4-65}$$

并忽略动力系数 b_4 在主、被动段的差异，即

$$b'_4=Vb_4\tag{4-66}$$

基于此假设，整理可得偏航通道传递函数为

$$\left.\begin{aligned}\frac{\omega_y(s)}{\delta_y(s)}&=\frac{\dfrac{-b_3b_4}{b_2-b_1b_4}\left(\dfrac{1}{b_4}s+1\right)}{\left(\dfrac{1}{\sqrt{b_2-b_1b_4}}\right)^2s^2+2\dfrac{b_1-b_4}{2\sqrt{b_2-b_1b_4}}\dfrac{1}{\sqrt{b_2-b_1b_4}}s+1}\\\frac{\beta(s)}{\delta_y(s)}&=\frac{\dfrac{-b_3b_4}{b_2-b_1b_4}\dfrac{1}{b_4}}{\left(\dfrac{1}{\sqrt{b_2-b_1b_4}}\right)^2s^2+2\dfrac{b_1-b_4}{2\sqrt{b_2-b_1b_4}}\dfrac{1}{\sqrt{b_2-b_1b_4}}s+1}\\\frac{a_{z1}(s)}{\delta_y(s)}&=\frac{\dfrac{-b_3b_4}{b_2-b_1b_4}V}{\left(\dfrac{1}{\sqrt{b_2-b_1b_4}}\right)^2s^2+2\dfrac{b_1-b_4}{2\sqrt{b_2-b_1b_4}}\dfrac{1}{\sqrt{b_2-b_1b_4}}s+1}\end{aligned}\right\}\tag{4-67}$$

写成含有时间常数的形式便为实用的偏航通道简化传递函数：

$$\left.\begin{aligned}
\frac{\omega_y(s)}{\delta_y(s)} &= \frac{K_{\mathrm{MY}}(T_{1\mathrm{dY}}s+1)}{T_{\mathrm{MY}}^2 s^2 + 2\xi_{\mathrm{MY}} T_{\mathrm{MY}} s + 1} \\
\frac{\beta(s)}{\delta_y(s)} &= \frac{K_{\mathrm{MY}} T_{1\mathrm{dY}}}{T_{\mathrm{MY}}^2 s^2 + 2\xi_{\mathrm{MY}} T_{\mathrm{MY}} s + 1} \\
\frac{a_{z1}(s)}{\delta_y(s)} &= \frac{V K_{\mathrm{MY}}}{T_{\mathrm{MY}}^2 s^2 + 2\xi_{\mathrm{MY}} T_{\mathrm{MY}} s + 1}
\end{aligned}\right\} \tag{4-68}$$

其中

$$\left.\begin{aligned}
K_{\mathrm{MY}} &= \frac{-b_3 b_4}{b_2 - b_1 b_4} \\
T_{\mathrm{MY}} &= \frac{1}{\sqrt{b_2 - b_1 b_4}} \\
T_{1\mathrm{dY}} &= \frac{1}{b_4} \\
\xi_{\mathrm{MY}} &= \frac{b_1 - b_4}{2\sqrt{b_2 - b_1 b_4}}
\end{aligned}\right\} \tag{4-69}$$

值得说明的是，对于轴对称导弹，偏航通道实用传递函数与俯仰通道完全相同。

4.6.3 横滚通道传递函数

横滚通道的传递函数已经很简洁，无须再做简化，直接整理式(4-45)可得

$$\frac{\omega_x(s)}{\delta_x(s)} = \frac{-\dfrac{c_3}{c_1}}{\dfrac{1}{c_1}s + 1} \tag{4-70}$$

写成含有时间常数的形式便为偏航通道实用传递函数：

$$\frac{\omega_x(s)}{\delta_x(s)} = \frac{K_{\mathrm{MX}}}{T_{\mathrm{MX}}s + 1} \tag{4-71}$$

其中

$$\left.\begin{aligned}
K_{\mathrm{MX}} &= \frac{-c_3}{c_1} \\
T_{\mathrm{MX}} &= \frac{1}{c_1}
\end{aligned}\right\} \tag{4-72}$$

4.7　弹性导弹线性动力学模型

高速飞行时，导弹结构弹性特征显著，严重影响自动驾驶仪品质，可以采用结构滤波器来抑制此影响。同时考虑到结构滤波器设计多采用经典方法，故本节将建立弹性导弹动力学的传递函数模型。

弹性导弹动力学的建模方法有叠加法与耦合法两种。叠加法是不考虑刚体运动与弹性体振动之间的耦合，分别求出刚体运动传递函数与弹性体振动传递函数，并将两者叠加从而得到传递函数。耦合法是考虑刚体运动与弹性体振动之间的耦合，将刚体运动模型与弹性体振动模型联立起来求取总的传递函数。相比之下，耦合法建模的结果比叠加法更精确，可以考虑在自动驾驶仪详细设计阶段使用。而叠加法建模的结果形式简洁，刚体运动与弹性体振动的相对比重概念清晰，使用更方便。故本节将采用叠加法对弹性导弹进行动力学建模。

在战术导弹中，常见的弹性振动现象主要有弹体法向弯曲振动与绕弹体纵轴扭转振动（扭振）。对空空导弹这种小直径导弹而言，扭振现象并不显著，对自动驾驶仪的影响不大，故本文仅对弹体法向弯曲振动动力学进行建模。

4.7.1　弹性基准坐标系

为描述弹性振动相关参量，需要定义一个弹性基准坐标系，如图4－1所示。

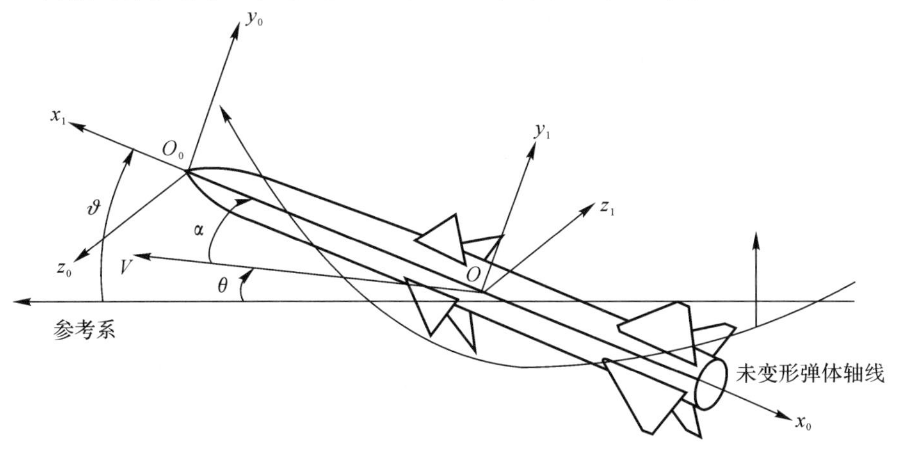

图4－1　基准坐标系定义

由图可见，弹性基准坐标系 $O_0x_0y_0z_0$ 定义与弹体坐标系 $O_1x_1y_1z_1$ 是明显不同的。而且为后续推导方便计，不妨将弹性基准坐标系 $O_0x_0y_0z_0$ 的下标“0”去掉，简写为 $Oxyz$（注意与惯性坐标系区别）。

4.7.2 弹体弯曲振动非线性动力学模型

弹性导弹的法向振动响应与非均匀弹性梁中的 Euler - Bernouli 自由梁相似，此时仅考虑弹体弯曲变形，可以忽略剪切变形和转动惯量影响。

对弹性基准系中任一坐标 x 处的弹体微段进行动力学分析，可得其沿弹体法向的弯曲振动非线性动力学模型为

$$\frac{\partial}{\partial x^2}\left[EJ(x)\frac{\partial^2 y(x,t)}{\partial x^2}\right]+m(x)\frac{\partial^2 y(x,t)}{\partial t^2}=W_y(x,t) \tag{4-73}$$

其中，$m(x)=\rho(x)A(x)$ 为质量分布函数，其实质为线密度分布函数，即梁在 x 处的单位长度质量（$\mathrm{kg\cdot m^{-1}}$）；$y(x,t)$ 为某时刻 t 该处的弹性变形量（沿 Oy 轴的法向位移量）；$W_y(x,t)$ 为某时刻 t 该处作用的法向外力函数，既可以是分布力，也可以是集中力；$J(x)$ 为该处的弯曲惯性矩分布函数；E 为弹性模量，主要与材料有关，也受温度影响，如气动加热会使弹性模型降低；$EJ(x)$ 为弯曲刚度。

模型（4 - 72）为非线性偏微分方程，为求解该方程，还需要考虑时间域的初始条件与空间域的边界条件。所谓初始条件是指弹性变形的初始位移与初始速度均为 0，表达式如下：

$$\left.\begin{aligned} &y(x,0)=0\\ &\left.\frac{\mathrm{d}y(x,t)}{\mathrm{d}t}\right|_{t=0}=0\end{aligned}\right\} \tag{4-74}$$

边界条件是指自由梁两端弯矩、剪力均为 0，表达式如下：

$$\left.\begin{aligned} &\left.EJ(x)\frac{\partial^2 y(x,t)}{\partial x^2}\right|_{x=0}=0\\ &\left.EJ(x)\frac{\partial^2 y(x,t)}{\partial x^2}\right|_{x=L}=0\\ &\left.EJ(x)\frac{\partial^3 y(x,t)}{\partial x^3}\right|_{x=0}=0\\ &\left.EJ(x)\frac{\partial^3 y(x,t)}{\partial x^3}\right|_{x=L}=0\end{aligned}\right\} \tag{4-75}$$

其中，L 为导弹长度。

4.7.3　基于模态叠加法的弯曲振动方程求解

为了得到弹性变形量 $y(x,t)$，工程上多采用近似解法求解弯曲转动方程(4－65)，其中，模态叠加法最为常用。其思路为先令弹体所受外力为零，并忽略阻尼力，仅考虑弹体在自身惯性力、弹性力作用下的自然振动，并由此得到弹体各阶固有频率 ω_i 与固有振型 φ_i（也称模态）。此时，由于各阶固有振型具有正交性，构成了一个线性独立集合。因此，任何一个向量都可以以该集合中的各阶固有振型为“基”来线性表达出来。这样，弹性变形量 $y(x,t)$ 就可以近似表达成下式：

$$y(x,t)=\sum_{i=1}^{\infty}q_i(t)\varphi_i(x) \tag{4-76}$$

其中，$\varphi_i(x)$ 为第 i 阶振型，它仅代表了导弹的弯曲形状，而不代表实际位移的尺寸大小；$q_i(t)$ 为第 i 阶振型对应的广义坐标，它代表了第 i 阶振型在总弹性变形量中所占的比例大小。

对于导弹这种细长体外形，只用取前几阶（如前 n 阶）振型即可，此时有

$$y(x,t)=\sum_{i=1}^{n}q_i(t)\varphi_i(x) \tag{4-77}$$

至此，由无穷时间变量与空间变量耦合而成的弹性变形量 $y(x,t)$ 就分离成了有限时、空变量相对独立的形式。此时，只要得到第 i 阶振型 $\varphi_i(x)$ 和广义坐标 $q_i(t)$，弹体弹性变形量也就完全确定了。当然，自动驾驶仪设计师直接关心的并不是弹性变形量大小，而是弹性振动动态过程对控制性能的影响。

将式(4－76)代入式(4－72)可得关于广义坐标 $q_i(t)$ 的微分方程：

$$M_i[\ddot{q}_i(t)+2\xi_i\omega_i\dot{q}_i(t)+\omega_i^2q_i(t)]=Q_i \tag{4-78}$$

其中，$M_i=\int_0^L m(x)\varphi_i^2(x)\mathrm{d}x$ 为广义质量；$Q_i=\int_0^L W_y(x,t)\varphi_i(x)\mathrm{d}x$ 为广义力；ω_i 为固有频率；ξ_i 为结构阻尼系数。

可见，只要求得广义质量 M_i、广义力 Q_i、固有振型 $\varphi_i(x)$ 与固有频率 ω_i，就可以得到广义坐标 $q_i(t)$，并进一步确定弯曲振动的动态过程。

1. 固有振型与固有频率的获取

固有振型与固有频率是一一对应的关系。

在工程上，一般都是通过导弹结构模态实验获取前三阶固有振型，当然，与

之相关的固有频率也是由实验获取的。

在不具备实验条件的情况下,也可以通过理论计算来获取固有振型与固有频率。计算固有振型的方法很多,如 Myklested 迭代法、有限元法等,下面未加推导,直接给出一个最常用的固有振型近似计算公式:

$$\varphi_i(x)=a_i(\sinh k_i x+\sin k_i x)+(\cosh k_i x+\cos k_i x) \tag{4-79}$$

其中,

$$\left.\begin{aligned} k_i &= \frac{(i+0.5)\pi}{L} \\ a_1 &= \frac{-\cos k_i L+\cosh k_i L}{\sin k_i L-\sinh k_i L} \end{aligned}\right\} \tag{4-80}$$

可见,固有振型方程是个代数方程,其具体结果与外力作用无关。由该式计算出的固有振型是一条规则曲线,是在弯曲刚度均匀分布的条件下得出的,没有考虑实际弹体结构弯曲刚度分布的非均匀特征。

固有频率可由下式近似计算:

$$\omega_i=\left[\frac{(i+0.5)\pi}{L}\right]^2\sqrt{\frac{EJ}{m}} \tag{4-81}$$

需要注意,这仅是理论近似计算的结果,与实验结果有一定差异,使用时应注意区分。

下面给出某导弹的结构有限元计算结果,如图 4-2 ~ 图 4-4 所示。

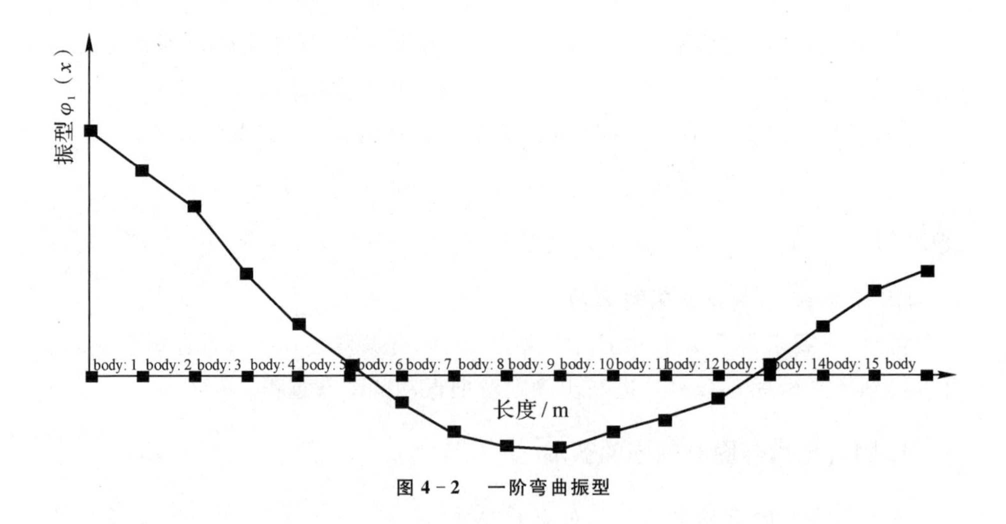

图 4-2　一阶弯曲振型

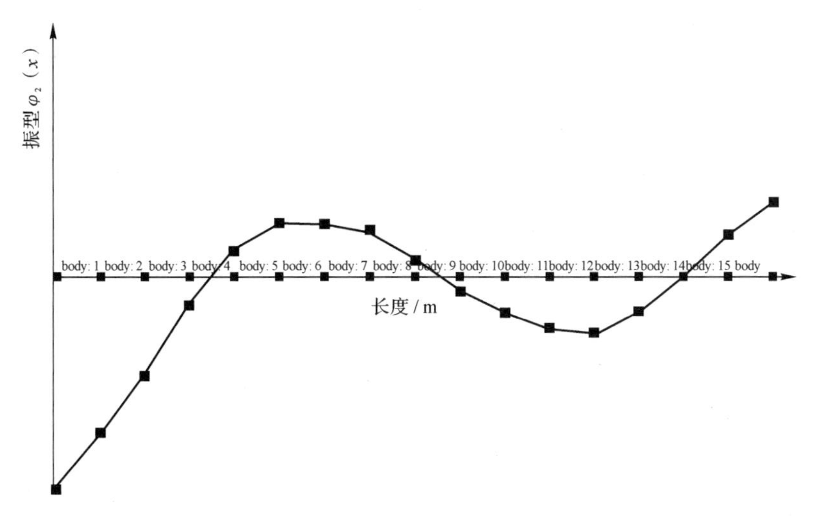

图 4－3　二阶弯曲振型

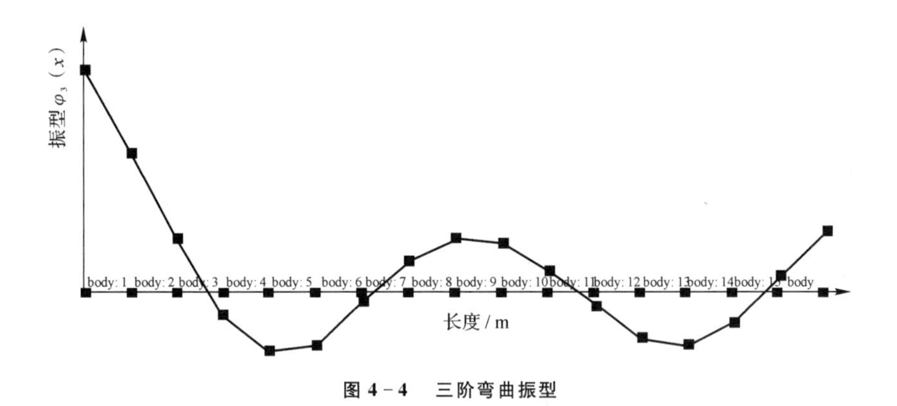

图 4－4　三阶弯曲振型

随着导弹发动机药柱的燃烧，导弹各阶振型曲线的形式以及振动频率的数值都将发生显著变化。正因为此，才要求自动驾驶仪设计前要事先了解掌握结构动态特性的变化规律，以便为结构滤波器设计提供必要的中心频率数据，同时为确定结构滤波器的自适应调参策略提供依据。

2. X 字布局气动舵控制导弹广义力计算

严格来讲，弹性弹体的受力情况是很复杂的。为了简化，经常略去一些对弹性变形影响不大的小量。甚至有文献指出，弹体分布式气动力对结构振动的影响不大，而起主要作用的力是气动舵偏转产生的控制力（为简化，可视为一种集中力）。

(1) 仅考虑气动舵控制力的广义力计算。

对于舵面质量及对舵轴转动惯量较小的导弹，在伺服弹性分析时，可认为舵面仅受气动法向力作用，所需的 $C_y^{\delta_z}$ 数据由下式算得：

$$C_y^{\delta_z} = -\frac{m_z^{\delta_z} L_{\text{ref}}}{x_{\text{r}} - x_{\text{G}}} \tag{4-82}$$

式中，x_{r} 为舵轴安装位置到弹头顶点的距离；x_{G} 导弹质心到弹头顶点的距离。

此时舵面控制力的广义力表达式为

$$Q_i = \int_0^L qS_{\text{ref}} C_y^{\delta_z} \delta_z \Delta(x - x_{\text{r}}) \varphi_i(x) \mathrm{d}x = qS_{\text{ref}} C_y^{\delta_z} \delta_z \varphi_i(x_{\text{r}}) = C_i \delta_z \tag{4-83}$$

其中，

$$C_i = qS_{\text{ref}} C_y^{\delta_z} \varphi_i(x_{\text{r}})$$

对式(4-82)进行拉普拉斯变换得到

$$Q_i(s) = C_i \delta_z(s) \tag{4-84}$$

(2) 同时考虑气动舵控制力与惯性力的广义力计算。

对于舵面质量及对舵轴转动惯量较大的导弹，在伺服弹性分析时，应同时考虑舵面控制力与惯性力的影响。

控制力的广义力仍按式(4-82)计算，改写下标记为

$$Q_{iA} = \int_0^L qS_{\text{ref}} C_y^{\delta_z} \delta_z \Delta(x - x_r) \varphi_i(x) \mathrm{d}x = qS_{\text{ref}} C_y^{\delta_z} \delta_z \varphi_i(x_{\text{r}}) = C_i \delta_z \tag{4-85}$$

惯性力广义力计算如下：

$$Q_{iI} = \int_0^L \left[2\sqrt{2} m_{\text{v}} l_{\text{v}} \ddot{\delta}_z + 2\sqrt{2} J_{\text{v}} \ddot{\delta}_z \frac{\varphi'_i(x)}{\varphi_i(x)} \right] \Delta(x - x_{\text{r}}) \varphi_i(x) \mathrm{d}x \tag{4-86}$$

进一步展开即为

$$Q_{iI} = 2\sqrt{2} m_{\text{v}} l_{\text{v}} \ddot{\delta}_z \varphi_i(x_{\text{r}}) + 2\sqrt{2} J_{\text{v}} \ddot{\delta}_z \varphi'_i(x_r) \tag{4-87}$$

则同时考虑气动舵控制力与惯性力作用的弹体广义力表达式为

$$Q_i = Q_{i\text{A}} + Q_{i\text{I}} = C_i \delta_z + 2\sqrt{2} m_{\text{v}} l_{\text{v}} \ddot{\delta}_z \varphi_i(x_{\text{r}}) + 2\sqrt{2} J_{\text{v}} \ddot{\delta}_z \varphi'_i(x_{\text{r}}) \tag{4-88}$$

其拉普拉斯变换为

$$Q_i(s) = C_i \delta_z(s) + 2\sqrt{2} [m_{\text{v}} l_{\text{v}} \delta_z(s) \varphi_i(x_{\text{r}}) + J_{\text{v}} \delta_z(s) \varphi'_i(x_{\text{r}})] s^2 \tag{4-89}$$

3. X字布局气动舵控制导弹弹性动力学模型

在零初始条件下对式(4-77)两边取拉普拉斯变换，可得

$$q_i(s)=\frac{Q_i(s)}{M_i(s^2+2\xi_i\omega_i s+\omega_i^2)} \tag{4-90}$$

在零初始条件下对式(4-76)取拉普拉斯变换,可得

$$y(x,s)=\sum_{i=1}^{n}q_i(s)\varphi_i(x) \tag{4-91}$$

将式(4-89)代入式(4-90)可得

$$y(x,s)=\sum_{i=1}^{n}\frac{Q_i(s)}{M_i(s^2+2\xi_i\omega_i s+\omega_i^2)}\varphi_i(x) \tag{4-92}$$

考虑在弹性基准系 x 处,由弹性变形引起的局部俯仰角:

$$\vartheta(x,s)=-\frac{\mathrm{d}y(x,s)}{\mathrm{d}x}=\sum_{i=1}^{n}\frac{-Q_i(s)\varphi'_i(x)}{M_i(s^2+2\xi_i\omega_i s+\omega_i^2)} \tag{4-93}$$

假定陀螺在弹性基准系的安装位置为 x_g,则此处由弹性变形引起的局部俯仰角速率为

$$\omega_z(s)=\sum_{i=1}^{n}\frac{-Q_i(s)\varphi'_i(x_g)s}{M_i(s^2+2\xi_i\omega_i s+\omega_i^2)} \tag{4-94}$$

此时可得由弹性引起的附加法向加速度为

$$a_y(s)=\ddot{y}(x,s)=\sum_{i=1}^{n}\frac{Q_i(s)s^2}{M_i(s^2+2\xi_i\omega_i s+\omega_i)}\varphi_i(x_g) \tag{4-95}$$

(1) 仅考虑气动舵控制力的弹性动力学模型。

$$\frac{\omega_z(s)}{\delta_z(s)}=\sum_{i=1}^{n}\frac{-\dfrac{C_i}{M_i}\varphi'_i(x_g)s}{s^2+2\xi_i\omega_i s+\omega_i^2} \tag{4-96}$$

此即仅考虑气动舵控制力时,由弹体弹性变形引起的附加俯仰角速率对舵偏的传函。

(2) 同时考虑气动舵控制力与惯性力的弹性动力学模型。

$$\frac{\omega_z(s)}{\delta_z(s)}=\sum_{i=1}^{n}\frac{-\dfrac{1}{M_i}\left\{C_i+2\sqrt{2}\left[M_v l_v\varphi_i(x_r)+J_v\varphi'_i(x_r)\right]s^2\right\}\varphi'_i(x_g)s}{s^2+2\xi_i\omega_i s+\omega_i^2} \tag{4-97}$$

此即同时考虑气动舵控制力与惯性影响时,由弹体弹性变形引起的附加俯仰角速率对舵偏的传函。

4. 十字布局气动舵控制导弹弹性动力学模型

十字布局气动舵惯性对弹体的影响与X字布局有所不同,但推导过程类似,

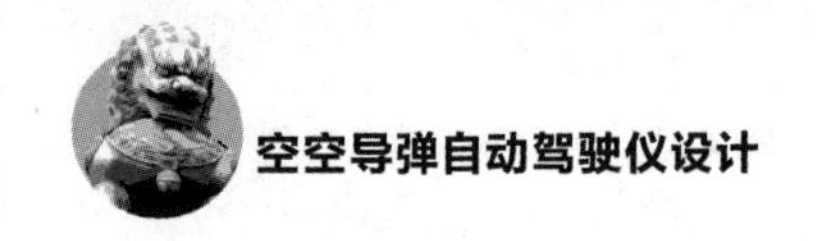

下面直接给出结果。

(1) 仅考虑气动舵控制力的弹性弹体模型。

$$\frac{\omega_z(s)}{\delta_z(s)}=\sum_{i=1}^{n}\frac{-\dfrac{C_i}{M_i}\varphi'_i(x_g)s}{s^2+2\xi_i\omega_i s+\omega_i^2} \tag{4-98}$$

(2) 同时考虑气动舵控制力与惯性力的弹性动力学模型。

$$\frac{\omega_z(s)}{\delta_z(s)}=\sum_{i=1}^{n}\frac{-\dfrac{1}{M_i}\{C_i+2[M_v l_v\varphi_i(x_r)+J_v\varphi'_i(x_r)]s^2\}\varphi'_i(x_g)s}{s^2+2\xi_i\omega_i s+\omega_i^2} \tag{4-99}$$

5. 直接力控制导弹弹性动力学模型

仅考虑直接力控制对弹性导弹动力学的影响，推导与上述过程类似，直接给出结果：

$$\frac{\omega_z(s)}{T_y(s)}=\sum_{i=1}^{n}\frac{-\dfrac{1}{M_i}\varphi_i(x_j)\varphi'_i(x_g)s}{s^2+2\xi_i\omega_i s+\omega_i^2} \tag{4-100}$$

式中，x_j 为侧向喷口的安装位置。

6. 气动伺服弹性分析的数据需求

(1) 仅考虑舵控力时，需求参数包括：模态数据 $\varphi_i(x)$、振动频率 ω_i、结构阻尼比 ξ_i、质量分段离散数据 $m(x)$、全弹质心 x_G、陀螺安装位置 x_g、舵轴位置 x_r、状态点高度 H、状态点速度 V 与舵效 $m_z^{\delta_z}$。

(2) 考虑舵控力与舵面惯性时，需求参数包括：模态数据 $\varphi_i(x)$、振动频率 ω_i、结构阻尼比 ξ_i、质量分段离散数据 $m(x)$、全弹质心 x_G、陀螺安装位置 x_g、舵轴位置 x_r、状态点高度 H、状态点速度 V、动力系数 a_5、单片舵质量 m_v、单片舵绕舵轴的转动惯量 J_v 和舵面质心到舵轴的距离 l。

(3) 考虑舵控力、舵面惯性、弹体分布式气动力时，需求参数包括：

模态数据 $\varphi_i(x)$、振动频率 ω_i、结构阻尼比 ξ_i、质量分段离散数据 $m(x)$、全弹质心 x_G、陀螺安装位置 x_g、舵轴位置 x_r、状态点高度 H、状态点速度 V、动力系数 a_5、单片舵质量 m_v、单片舵绕舵轴的转动惯量 J_v 和舵面质心到舵轴的距离 l。

如果采用分块方法计算全弹气动力，就需要各气动块的等效气动力对攻角的导数 Y_j^α 以及各气动块的压力中心位置 x_{jcp}。

第5章 空空导弹动态特性

本章将主要介绍与空空导弹本体特性有关的内容，为总体性能与自动驾驶仪设计提供参考。首先，根据已经建立的空空导弹动态模型和气动模型，介绍空空导弹常见的几种动态特性定义与分析方法。稳定性部分包括静稳定性与动稳定性，阐述两者之间的联系，并探讨侧向静不稳定的副翼反逆特性。此外，还将分别介绍空空导弹机动性、操纵性、敏捷性的概念。

5.1 稳　定　性

导弹的稳定性，是指导弹在飞行过程中，由于受到某种干扰，使其偏离了原来的飞行状态，在干扰消失之后，导弹恢复到原飞行状态的能力。若导弹可以恢复到原来的飞行状态，则称其具有稳定性。反之，若干扰消失之后，导弹对原飞行状态的偏离不但不能减小，反而继续扩大，则称之为不稳定。根据问题现象及其分析方法不同，稳定性可以分为基于解耦动力学的稳定性与基于耦合动力学的稳定性[18-20]。

5.1.1 解耦动力学系统的稳定性

在解耦动力学框架下，导弹的稳定性分为静稳定性与动稳定性两类。本节所述的稳定性是针对解耦动力学模型而言的，不考虑由通道耦合引起的稳定性问题。

静稳定性可分为纵向静稳定性和偏航静稳定性。其中，纵向静稳定性与偏航静稳定性分别由气动力矩导数 m_z^α、m_y^β 的极性来判断，若系统极性为负，则称具有静稳定性。

动稳定性也可分为纵向动稳定性和偏航动稳定性。其中，纵向动稳定性与

偏航动稳定性分别由$(a_2+a_1a_4)$与$(b_2-b_1b_4)$的极性来判断，若系统其极性为正，则称具有动稳定性。

导弹本体是没有横滚静稳定性可言的，也很少见到横滚动稳定性的提法，但这并不是说横滚运动就没有动稳定性。因为根据三通道解耦后的横滚动力学模型，横滚运动参数ω_x受扰后会在气动阻尼力矩的作用下逐渐趋于稳定，也即横滚运动参数ω_x具有动稳定性。

1.导弹的纵向静稳定性与偏航静稳定性

导弹受外界干扰作用会偏离原运动状态，若外界干扰消失瞬间，导弹未经操纵就能产生一个气动恢复力矩，使导弹具有恢复到原运动状态的趋势，则称导弹是静稳定的；若外界干扰消失瞬间，导弹未经操纵产生一个气动翻滚力矩，使导弹具有继续偏离原运动状态的趋势，则称导弹是静不稳定的；若外界干扰消失瞬间，导弹未经操纵既没有恢复到原运动状态的趋势，也没有继续偏离原运动状态的趋势，则称导弹是静中立稳定的。

实际上，对于导弹静稳定性更严谨的提法是指某些运动参数的静稳定性，比如纵向运动的攻角α和偏航运动的侧滑角β是比较常用的两个涉及静稳定性的参数。通常用气动静导数m_z^α与m_y^β的极性来判断攻角α与侧滑角β是是否静稳定。

(1) 纵向运动参数中攻角α的静稳定性判定。

1) 若$m_z^\alpha<0$，则攻角α是静稳定的；

2) 若$m_z^\alpha>0$，则攻角α是静不稳定的；

3) 若$m_z^\alpha=0$，则攻角α是静中立稳定的。

(2) 偏航运动参数中侧滑角β的静稳定性判定。

1) 若$m_y^\beta<0$，则攻角β是静稳定的；

2) 若$m_y^\beta>0$，则攻角β是静不稳定的；

3) 若$m_y^\beta=0$，则攻角β是静中立稳定的。

至于横滚运动，其运动参数中的横滚角γ在外界干扰消失瞬间，未经操纵是无法产生气动恢复力矩的。因此，横滚角γ是没有静稳定性的，也不涉及静稳定性的判定。

2.纵向动稳定性与偏航动稳定性

导弹受外界干扰作用时会偏离原运动状态，若外界干扰消失以后，导弹未经操纵就能在诸力及力矩的共同作用下恢复到原运动状态，则称导弹是动稳定的；若外界干扰消失以后，导弹未经操纵不能在诸力及力矩的共同作用下恢复到原运动状态，甚至与原运动状态的偏差越来越大，则称导弹是动不稳定的；若外界干扰消失以后，导弹未经操纵既不会在诸力及力矩的共同作用下恢复到原运动状态，也不会与原运动状态的偏差越来越大，则称导弹是动中立稳定的。

与静稳定性类似，对于导弹动稳定性更严谨的提法也是指某些运动参数的动稳定性，比如纵向运动的俯仰角速率 ω_z、攻角 α、加速度 a_{y1}，以及侧向运动的偏航角速率 ω_y、侧滑角 β、加速度 a_{z1} 等是比较常用的两组涉及动稳定性的参数。通常可由下述规则来判定。

(1) 由纵向运动俯仰角速率 ω_z、攻角 α、加速度 a_{y1} 的动稳定性判定。

1) 若 $a_2+a_1a_4>0$，则俯仰角速率 ω_z、攻角 α、加速度 a_{y1} 均是动稳定的；

2) 若 $a_2+a_1a_4<0$，则俯仰角速率 ω_z、攻角 α、加速度 a_{y1} 均是动不稳定的；

3) 若 $a_2+a_1a_4=0$，则俯仰角速率 ω_z、攻角 α、加速度 a_{y1} 均是动中立稳定的。

(2) 由偏航运动偏航角速率 ω_y、侧滑角 β、加速度 a_{z1} 的动稳定判定。

1) 若 $b_2-b_1b_4>0$，则偏航角速率 ω_y、侧滑角 β、加速度 a_{z1} 均是动稳定的；

2) 若 $b_2-b_1b_4<0$，则偏航角速率 ω_y、侧滑角 β、加速度 a_{z1} 均是动不稳定的；

3) 若 $b_2-b_1b_4=0$，则偏航角速率 ω_y、侧滑角 β、加速度 a_{z1} 均是动中立稳定的。

至于横滚运动，由横滚动力学传递函数的特征方程可知，其运动参数中的横滚角速率 ω_x 是恒为动稳定的，即在外界干扰消失后，导弹横滚角速率将趋于某一常值，而其横滚角速度将越来越大。

3.纵向及偏航静稳定性与动稳定性的关系

纵向及偏航静稳定性与动稳定性既有区别内在联系。主要区别在于：静稳定指的是外界干扰消失瞬间，导弹在气动力矩作用下对原运动状态的恢复趋势；而动稳定性指的是外界干扰消失以后，导弹在各种力及力矩共同作用下对原运动状态的收敛特性。甚至有专业文献为严格区别静稳定性与动稳定性，将静稳定性命名为俯仰刚度、偏航刚度，比如具有俯仰静稳定性就称之为具有正俯仰刚度。

下面来看动稳定性，由前文可知，纵向动稳定的条件为

$$a_2+a_1a_4>0 \tag{5-1}$$

把式(5－1)中的动力系数展开整理可得

$$\frac{-M_z^{\alpha}}{J_z}>\frac{M_z^{\omega_z}}{J_z}\frac{T+Y_1^{\alpha}}{mV} \tag{5-2}$$

式中，俯仰阻尼力矩导数 $M_z^{\omega_z}$（动导数）总是负的，即总有 $M_z^{\omega_z}<0$，因此只要导弹是静稳定的（$M_z^{\alpha}<0$），就一定能够满足上式，也即导弹具有动稳定性。而且，式（5-2）也说明，为保证动态稳定，可以允许导弹具有一定程度的静不稳定性。实际上，对于空空导弹而言，要满足这样的条件并不困难。

由上述可见，静稳定性与动稳定性的主要联系在于：若攻角 α 具有静稳定性，则俯仰角速率 ω_z、攻角 α、加速度 a_{y1} 均具有动稳定性；若侧滑角 β 具有静稳定性，则偏航角速率 ω_y、侧滑角 β、加速度 a_{z1} 均具有动稳定性。可见，静稳定是动稳定的充分条件，但不是必要条件。只要静不稳定度在合理范围内，导弹仍有可能是动稳定的。

传统上对战术导弹来说，一般总是希望它有一定程度的动稳定性，这样可以使自动驾驶仪的设计相对容易一些。比如一些低成本的简易导弹，由于设计时预留了足够的动稳定性，工程实现时甚至无须自动驾驶仪，仅依靠导弹自身的动稳定性就能稳定飞行。而在现代及未来，为了满足更高的性能要求，也可以把导弹设计成动中立稳定，甚至是动不稳定的，而依靠自动驾驶仪技术实现稳定飞行。

5.1.2　耦合动力学系统的静稳定性

在耦合动力学框架下，导弹也存在静稳定性问题。

导弹解耦动力学模型是多轮近似假设的结果，就全包线飞行的动态响应与稳定程度而言，其与非线性动力学模型存在本质差异。因此，还需要进一步研究通道耦合情况下的稳定性问题，尤其是横向静稳定性与侧向静稳定性问题。

1.横向静稳定性

导弹横滚运动受外界干扰作用会偏离原运动状态，若外界干扰消失瞬间，导弹未经操纵就能产生一个气动恢复力矩，使导弹具有恢复到原运动状态的趋势，则称导弹是横向静稳定的；反之，则称导弹是横向静不稳定的。而位于横向静稳定与静不稳定中间的状态称为横向静中立稳定。

横向静稳定性可由耦合气动导数 m_x^{β} 的极性来判定，若 $m_x^{\beta}<0$，则称导弹是横向静稳定的；若 $m_x^{\beta}=0$，则称导弹是横向静中立稳定的；若 $m_x^{\beta}>0$，则称导弹是横向静不稳定的。

当使用总攻角 α_T 与气流扭角 ϕ 来描述导弹相对来流的姿态时，横向静稳定性也可以用气动导数 m_x^{ϕ} 的极性来判定，若 $m_x^{\phi}<0$，则称导弹是横向静稳定的；若 $m_x^{\phi}=0$，则称导弹是横向静中立稳定的；若 $m_x^{\phi}>0$，则称导弹是横向静不稳定的。

横向静稳定性对导弹大攻角自动驾驶仪的攻角限幅设计有重要影响：为抑制横向静不稳定性，需要限制最大攻角，要求导弹在响应过载指令过程中不超过此最大攻角值。当然，还有其他若干因素也会影响攻角限幅设计，比如临界失速攻角、导引头框架角等。

2.侧向静稳定性

导弹侧向运动受外界干扰作用会偏离原运动状态，若外界干扰消失瞬间，导弹未经操纵就能产生一个气动恢复力矩，使导弹具有恢复到原运动状态的趋势，则称导弹是侧向静稳定的；反之，则称导弹是侧向静不稳定的。而位于侧向静稳定与静不稳定中间的状态称为侧向静中立稳定。

与其他运动模态的静稳定性不同，侧向静稳定性没有简单的气动导数判据可用。因为，侧向运动是横滚运动与偏航运动耦合而成的复杂运动模态，其静稳定性要受到横向静稳定性与偏航静稳定性的共同影响。

3.侧向静不稳定的典型现象——副翼反逆

副翼反逆是面对称导弹中一种典型的侧向静不稳定现象，其表现为导弹的横滚角响应与其操纵意图相悖，其本质是气动导数 m_x^β 与 m_y^β 协调设计不当。一般都是由偏航静稳定性太小，而横向静稳定性太大而导致的。

副翼反逆现象具体物理过程如下：当副翼偏转 $\delta_x < 0$ 时，产生横滚操纵力矩 $M_x^{\delta_x}\delta_x > 0$，意图操纵导弹产生正向横滚角 $\gamma > 0$。在此过程中，由横滚角 $\gamma > 0$ 引起的升力侧向分量，迫使导弹向右侧滑 $\beta > 0$，在偏航静稳定性较小甚至是偏航静不稳定的情况下，侧滑角 β 很快就会变得很大，在较大的横向静稳定性作用下，会产生一个数值较大的诱导横滚力矩 $M_x^\beta\beta < 0$，与数值较小的操纵力矩 $M_x^{\delta_x}\delta_x > 0$ 的方向相反，从而导致实际横滚角出现 $\gamma < 0$，与操纵意图 $\gamma > 0$ 相悖。

可见，所谓副翼反逆是指由于导弹偏航静稳定性太小，而横向静稳定性太大，导致诱导横滚力矩大于操纵力矩，最终出现与意图相悖的操纵效果。

4.横向静稳定性与侧向静稳定性的关系

根据对副翼反逆现象的解释可知，如果导弹具有横向静稳定性与偏航静稳定性，则其不一定具有侧向静稳定性。因为在偏航静稳定性较小，而横向静稳定性较大的情况下，导弹仍然是侧向静不稳定的。但是，只要导弹具有侧向静稳定性，则其必有横向静稳定性与偏航静稳定性。

可见,侧向静稳定是横向静稳定及偏航静稳定的充分条件,而非必要条件。

5.2 机　动　性

导弹的机动性是指导弹改变飞行速度的方向的能力,属于对导弹质心运动状态改变的能力。对于传统空空导弹而言,其纵向飞行速度的动态变化是无控的,故通常所说的机动性一般指的是法向加速度。若定义过载为作用在导弹上除重力之外的所有合外力与导弹重力的比值,则机动性就可以直接用过载数值大小来衡量。

除采用质心直接力轨控方式外,无论采用何种操纵策略,导弹的过载都是由先建立攻角来实现的。在较大范围的不同攻角条件下,导弹气动特性的差异巨大。如大攻角导致的非线性气动特性以及"幻影侧滑"现象,长期以来都是飞行控制设计面临的难题。因此,根据应用场合不同,可将攻角分为需用攻角、可用攻角与极限攻角。

1)导弹按给定弹道飞行所需攻角叫作需用攻角,所需过载叫作需用过载;

2)导弹最大舵偏对应的平衡攻角叫作可用攻角,平衡过载叫作可用过载;

3)导弹气动升力失速的临界攻角叫作极限攻角,临界过载叫作极限过载。

通常,需用攻角、可用攻角与极限攻角满足如下关系:

$$需要攻角\ \alpha_R \leqslant 可用攻角\ \alpha_P \leqslant 极限攻角\ \alpha_L$$

应该指出,在自动驾驶仪设计实践中,应根据导弹气动特性随攻角的变化情况,将带有一定裕量的攻角值作为稳定控制回路的限幅值,以软限制的形式,约束导弹攻角在整个作战包线中的动态行为,以避免失控。

5.3 操　纵　性

导弹的操纵性是指执行机构作动后,导弹改变其原来飞行姿态(如攻角、侧滑角、俯仰角、偏航角、滚转角、弹道倾角等)的能力,属于对导弹姿态运动状态改变的能力。以气动舵为例,舵面偏转一定角度后,导弹飞行状态改变越快,稳态值越大,超调量越小,则其操纵性越好。可见,导弹的操纵性通常是根据执行机构作单位作动迫使导弹飞行状态作振荡运动的过渡过程来评定的。

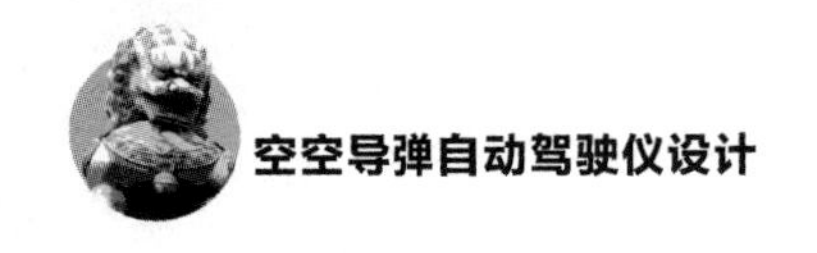

5.4 敏 捷 性

敏捷性是导弹机动性与操纵性的综合性能，它是指导弹快速改变其质心及姿态运动状态的能力。从导弹动态特性分析与控制设计对各种性能参数的需求角度来讲，机动性关注的是导弹质心运动状态变化的幅值，操纵性关注的是导弹姿态运动状态变化的幅值。而敏捷性关注的是导弹质心运动与姿态运动状态幅值变化的快慢。近年来，随着对空高机动目标作战形式的深刻变化，导弹敏捷性这一概念在系统总体与控制领域的重要性愈加凸显。以第四代空空导弹为例，为实现以载机为中心的全向攻击，很多都已经具备越肩发射甚至擦肩发射能力(见图 5－1)，而这种能力的一个重要衡量指标便是敏捷性。

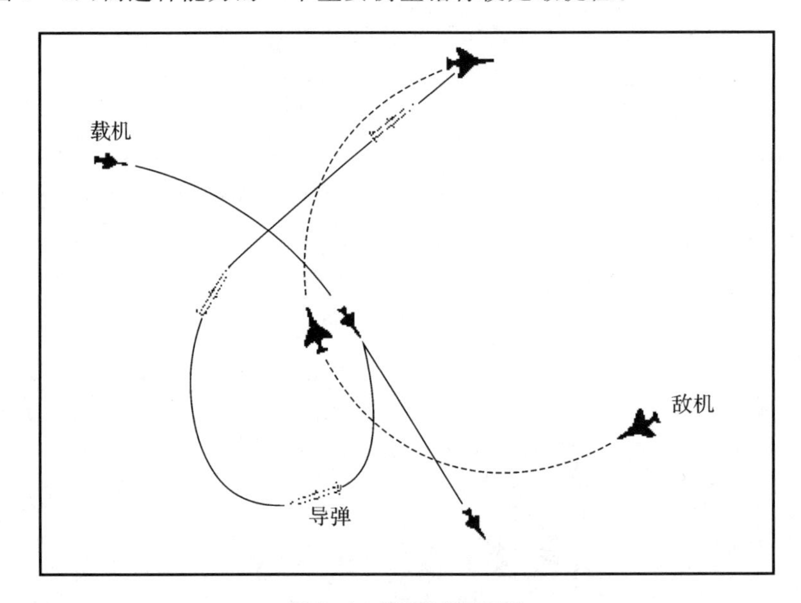

图 5－1　擦肩发射示意图

在工程实践中，常用导弹的转弯角速率来表征其敏捷性，定义如下：

$$\dot{\theta}=\frac{(P+X_1)\sin\alpha+Y_1\cos\alpha}{mV} \tag{5-3}$$

可见，在一定的飞行条件下，影响导弹转弯角速率的主要参数有可用攻角、推重比与法向力等。故欲提高导弹的转弯角速率，可以增大可用攻角上限、提高推重比和改善法向力。

第6章 空空导弹自动驾驶仪指标分解

本章首先将介绍空空导弹制导控制系统的典型工作过程，给出不同制导段对自动驾驶仪的功能要求。然后，基于常用的比例导引律，分析制导系统对自动驾驶仪的指标要求，主要包括过载能力要求与快速性要求。进一步介绍自动驾驶仪对舵系统的性能要求，包括舵系统带宽，以及其他高频环节带来的相位延迟特性。

6.1 制导控制系统工作过程

典型空空导弹的制导控制系统工作过程可以分为挂机飞行段、发射段、初制导段、中制导段、中末制导交接段、末制导段、弹目交会段七个阶段(见图 6－1)。其中,初制导段、中制导段、中末制导交接段、末制导段、弹目交会段属于有控飞行段[6]。

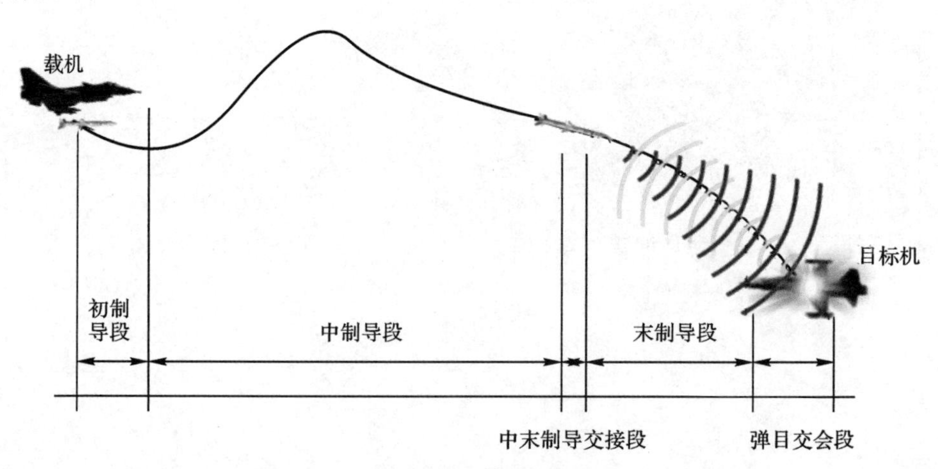

图 6－1 复合制导空空导弹工作过程示意图

1. 发射段

发射段是在目标将要进入攻击区时，进行导弹准备，要给导弹加电、装订飞行任务，飞行任务包括目标的位置和速度、目标种类、载机位置和速度等，目标信息主要是通过机载雷达获取。导弹加电后进行自检，并把导弹的工作情况反馈给载机，如果导弹正常随时可以发射导弹。飞行员按下发射按钮后，机上供电转为弹上供电，发动机点火，导弹与载机分离，导弹离架。

2. 初制导段

初制导段是指导弹离开载机到中制导之前的飞行段，主要目的是使机弹安全分离，一般采用程序控制，即不加控制指令或施加拖引过载、预定舵偏角，对不加控制指令方式的初制导段也称“归零”段，是控制信号归零的含义。这段时间的长短与导弹挂弹位置到机头的距离、导弹离架速度和加速度以及目标在载机的上方还是下方等因素有关，一般为 0.3～0.8 s。初制导段导弹稳定回路已经工作，以降低对安装误差和发动机推力偏心的要求。对于弹体静不稳定的导弹，初制导段稳定回路工作还可以使其稳定。

3. 中制导段

中制导段是指初制导段之后，末制导之前的飞行段，一般采用惯性制导。由于导弹发射后目标可能机动，发射距离较远时要用数据链修正。因此在中制导段，载机雷达要稳定跟踪目标，并不断地探测目标的位置和速度，通过数据链修正指令发送给导弹。由于空空导弹体积和重量的限制，惯性制导系统多采用捷联式的，简称捷联惯导。捷联惯导是把陀螺和加速度计固联在弹体上，利用计算机处理陀螺和加速度计测量的导弹运动参数，建立数学平台，代替平台式惯导的物理平台作为惯性基准。导弹通过捷联惯导系统获得自己的位置、速度和姿态，从而可以得到导弹和目标的相对位置、速度以及视线在弹体固联坐标系中的投影分量。弹载计算机根据中制导导引律计算出导弹的控制指令，送给导弹自动驾驶仪，操纵舵偏，控制导弹飞向目标。使用中制导的原因是导引头探测距离有限，目前所能达到的水平，无论是红外导引头还是主动雷达导引头探测距离都不超过 25 km，远小于导弹动力射程，因此中距和远程空空导弹都要有中制导。中制导的任务是把导弹送到空间的一个区域，在这个区域导引头能够搜索截获目标。一些近距格斗空空导弹或半主动雷达型中距空空导弹也可以不需要中制导段。

4. 中末制导交接段

中末制导交接段是中制导到末制导的过渡阶段，它的任务是使导引头可靠的截获目标且弹道不产生太大的波动。如果中制导使用半主动雷达中制导，末制导使用主动雷达末制导，中制导到末制导的转换比较简单，只要弹上的主动雷达发射机适时开机就可以了。如果中制导使用惯性制导加数据链修正，末制导使用主动雷达末制导，交接段必须在导弹目标的距离达到导引头截获距离时，给出目标的角度指示和导弹目标的多普勒频率指示（速度指示），以使导引头能顺利的截获目标。若导引头不能截获目标，还要按一定的逻辑进行多普勒频率搜索和角度搜索。如果末制导使用红外被动制导，只需给出目标的角度指示，截获不了目标再进行角度搜索。中制导和末制导一般使用相同的导引律，若使用不同的导引律可以用加权过渡的方法保持弹道平滑。

5. 末制导段

末制导段是指由导引头截获目标后连续不断提供目标信息的制导段，末制导段是保证制导精度所必需的。空空导弹末制导段采用雷达半主动、雷达主动以及红外被动等方式，导引规律一般为比例导引或修正的比例导引。导弹采用了惯导技术、数字信号处理技术后可以将诸如弹目相对速度、目标加速度、导弹剩余飞行时间等更多的参数引入导引律，使导弹的导引精度大大提高。在末制导段，导引头自动跟踪目标，同时为导弹提供目标有关信息，该信息经过估值滤波器进行滤波和处理后，得到目标相对于导弹的位置、速度、加速度和视线角速度估值。按照末制导律，利用这些状态估值产生导弹加速度控制指令，与弹上传感器的角速度和过载等信号结合后输入制导放大器中，自动驾驶仪通过舵机将该综合指令信号转换成导弹的舵偏角，导弹在此舵偏角的作用下产生控制力矩，改变导弹的飞行方向，使导弹飞向目标。

6. 弹目交会段

弹目交会段亦称遭遇段或遇靶段，是导弹接近目标的飞行段。为了防止引信误动作，通常引信不是全弹道工作，在导弹接近目标时才启动引信工作，引信探测到目标后，根据制导系统提供的交会条件，确定最佳延迟时间，适时引爆战斗部，战斗部爆炸后，战斗部中的杀伤元素（破片或杆）以极高的速度命中目标，从而毁伤目标。

6.2　攻击机动目标的比例导引律

导引律就是引导导弹飞向目标与之交会的规律，也叫导引方法。现代战术导弹广泛采用了扩展比例导引律，它是对一般比例导引律的修正。当然，也有一些先进战术导弹采用了最优导引律。

选择导引律除要求技术实现简单外，还要求末端弹道特性好，基本依据为①需用过载小；②需用过载受攻击方向影响小。

此外，为了实现对攻击过程的动态自适应与鲁棒性，还要求先进导引律能够有效抑制导弹机动与目标机动对需用过载的影响[21-24]。

6.2.1　一般比例导引律

导引律设计遵循“朝向目标飞行”这一朴素的设计思想，用较为严谨的自然语言来描述就是“导弹速度方向指向目标”。当然，在导弹速度方向与弹目连线之间会不可避免地存在一定的偏差量——前置角，为推导方便，以二维平面中的追踪情况为例，在图6-2所示弹目相对位置示意图中，$\boldsymbol{V}$ 为导弹速度矢量，$\boldsymbol{V}_{\mathrm{T}}$ 为目标速度矢量。直线 MT 为弹目连线（视线），η 即为导弹速度矢量 $\boldsymbol{V}$ 相对于视线的前置角。

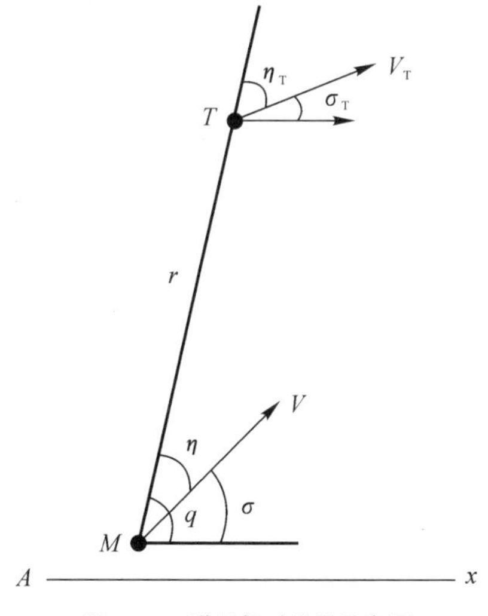

图6-2　弹目相对位置示意图

由图可见，当目标运动引起视线方向变化时，为攻击目标，导弹速度方向也应该随之变化，使其始终跟踪视线方向，直到命中目标。用数学语言来描述此跟踪过程即为

$$\dot{\sigma}=K\dot{q} \tag{6-1}$$

引入法向加速度（过载）的定义 $a_{\mathrm{n}}=V\dot{\sigma}$ 可得

$$a_{\mathrm{n}}=KV\dot{q} \tag{6-2}$$

其中，K 为导航系数。

式(6-1)或式(6-2)即为所谓的一般比例导引律，以此为基础，还可以导出若干种常见的导引方法如追踪法、平行接近法与扩展比例导引律等。

为研究一般比例导引律的需用过载性能、技术实现难度以及抗目标机动性能，需要详细分析其弹道特性，写出弹目相对运动方程如下：

$$\left.\begin{aligned}
&\frac{\mathrm{d}\boldsymbol{r}}{\mathrm{d}\boldsymbol{t}}=\boldsymbol{V}_{\mathrm{T}}\cos\eta_{\mathrm{T}}-\boldsymbol{V}\cos\eta\\
&r\frac{\mathrm{d}q}{\mathrm{d}t}=\boldsymbol{V}\sin\eta-\boldsymbol{V}_{T}\sin\eta_{\mathrm{T}}\\
&q=\sigma+\eta\\
&q=\sigma_{\mathrm{T}}+\eta_{\mathrm{T}}\\
&\dot{\sigma}=K\dot{q}
\end{aligned}\right\} \tag{6-3}$$

先研究最一般的攻击情形，即“目标机动飞行，导弹变速飞行”弹道的需用过载特性。

对方程组(6-3)中的第2式两边求导数，整理可得

$$\boldsymbol{r}\ddot{q}=-\dot{\boldsymbol{r}}\dot{q}+\dot{\boldsymbol{V}}\sin\eta+\boldsymbol{V}\dot{\eta}\cos\eta-\dot{\boldsymbol{V}}_{\mathrm{T}}\sin\eta_{\mathrm{T}}-\boldsymbol{V}_{\mathrm{T}}\dot{\eta}_{\mathrm{T}}\cos\eta_{\mathrm{T}} \tag{6-4}$$

再由方程组(6-3)中的第3～5式可得

$$\left.\begin{aligned}
&\dot{\eta}=(1-K)\dot{q}\\
&\dot{\eta}_{\mathrm{T}}=\dot{q}-\dot{\sigma}_{\mathrm{T}}
\end{aligned}\right\} \tag{6-5}$$

把式(6-5)与方程组(6-3)中的第1式代入式(6-4)，整理可得

$$r\ddot{q}=-(K\boldsymbol{V}\cos\eta+2\dot{r})\left(\dot{q}-\frac{\dot{\boldsymbol{V}}\sin\eta-\dot{\boldsymbol{V}}_{\mathrm{T}}\sin\eta_{\mathrm{T}}+\boldsymbol{V}_{\mathrm{T}}\dot{\sigma}_{\mathrm{T}}\cos\eta_{\mathrm{T}}}{K\boldsymbol{V}\cos\eta+2\dot{r}}\right) \tag{6-6}$$

在弹道末端命中目标时($t=t_{\mathrm{f}}$)，相对距离 $r_{\mathrm{f}}=0$，代入式(6-6)可得命中点处的视线转率（视线转动角速率）为

$$\dot{q}_{\mathrm{f}}=\left.\frac{\dot{\boldsymbol{V}}\sin\eta-\dot{\boldsymbol{V}}_{\mathrm{T}}\sin\eta_{\mathrm{T}}+\boldsymbol{V}_{\mathrm{T}}\dot{\sigma}_{\mathrm{T}}\cos\eta_{\mathrm{T}}}{K\boldsymbol{V}\cos\eta+2\dot{r}}\right|_{t=t_{\mathrm{f}}} \tag{6-7}$$

由过载定义可知，命中点处的需用过载为

$$n_{\mathrm{f}}=\frac{KV}{g}\dot{q}_{\mathrm{f}}=\frac{1}{g}\left.\frac{\dot{V}\sin\eta-\dot{V}_{T}\sin\eta_{\mathrm{T}}+V_{\mathrm{T}}\dot{\sigma}_{\mathrm{T}}\cos\eta_{\mathrm{T}}}{\cos\eta+\dfrac{2\dot{r}}{KV}}\right|_{t=t_{\mathrm{f}}} \tag{6-8}$$

考虑到命中目标前,相对距离 r 总是随时间减小的,也即弹目接近速度 $\dot{r}<0$,故式(6-8)也可以写为

$$n_{\mathrm{f}}=\frac{KV}{g}\dot{q}_{\mathrm{f}}=\frac{1}{g}\left.\frac{\dot{V}\sin\eta-\dot{V}_{\mathrm{T}}\sin\eta_{\mathrm{T}}+V_{\mathrm{T}}\dot{\sigma}_{\mathrm{T}}\cos\eta_{\mathrm{T}}}{\cos\eta-\dfrac{2|\dot{r}|}{KV}}\right|_{t=t_{\mathrm{f}}} \tag{6-9}$$

由式(6-9)可见,导弹采用一般比例导引律,命中目标时的需用过载 n_{f} 与命中点处导弹速度 V、弹目接近速度 $|\dot{r}|$ 均有直接关系,这种关系导致了两个突出问题:

(1) 在弹道末端,导弹速度 V 通常较小,导致需用过载较大,不能很好地满足导引律选择依据之一。

(2) 导弹从不同方向攻击目标所需的需用过载不同,如尾追攻击弹目接近速度 $|\dot{r}|$ 小,需用过载比迎头攻击小,故不能很好地满足导引律选择依据之二。

此外,导弹需用过载不仅受自身机动(参数 $\dot{V}$)影响,还受目标机动(参数 $\dot{V}_{\mathrm{T}}$)影响。可见,一般比例导引律并不能很好地满足导引律选择的基本依据,需要进一步改进一般比例导引律。

6.2.2 扩展比例导引律

既然一般导引律的性能缺陷主要是由导弹速度 V 和弹目接近速度 $|\dot{r}|$ 引起的,那么就可以尝试削弱、甚至完全消除这两个因素的影响,由此得到的导引律称为扩展比例导引律。

1.尝试消除导弹速度 V 的影响

在一般比例导引律中引入过载的概念可得

$$n=\frac{a_{\mathrm{n}}}{g}=\frac{KV\dot{q}}{g} \tag{6-10}$$

再对比命中点处的需用过载算式可知,命中点需用过载算式(6-9)中出现的参数 V 正是由 $a_n=KV\dot{q}$ 引入的。所以,为了消除参数 V 的影响,不妨人为令:

$$n=K_1\dot{q} \tag{6-11}$$

与式(6-10)对比可知:

$$K=\frac{K_1 g}{\boldsymbol{V}} \tag{6-12}$$

将此式代入命中点需用过载算式(6－9),整理可得:

$$n_f=\left.\frac{1}{g}\frac{\dot{\boldsymbol{V}}\sin\eta-\dot{\boldsymbol{V}}_T\sin\eta_T+\boldsymbol{V}_T\dot{\sigma}_T\cos\eta_T}{\cos\eta-\dfrac{2|\dot{r}|}{K_1 g}}\right|_{t=t_f} \tag{6-13}$$

可见,采用扩展比例导引律(6－11)后,命中点需用过载已经不再直接与导弹速度 $\boldsymbol{V}$ 相关。但是,弹目接近速度 $|\dot{r}|$ 的影响仍然存在,因此,还需要进一步改进。

2.尝试进一步消除弹目接近速度 $|\dot{r}|$ 的影响

观察式(6－13)可见,欲消除 $|\dot{r}|$ 的影响,可在导航系数中包含该参数,使其与所在项的分子相消,也即令新的扩展比例导引律为

$$n=K_2|\dot{r}|\dot{q} \tag{6-14}$$

根据经验,导航系数 K_2 一般取值为 $3\sim4$。

与式(6－11)对比可知:

$$K_1=K_2|\dot{r}| \tag{6-15}$$

将此式代入命中点需用过载算式(6－13),整理可得:

$$n_f=\left.\frac{1}{g}\frac{\dot{\boldsymbol{V}}\sin\eta-\dot{\boldsymbol{V}}_T\sin\eta_T+\boldsymbol{V}_T\dot{\sigma}_T\cos\eta_T}{\cos\eta-\dfrac{2}{K_2 g}}\right|_{t=t_f} \tag{6-16}$$

可见,采用扩展比例导引律(6－14)后,命中点需用过载已经不再直接与导弹速度 $\boldsymbol{V}$ 及弹目接近速度 $|\dot{r}|$ 相关。符合导引律"需用过载小,且需用过载受攻击方向影响小"的基本要求。然而,限于其原理、结构,它还无法满足"有效抑制导弹机动与目标机动对需用过载影响"的要求。

综上可知,仅通过简单修正一般比例导引律,可以得到应用较为广泛的扩展比例导引律,但它还不能有效抑制参数 $\dot{\boldsymbol{V}}$ 与 $\dot{\boldsymbol{V}}_T$ 对需用过载的影响。因此,有些高性能战术导弹已经采用了更为先进的最优导引律。

6.3 目标机动对导弹过载能力的需求

在存在导弹、目标速度矢量初始前置量的条件下,当采用扩展比例导引律 $n=K_2|\dot{r}|\dot{q}$ 时,若目标作常值(n_T)过载机动,则由式(6－6)可得导弹需用过载应为

$$n = \frac{K_2}{K_2 - 2} \frac{\cos\eta_{T0}}{\cos\eta_{T0}} \left[1 - \left(\frac{t_f - t}{t_f}\right)^{K_2 - 2}\right] n_T \tag{6-17}$$

若初始时刻,导弹的攻击方向为正迎头或正尾追,则导弹、目标速度矢量的初始前置量为0,此时有

$$n = \frac{K_2}{K_2 - 2} \left[1 - \left(\frac{t_f - t}{t_f}\right)^{K_2 - 2}\right] n_T \tag{6-18}$$

在命中点处,剩余飞行时间 $t_{go} = t_f - t = 0$,则式(6-18)变为

$$n = \frac{K_2}{K_2 - 2} n_T \tag{6-19}$$

当导航系数取值 $K_2 = 3$ 时,式(6-19)进一步简化为

$$n = 3n_T \tag{6-20}$$

式(6-20)也即"导弹过载应至少为目标过载的3倍"这一常用结论的来源。

当然,也有研究指出,为确保RMS脱靶量小于50英尺(约15.2 m),应采用下式来估计导弹的过载能力需求:

$$n = 3n_T + 10 \tag{6-21}$$

该结论的基础是RMS脱靶量与导弹过载能力曲线,在工程中应用广泛。

6.4　制导系统对自动驾驶仪的指标要求

制导系统对自动驾驶仪的指标要求主要有三个,分别为稳定回路时间常数、稳定回路超调量和稳定回路稳态误差。其中,稳定回路时间常数是影响制导系统性能的关键参数。通过建立制导系统的五阶线性化模型(见图6-3),可以很方便地得到稳定回路的时间常数指标。至于超调量与稳态误差指标,既受限于制导系统总体性能,也取决于自动驾驶仪的具体形式如执行机构类型、动态建模误差等一系列因素。根据经验,采用纯气动舵及PID控制架构的空空导弹,通常取超调量不大于10%,稳态误差不大于10%是合理的。而对于采用直接力及PID控制架构的空空导弹,超调量经常会大于10%,但一般都小于20%,而稳态误差可以控制在10%以内。至于采用新型自抗扰控制技术的空空导弹,地面仿真试验结果表明,其超调量与稳态误差可以在更小范围,如超调量5%,稳态误差3%。

下面以稳定回路时间常数指标的论证为例,来说明具体的指标论证方法。

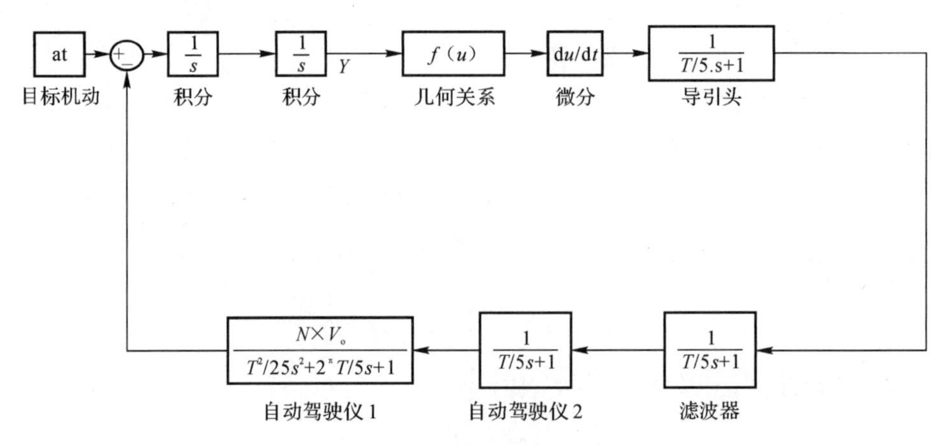

图 6-3 制导系统的 5 阶线性化模型

图 6-3 中函数 $f(u)=\dfrac{1}{V_C t_{go}}$，设导引头时间常数为 0.05 s，制导滤波器时间常数为 0.1 s，目标做 $6g$ 机动，有效导航比取 4，仿真结果如图 6-4、图 6-5 所示。

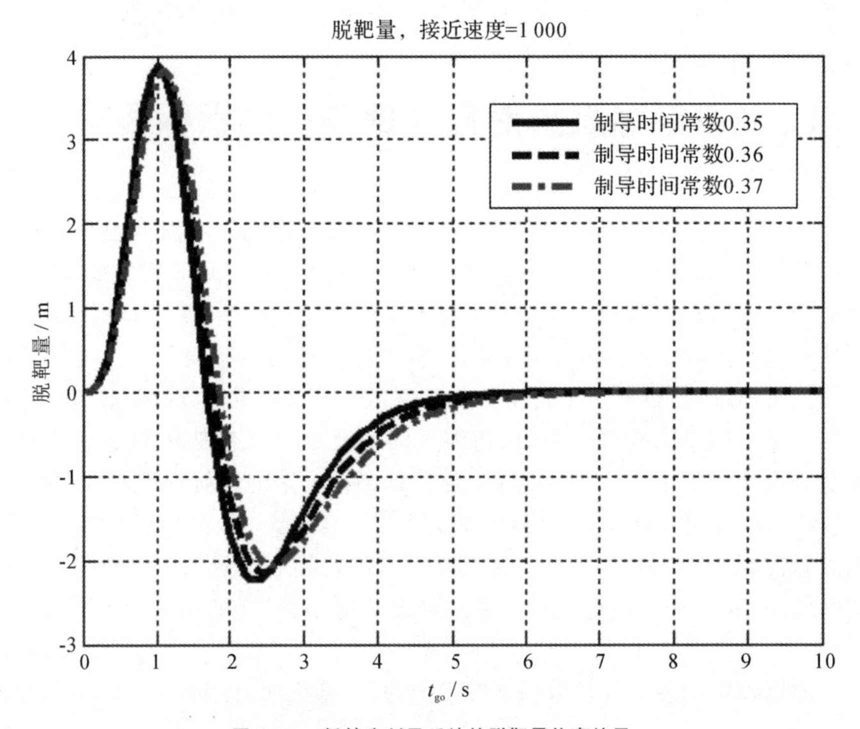

图 6-4 低精度制导系统的脱靶量仿真结果

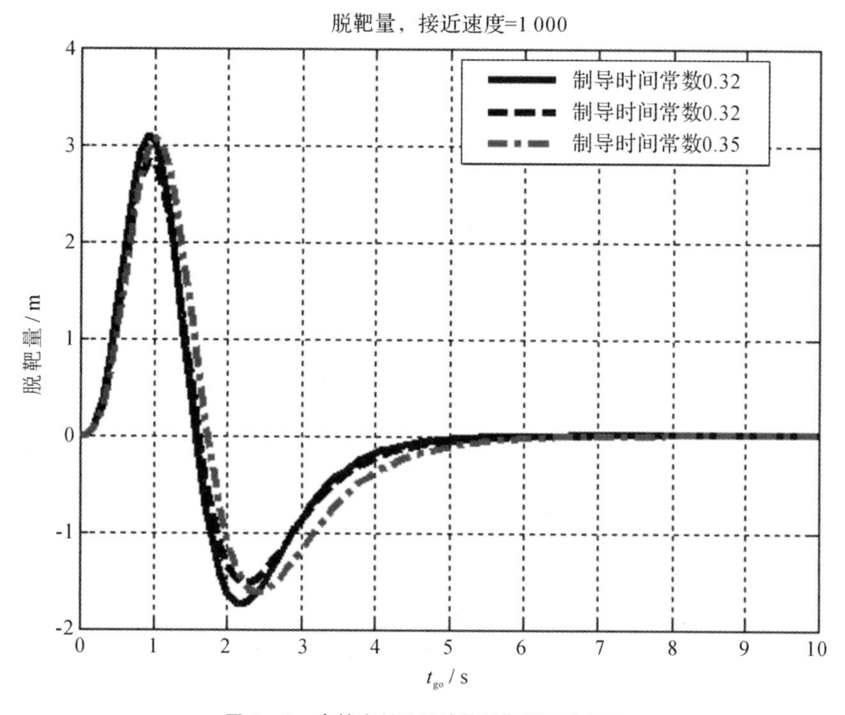

图6-5　高精度制导系统的脱靶量仿真结果

仿真数据统计结果见表6-1，由表可知，稳定回路时间常数越小，制导系统性能越优，精度越高。

表6-1　稳定回路时间常数指标统计

高度/km	目标过载/g	目标时间常数/s	导弹制导系统时间常数/s	稳定回路时间常数/s	脱靶量/m
1	6	0.6	0.35	0.2	4
5	6	0.7	0.36	0.21	
10	6	0.8	0.37	0.22	
1	6	0.6	0.32	0.17	3
5	6	0.7	0.32	0.17	
10	6	0.8	0.35	0.2	

6.5 自动驾驶仪对舵系统的性能要求

本节将详述自动驾驶仪对舵系统的性能要求，并阐明了两个与舵系统有关的常见概念：舵面反操纵与舵偏反效。自动驾驶仪对舵系统的性能要求可以从稳定性与快速性两个角度来说明[25-28]。

稳定回路的稳定性指的是包含弹体、舵系统、传感器在内的闭环系统动稳定性。从理论上来说，为实现全飞行包线内系统的动稳定，需要同时确定自动驾驶仪对弹体、舵系统、传感器等在内各环节的动态特性要求。但在工程实践中，为简化问题计，弹体自身的动态特性更多地取决于气动与结构的设计结果，其对舵系统的性能要求如带宽根据经验确定即可。而各传感器与舵系统相比，带宽要高得多，经常被视为纯延时环节，而仅考虑其对系统相移的影响。由此可见，除了稳定回路结构与参数设计自身外，舵系统是影响稳定回路性能的首要因素。

6.5.1 弹体静稳定性对舵系统的指标要求

以经典三回路自动驾驶仪为例，其阻尼回路与复合稳定回路的存在，可以实现对于静不稳定导弹的稳定，但这种人工增稳性能是受到舵系统频带制约的。根据设计经验，为了实现静不稳定弹体的稳定，舵系统带宽 ω_{act} 应满足：

$$\omega_{act} \geqslant 10\sqrt{|a_2|} \tag{6-22}$$

式中，a_2 为与导弹静稳定性有关的动力系数，对于静不稳定弹体有 $a_2 < 0$。以某轴对称导弹为例，通过对其气动特性的分析可知全空域范围内 a_2 最小值约为 -250。故由式(6-22)可知，舵系统带宽应不小于 160 rad/s，约 25 Hz。

6.5.2 稳定回路闭环动稳定性对舵系统的指标要求

舵系统延迟特性对系统动稳定性有重要影响。故为确保系统动稳定，需要对舵系统在稳定回路工作频带内引起的相位延迟进行限制。

图 6-6 所示为稳定回路简化模型与完整模型的频域特性对比，其中完整模型考虑了了舵系统、陀螺、加速度计、结构滤波器等高频动力学特性影响，而简化模型则忽略了这些高频动力学环节。对于采用经典三回路自动驾驶仪的稳定回路来说，其简化模型阶次为三。

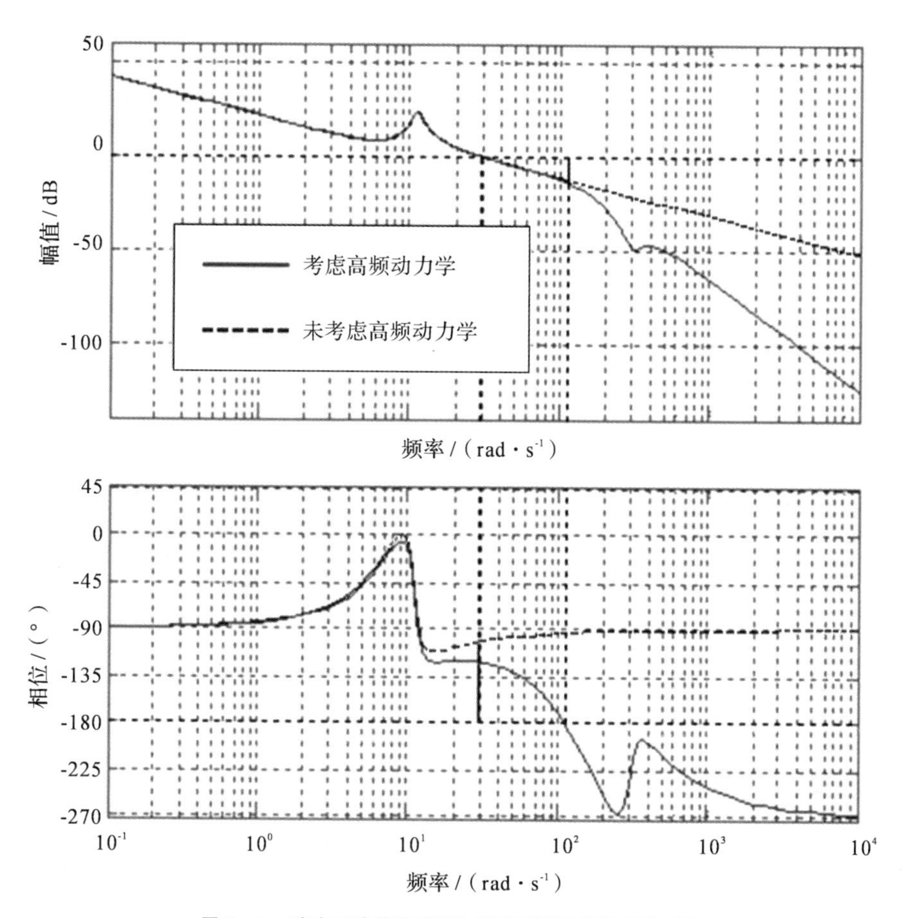

图 6-6　稳定回路简化模型与完整模型的频域特性对比

从图中可以看出，高频部件引入后，低频特性基本不受影响，但在高频部分会造成较大的相位延迟。根据经验，应用极点配置方法对稳定回路三阶简化模型进行增益优化后，系统相位稳定裕度能达到 65° ～ 70°。因此，为确保采用稳定回路完整模型进行相位稳定裕度评估时，系统仍具有足够的稳定性，则要求包括舵系统在内的所有高频部件及数字系统采样在系统带宽处引起的相位延迟不超过 40°，也即

$$P^{l}_{\mathrm{act}} + P^{l}_{\mathrm{sen}} + P^{l}_{\mathrm{filt}} + P^{l}_{\mathrm{samp}} < 40^{\circ} \qquad (6-23)$$

式中，P^{l}_{act}、P^{l}_{sen}、P^{l}_{filt}、P^{l}_{samp} 分别为舵系统、传感器（速率陀螺及加速度计）、结构滤波器以及数字系统采样造成的相位延迟。

而根据前已述及的制导系统对稳定回路时间常数的指标要求，可取稳定回路带宽最大为 50 rad/s，约 8 Hz。

1.传感器引起的相位延迟

将各传感器视为纯延时环节，如速率陀螺延迟时间约为 2 ms，则根据纯延时环节的传递函数：

$$G_{\text{sen}}(s)=\mathrm{e}^{-\tau s}$$

可知，该传感器在稳定回路带宽约 8 Hz 处引起的相位延迟约为 5.8°。

2.结构滤波器引起的相位延迟

将结构滤波器设置在舵系统前，并采用陷波形式来实现，传递函数为

$$G_{\text{filt}}(s)=\frac{\dfrac{1}{\omega_i^2}s^2+2\dfrac{\xi_i}{\omega_i}s+1}{\dfrac{1}{\omega_i^2}s^2+2\dfrac{\xi_{\mathrm{D}}}{\omega_i}s+1} \tag{6-24}$$

根据结构滤波器中心频率 ω_i 与弹体弯曲振动频率的对等关系，且仅考虑一阶弯曲振动，令一阶弯曲频率为 26 Hz，则滤波器在稳定回路带宽约 8 Hz 处引起的相位延迟约为 18°。

3.数字系统采样引起的相位延迟

根据采用定理及实践经验，为避免数字采样引入较大的相位延迟，比较保守的做法是将采样频率取为全系统（考虑俯仰、偏航、横滚等三个通道）最大带宽的 25～30 倍。现已知稳定回路俯仰通道带宽最大约为 8 Hz，而工程上为尽可能减弱纵向通道与横向通道的耦合影响，一般将横滚通道带宽取至俯仰通道带宽的 1.5～2 倍，也即横滚通道最大带宽可取为 16 Hz 左右。从而将数字系统采样频率取为 400～500 Hz。若选择采样周期为 2 ms，采样延迟为 1 ms，其在 8 Hz 处引起的相位延迟约为 2.9°。

4.舵系统引起的相位延迟

分别将传感器（陀螺及加速度计）、结构滤波器以及数字系统采样引起的相位延迟代入式（6－23）可知，舵系统引起的相位延迟应不大于 13°。

6.5.3 稳定回路快速性对舵系统的指标要求

除了系统稳定性对舵系统有一定的技术指标要求外，系统性能如稳定回路快速性对舵系统带宽也有较为严格限制。

在设计实践中，可以根据制导系统对稳定回路的时间常数要求，由稳定回路时间常数与开环截止频率之间的对应关系，确定稳定回路开环截止频率（近似于闭环带宽），并进一步确定舵系统带宽。

图6－7给出了某导弹稳定回路的闭环等效时间常数与开环截止频率的近似关系。

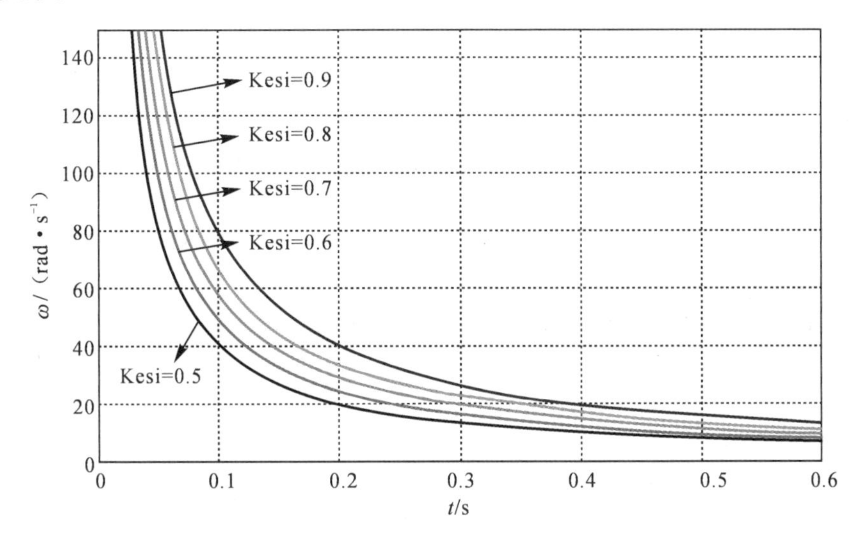

图6－7 稳定回路时间常数与开环截止频率的近似关系

从图中可以看出，稳定回路等效时间常数越小，开环截止频率越高。若制导系统要求稳定回路达到的最小时间常数为0.10 s，则其为达到这一快速性需求，并具有足够的阻尼比如0.7，开环截止频率（近似闭环带宽）就应不低于50 rad/s。工程上一般要求舵系统带宽为稳定回路闭环带宽的3～5倍，因此舵系统带宽应不小于150 rad/s，约24 Hz。

综合上述算例的论证结果可知，对于带有一定静不稳定性的空空导弹，其稳定回路对舵机的两项指标要求分别为①舵系统带宽应不小于25 Hz；②舵系统在8 Hz处引起的相位延迟不大于13°。

1.舵面反操纵及其影响

前已述及的副翼反逆是舵面对导弹的反操纵现象，而本节要讲的舵面反操纵是舵机对舵面的反操纵现象。

所谓舵面反操纵是指舵面压心位于舵轴之前，舵面气动力对舵轴产生的铰链力矩 M_j 与电机驱动舵面偏转的主动力矩 M_{dj} 方向相同，两者共同作用加速舵面旋转，起正反馈作用。其本质是舵面自身的一种气动静不稳定现象。这种现象对舵系统的稳定控制有不良影响，故从结构和气动角度设计舵面时，应尽可能避免这种现象发生。若不可避免，则要求舵机功率足够大，采用位置负反馈，形成舵回路，也能应对一定程度的反操纵现象。舵面反操纵会降低稳定回路的稳定性，处理不当将与其他非线性因素如舵间隙联合作用而使系统发生极限环振荡。

一般导弹设计时会通过舵轴、舵面、传动机构等的设计，尽量避免反操纵的出现。但由于飞行过程中导弹气动特性飞行复杂，很难避免在任何情况下都不会出现舵机反操纵现象，这就需要导弹自动驾驶仪具有足够的鲁棒性，保证在这一情形下系统依然能够保持稳定。因此，在自动驾驶仪设计时，有必要研究舵机反操纵对系统稳定性的影响。

(1) 舵系统数学模型。忽略舵机非线性因素，可得到其简化模型如图 6-8 所示。图中，K_T 为电机力矩系数；K_0 为比例控制增益；K_f 为电位器反馈系数；i 为传动机构减速比；R 为电机绕组电阻；M_j^δ 为铰链力矩系数；J 为电机转子转动惯量。

当 $M_j^\delta > 0$ 时，虚框内的舵机内回路为负反馈，对应于舵机正操纵的情况；当 $M_j^\delta < 0$ 时，舵机内回路为正反馈，对应于舵机反操纵的情况。

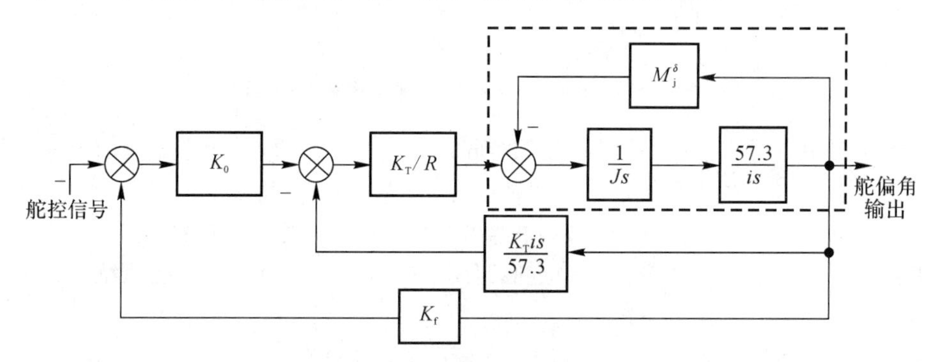

图 6-8　舵机简化模型

由图 6-8 可得到舵机闭环传递函数为

$$G = \frac{57.3K_0K_T/R}{iJs^2 + iK_T^2 s/R + 57.3(M_j^\delta + K_0K_TK_f/R)} \tag{6-25}$$

根据劳斯稳定判据，可得到舵系统稳定的条件为

$$M_j^\delta + K_0K_TK_f/R > 0 \tag{6-26}$$

即当 $M_j^\delta < 0$ 时，虽然舵机内回路是不稳定的，但由于外环位置反馈回路的存在，只要通过调整控制增益，就可以保证舵系统的稳定。

但舵系统的稳定不代表导弹自动驾驶仪稳定，以下就将讨论舵机反操纵对

自动驾驶仪稳定性的影响。

(2) 舵机反操纵对自动驾驶仪稳定性的影响分析。舵机传递函数式的等效标准形式如下:

$$G=\frac{K}{\frac{1}{\omega_{\mathrm{d}}^{2}}s^{2}+2\frac{\xi_{\mathrm{d}}}{\omega_{\mathrm{d}}}s+1} \tag{6-27}$$

式中

$$K=\frac{\sigma}{M_{\mathrm{j}}^{\delta}+\sigma}=\frac{1}{1-r}$$

$$\omega_{\mathrm{d}}=\sqrt{\frac{57.3\sigma}{iJ}\frac{1}{K}},\quad \xi_{d}=\frac{K_{\mathrm{T}}^{2}/R}{2J\omega_{\mathrm{d}}} \tag{6-28}$$

其中,$\sigma=K_{0}K_{\mathrm{T}}K_{\mathrm{f}}/R$,为舵机控制力矩系数,由舵机性能参数决定;$r=-M_{\mathrm{j}}^{\delta}/\delta$ 称为舵机反操纵因子,表征了舵机反操纵力矩与其控制能力的相对关系;K、ω_{d}、ξ_{d} 分别为舵机直流增益、自然频率与阻尼比。

由此可见,随舵面铰链力矩系数 M_{j}^{δ} 的减小,舵机直流增益 K 增大,自然频率 ω_{d} 减小,阻尼比 ξ_{d} 增大。进一步可以看出,铰链力矩系数 $M_{\mathrm{j}}^{\delta}=0$ 的基准状态下,直流增益为1;相对于基准状态,铰链力矩系数不等于0,将使直流增益变化 K 倍,ξ_{d} 变化为基准态的 $\sqrt{K}$ 倍,ω_{d} 变化为基准态的 $1/\sqrt{K}$;当舵机正操纵时 $K<1$,反操纵时 $K>0$。

战术导弹多采用三回路过载驾驶仪,控制形式如图6-9所示。

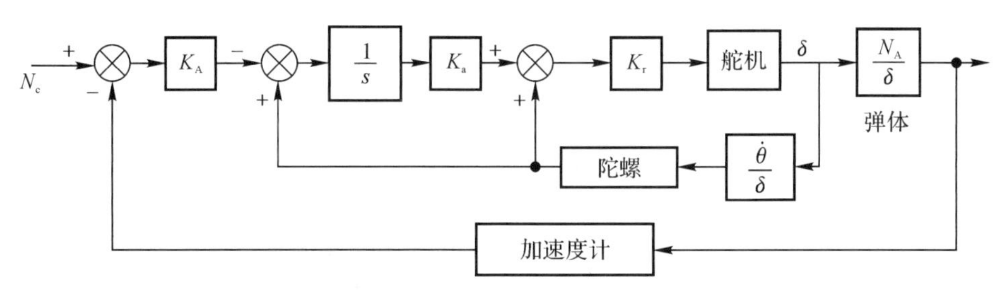

图6-9 三回路自动驾驶仪框图

对设计完成的导弹自动驾驶仪进行频域稳定裕度分析。图6-10给出了在相同设计条件下,舵机分别处于正操纵、基准、反操纵状态的系统开环(在内环舵机处断开)频域特性曲线。从图中可以看出:当舵机出现反操纵时,舵机频带降低,同时其直流增益 $K>1$。直流增益的增大使自动驾驶仪回路开环截止频率 ω_{cr} 向高频部分移动,舵机频带的降低则使舵机在中高频部分的相移增大。从而导致舵机在 ω_{cr} 处引起的相移增大,系统相位裕度减小,稳定性下降。

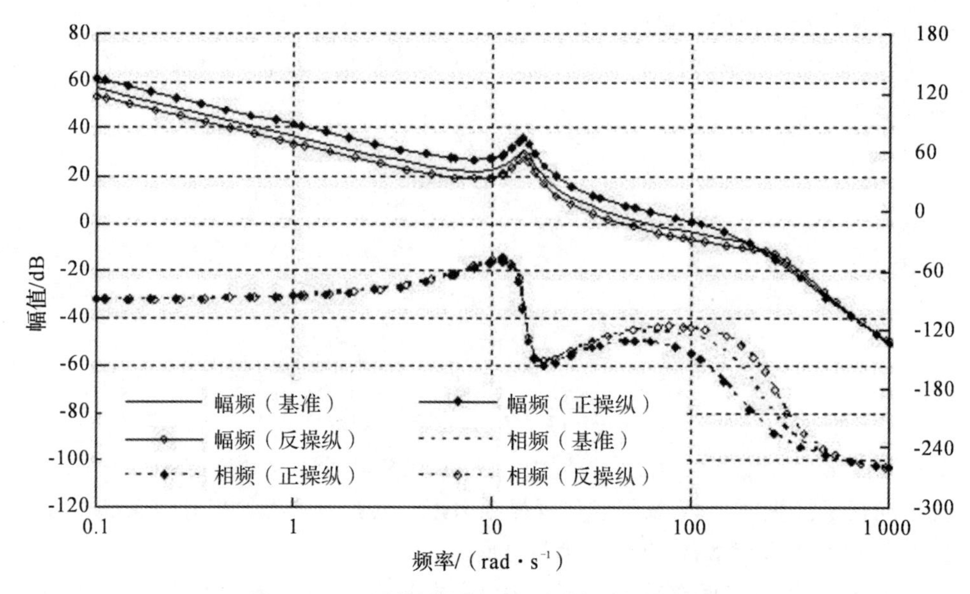

图 6-10　不同舵机操纵状态下自动驾驶仪频域特性

从前面的分析中可以看出，舵机反操纵将导致导弹自动驾驶仪的稳定裕度降低。本节针对这一点进行定量分析。

假设导弹自动驾驶仪设计时所采用的基准舵机模型为

$$G=\frac{1}{\frac{1}{\omega_{\mathrm{n}}^{2}}s^{2}+2\frac{\xi}{\omega_{\mathrm{n}}}s+1} \tag{6-29}$$

反操纵下舵机模型变为

$$G_{\mathrm{f}}=\frac{K}{\frac{1}{\omega_{\mathrm{f}}^{2}}s^{2}+2\frac{\xi_{\mathrm{f}}}{\omega_{\mathrm{f}}}s+1} \tag{6-30}$$

式中，$\omega_f=\omega_n/\sqrt{K}$，$\xi_{\mathrm{f}}=\sqrt{K}\xi$，$K>1$。显然，舵机反操纵引起的系统相位裕度减小量为

$$\Delta\gamma=\angle G(\mathrm{j}\omega_{\mathrm{cr}})-\angle G_{\mathrm{f}}(\mathrm{j}\omega'_{\mathrm{cr}}) \tag{6-31}$$

式中，ω_{cr}、ω'_{cr} 分别为两种舵机状态对应的自动驾驶仪开环截止频率。由于系统其余部分不变，且 ω_{cr} 远大于自动驾驶仪外环带宽与弹体本征频率，因此有 $\omega'_{\mathrm{cr}}\approx K\omega_{\mathrm{cr}}$，进一步综合可得

$$\Delta\gamma=\tan^{-1}\left(\frac{2K^{2}\xi\lambda}{1-K^{3}\lambda^{2}}\right)-\tan^{-1}\left(\frac{2\xi\lambda}{1-\lambda^{2}}\right) \tag{6-32}$$

式中，$\lambda=\omega_{\mathrm{cr}}/\omega_{\mathrm{n}}$，即标称状态下自动驾驶仪开环截止频率与舵机自然频率的比

值,工程设计时一般取λ为1/5～1/3。由于$K=1/(r+1)$,因此$\Delta\gamma$可视为舵机反操纵因子r、阻尼比ξ与λ的函数。进一步的分析表明,$\Delta\gamma$随r呈单调递增关系。

在设计自动驾驶仪时,一般要求系统相位裕度在40°以上。因此,为保证自动驾驶仪稳定性,舵机反操纵引起的附加相位减小量$\Delta\gamma$不应超过40°,考虑到空中可能出现的导弹气动不确定性及非线性等因素,这个限制还应该加严。

若设定舵机反操纵引起的附加相位减小量不超过$\Delta\gamma_{\rm lim}$,则通过式(6-32)可以得到系统稳定范围内允许出现的最大反操纵力矩因子。由于该式为超越方程,对其的求解可通过数值方法完成。在工程上,舵机阻尼比ξ一般为0.4～0.7,λ为1/5～1/3,在此范围内不同相位裕度限制对应的反操纵力矩因子门限值见表6-2。

表6-2 反操纵力矩因子门限

λ	ξ	$\Delta\gamma_{\rm lim}/(°)$		
		20	30	40
0.2	0.4	0.41	0.48	0.53
	0.5	0.38	0.46	0.51
	0.6	0.35	0.44	0.50
	0.7	0.34	0.42	0.49
0.25	0.4	0.36	0.43	0.48
	0.5	0.33	0.40	0.46
	0.6	0.31	0.39	0.45
	0.7	0.29	0.38	0.44
0.33	0.4	0.29	0.35	0.40
	0.5	0.27	0.34	0.39
	0.6	0.25	0.33	0.39
	0.7	0.25	0.32	0.39

从表6-2中可以看出,为保证导弹自动驾驶仪的稳定性,舵机反操纵因子应保证在0.5以下,即满足$M_j^{\delta}>-0.5K_0K_{\rm T}K_{\rm f}/R$。显然,相比舵系统自身稳定性条件式,这一要求更加严格。

(3) 舵机反操纵对自动驾驶仪时域特性的影响分析。

以某导弹为例，其舵机标称自然频率 ω_n 为 225 rad/s，阻尼比 ξ 为 0.4。选取 1 个特征点进行自动驾驶仪设计，在设计时取其开环截止频率 ω_{cr} 约为 ω_n 的 1/4。取舵机反操纵力矩因子 r 分别为 0、0.36 和 0.5，表 6－3 给出了相应的自动驾驶仪稳定裕度校核结果，图 6－11 则给出了相应的加速度阶跃响应曲线。

表 6－3　不同反操纵力矩因子下自动驾驶仪稳定裕度

r	开环截止频率 / rad/s	相位裕度 / (°)
0.00	59.8	43.8
0.36	91.8	22.9
0.50	108.0	1.54

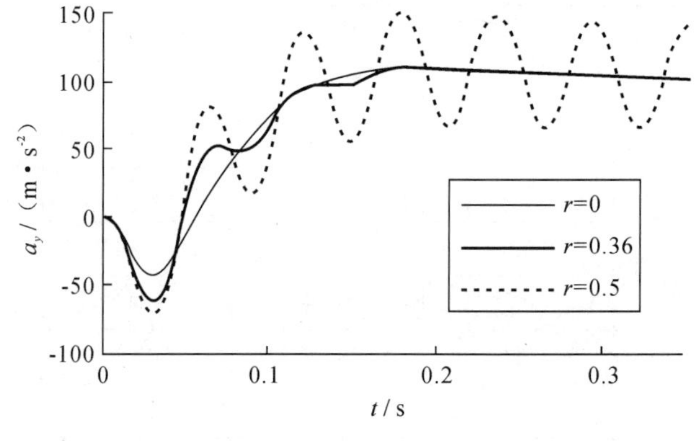

图 6－11　加速度阶跃响应

可见，当舵机反操纵力矩因子 r 为 0.36 时，自动驾驶仪相位裕度降低了 20° 左右，其时域响应已呈现振荡趋势；当 r 增大至 0.5 时，自动驾驶仪相位裕度损失严重，系统接近发散。

2.舵偏反效

副翼反逆是一种耦合动力学静不稳定现象，而舵偏反效是一种纯粹的空气动力学现象。

所谓舵偏反效是指由于舵面在某局部攻角处存在失速现象，导致舵面气动效率严重下降，出现与意图相悖的操纵效果。其在气动特性曲线上的表现为气动操纵效率导数在某攻角左右出现极性变化。

6.6　特征弹道及其特征点选择

6.6.1　特征弹道选择

特征弹道选择的主要依据如下：导弹工作过程中动态特性及其变化达到极限状态。在极限状态下，自动驾驶仪的性能边界会得到较完整地呈现。

(1)高空近界弹道。此弹道高度变化大，导弹气动特性变化剧烈，采用此弹道作为特征弹道，能够考察自动驾驶仪的快速性和自适应性。

(2)远界弹道。可分为高空远界弹道与低空远界弹道。在高空远界弹道上，导弹的气动特性的变化率大，且变化范围大。在低空远界弹道上，经常出现某些气动特性的最大值。采用此弹道作为特征弹道，能够进一步考察自动驾驶仪对全包线飞行的自适应能力。

(3)中空近界弹道。导弹的最大需用过载经常出现在中空近界弹道上。采用此弹道作为特征弹道，能够考察自动驾驶仪在最大需用过载条件下的动态性能。

(4)干扰力和干扰力矩最大的弹道(稳定裕度、鲁棒性)。主要考虑风干扰，选择风速较大的高度作为特征弹道的主要工作高度，特别是那些需用过载也能达到最大值的工作高度。选择此高度范围内的弹道作为特征弹道，能够考察自动驾驶仪的稳定裕度和实现最大过载时舵偏余量是否满足设计要求。

6.6.2　特征点选择

(1)导弹离轨点。导弹离轨瞬间扰动大，飞行速度低，选此点作为特征点可考察系统稳定性及抗干扰能力。

(2)发动机转级点。对于带有助推器，或采用双推力/多脉冲发动机的导弹来说，发动机转级时扰动较大，选此点作为特征点可考察系统的抗干扰能力。

(3)动压最大点。动压最大点通常也是过载最大点，选此点作为特征点可考察过载限幅算法的有效性。

(4)动压最小点。动压最小点通常也是弹体姿态运动阻尼系数最小点，选此点作为特征点可考察弹体经阻尼回路补偿后的动态特性。

(5)弹性振动振幅最大点。弹性振幅最大点是振动频率最低点，选此点作为特征点可考察自动驾驶仪对该频点气动伺服弹性振动的抑制效果。

(6)弹性振动频率最高点。弹性振动频率最高点是气动伺服弹性抑制算法设计的上边界,选此点作为特征点可考察自动驾驶仪对整个频率范围内的振动抑制效果。

前文是关于俯仰/偏航通道特征点选择的一般性原则,而横滚通道与此稍有不同,考虑因素较单一,主要依据为副翼效率系数:

(1)副翼效率系数最小点。该点一般出现在大发射角弹道的高远点,或小发射角弹道的低远点。选此点作为特征点可以考察自动驾驶仪横滚通道的稳定性。

(2)副翼效率系数最大点。该点对应的导弹传递系数通常是最大的,系统稳定性差。故选此点作为特征点可以考察自动驾驶仪横滚通道的稳定性。

(3)副翼干扰最大点。该点一般出现在导弹无控段与有控段的交接点,或遭遇点附近,这些点的干扰较大,选此点作为特征点可以考察自动驾驶仪横滚通道的稳定性与快速性。

由此可见,从理论上来说,自动驾驶仪的设计质量除了与设计方法有关之外,还取决于特征弹道及特征点选择的合理性。但在工程实践中,设计流程通常是多轮迭代的,特别是在产品研制初期,程控发射试验弹道都是由总体部门综合多方面因素后通过数字仿真计算拟定的,基本能够反映导弹本体在较大包线内的动态特性。因此,工程上都选择若干程控弹道作为特征弹道,而特征点可根据导弹工作过程中的动态变化情况,直接在程控弹道上选择即可。

第7章
自动驾驶仪极点配置技术

本章将介绍空空导弹自动驾驶仪设计常用的极点配置技术。首先，介绍空空导弹自动驾驶仪的主要功能，并分析几种典型的控制回路结构，重点研究过载控制用三回路结构和横滚稳定用回路结构，然后，针对这两种结构，介绍极点配置的应用方法。

7.1 空空导弹自动驾驶仪的主要功能

1.确保导弹在所有飞行条件下的稳定性

飞行条件下的稳定性包括俯仰、偏航通道的稳定性和滚动通道的稳定性以及考虑三通道耦合的空间稳定性。如果没有稳定性就谈不上对导弹运动的控制和对过载指令的快速响应。稳定性最直观的目标是保持弹体角速度平稳收敛，抑制发散或振荡趋势，因此必须提高弹体绕质心角运动的阻尼。弹体在大气中运动的阻尼很小，一般静稳定弹体的阻尼系数都在 0.3 以下，处于严重欠阻尼状态，在高空等低动压条件下更加突出。在控制指令响应过程中，弹体振荡或超调会导致诱导阻力增加、射程减小和制导精度下降。因此必须使用角速度反馈以提供人工阻尼，把阻尼系数提高到 0.4～0.8 之间[3]。

2.稳定导弹的静态传递系数和动态特性

由于导弹在不同的高度、速度下飞行，导致气动导数、压心等在大空域范围内急剧变化；同时，导弹发动机工作过程也会导致质量、质心和转动惯量发生改变。这些变化必然带来导弹静态传递系数和动态特性的改变，使得某些飞行条件下稳定裕度下降，动态品质变坏，甚至不稳定。因此必须通过反馈控制把导弹

静态传递系数和动态特性的变化控制在一定的范围内。

3.保证对过载指令的快速响应

稳定回路是制导回路的一个内回路,对过载指令的快速响应意味着稳定回路有足够的带宽,这样才能保证制导回路的带宽与快速性,提高制导精度。

4.具备一定的抗干扰能力

导弹飞行过程中会受到阵风、推力偏心、外形误差、元器件误差等诸多干扰因素的影响,造成控制回路稳定性、控制品质下降,自动驾驶仪设计必须保证对这些干扰有一定的抑制能力,具有足够的鲁棒性。

5.实现机弹安全分离

机弹安全分离对于空空导弹发射而言至关重要。根据机弹分离阶段载机要求、流场干扰特性确定程度、飞行条件、机/弹相对态势等,可通过采用舵偏归零、执行角速率稳定、实施分离过载或预置舵偏角等方法保证导弹尽快脱离危害载机安全区域。

6.实现机动过载限制

在初始航向误差很大或导弹接近目标的时候,制导回路导引律产生的机动过载指令可能很大,但大机动过载可能导致导弹结构和弹上设备发生损坏;在高空、低速等小动压条件下执行超出导弹气动能力的大过载指令,可能导致弹体攻角超限或执行机构饱和,造成控制不稳定;此外,导引头天线框架角限制等因素也会间接对导弹攻角提出约束,进而限制导弹过载实现。因此,必须对导弹最大过载加以限制。机动过载限制就是根据导弹结构允许最大过载、当前飞行条件下自身气动能力、导引头框架角允许范围等限制要素,对输入自动驾驶仪的加速度指令进行限制。过载自动驾驶仪输入端限幅器就是限制导弹机动加速度的。如果俯仰、偏航两个通道用相同的限幅器,构成“方”的限幅,加速度在不同方向上限幅值是不同的,在对角线方向是单通道限幅值的$\sqrt{2}$倍。早期的导弹利用模拟电路限幅器实现,如果用计算机实现,则可用下式表达:

$$a_{\mathrm{I}}=\begin{cases}a_{\max}\operatorname{sign}a_{\mathrm{I,c}}, & \text{当}\ |a_{\mathrm{I,c}}|\geqslant a_{\max}\ \text{时}\\ a_{\mathrm{I,c}}, & \text{当}\ |a_{\mathrm{I,c}}|<a_{\max}\ \text{时}\end{cases}\tag{7-1}$$

式中，a_{max} 是限幅值；a_{I} 是限幅器的输出值。若使各方向限幅值相同，可用“圆”限幅方法，Ⅰ 通道和 Ⅱ 限幅值表达式为

$$a_{\mathrm{I},max}=a_{max}\frac{a_{\mathrm{I},c}}{\sqrt{a_{\mathrm{I},c}^{2}+a_{\mathrm{II},c}^{2}}},\quad 当\sqrt{a_{\mathrm{I},c}^{2}+a_{\mathrm{II},c}^{2}}\geqslant a_{max} \tag{7-2}$$

$$a_{\mathrm{II},max}=a_{max}\frac{a_{\mathrm{II},c}}{\sqrt{a_{\mathrm{I},c}^{2}+a_{\mathrm{II},c}^{2}}},\quad 当\sqrt{a_{\mathrm{I},c}^{2}+a_{\mathrm{II},c}^{2}}\geqslant a_{max} \tag{7-3}$$

7.2 自动驾驶仪控制结构设计

7.2.1 典型控制结构

控制结构指的是控制回路的实现形式。对已经服役的空空导弹而言，按照控制反馈量及敏感器件区分，典型的控制结构主要有力矩反馈式结构与速率陀螺及加速度计反馈式结构[3]。

1.力矩反馈控制结构

力矩反馈自动驾驶仪是将与过载控制指令成比例的力矩指令直接输出至执行机构，反馈量直接为舵机铰链力矩，不采用陀螺和加速度计构成姿态反馈回路。该系统结构简单、成本低，在早期红外制导空空导弹上应用较多。对恒定的舵机输出力矩，产生的舵偏角和攻角随动压头的增大而减小，而同等舵偏角和攻角产生的过载则随动压头的增大而增大。因而通过力矩反馈使控制指令产生的过载随动压头的变化得到了补偿。如图 7－1 所示为力矩反馈俯仰自动驾驶仪原理图。对轴对称导弹而言偏航通道与俯仰通道是完全一样的，不另外讨论。图中 U_{I} 为俯仰通道的控制电压，它由导引头产生，与视线角速度成正比。经过功率放大产生控制电流 ΔI_{I}，驱动气动放大器产生俯仰通道舵机控制力矩。在该力矩作用下，俯仰通道产生舵偏角 δ_{I}，于是弹体产生攻角 α_{I} 和过载 n_{I}。攻角和舵偏角使气流在舵面上产生铰链力矩 M_{j}。当 $M_{\mathrm{j}}=M_{\mathrm{I}}$ 时 δ_{I} 和 α_{I} 不再变化。

滚动通道利用陀螺舵把滚动角速度限制在一定的范围内。导弹飞行时，气流使陀螺高速旋转。当导弹滚动时陀螺产生进动力矩使副翼偏转，抑制导弹滚转速度。显然，它不能使滚转速度为零，因为滚转速度为零时陀螺进动力矩也为

零，副翼偏角随之为零。滚动通道控制结构参见图7-2。图中M_b为横滚干扰力矩，$\dot{\gamma}$为弹体滚转角速度，M_g为滚转引起的陀螺进动力矩，δ_a为副翼偏角，M_j为副翼上的铰链力矩，$M_{x\delta}$为副翼产生的横滚控制力矩。

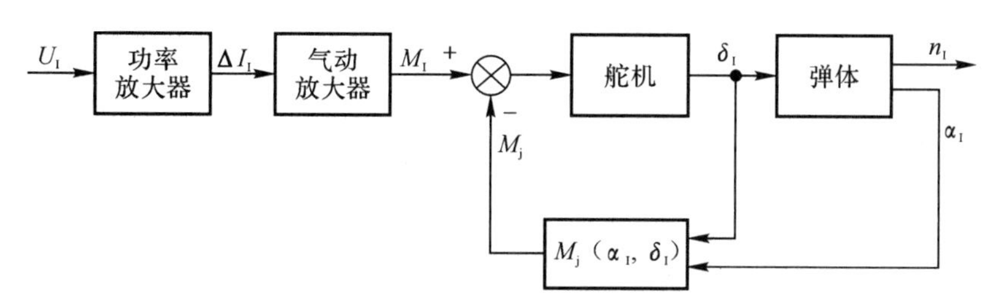

图7-1 力矩反馈俯仰自动驾驶仪原理图

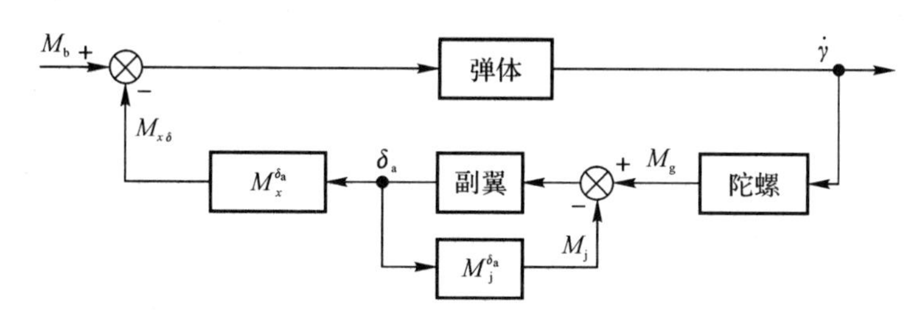

图7-2 陀螺舵滚动自动驾驶仪

2.速率陀螺及加速度计反馈控制结构

速率陀螺及加速度计反馈的控制结构是目前空空导弹自动驾驶仪应用最广泛的控制结构。图7-3为俯仰/偏航通道三回路反馈控制结构。图中$a_{I,c}$为输入到俯仰通道自动驾驶仪的加速度控制指令，$a_{I,m}$是导弹产生的俯仰通道加速度。控制结构由三个回路构成，第一个回路(内环)是将速率陀螺测量出的弹体俯仰角速度通过K_ϑ增益环节构成的反馈回路，叫作阻尼回路，主要用于提高弹体的阻尼；第二个回路(中环)是将陀螺测量的弹体角速度通过K_ϑ增益反馈并积分成与姿态角成比例的信号，称伪姿态回路，也称同步稳定回路，主要用于提高弹体姿态变化稳定性，实现中立稳定或静不稳定弹体的增稳控制；第三个回路(外环)是通过加速度计测量弹体俯仰/偏航平面加速度，通过K_a环节反馈并积分构成的反馈回路，称加速度回路。积分的作用是减小加速度响应稳态误差并保证其过渡品质。

上述三回路控制结构有很多变种。如取消伪姿态回路形成两回路控制结构；或将反馈系数 K_ϑ 用一阶惯性环节代替，对阻尼回路进行校正；或将伪姿态反馈回路中的 K_ϑ 用 $1/(s+a_4)$ 代替，使伪姿态回路变成伪攻角回路［a_4 的定义见第 4 章式(4-6)］；或将外环积分环节 K_I/s 用比例加积分(PI)结构代替，早期导弹用大时间常数惯性环节代替积分。这些变化与设计者的选择有关。轴对称导弹的偏航通道与俯仰通道完全一样，不再赘述。

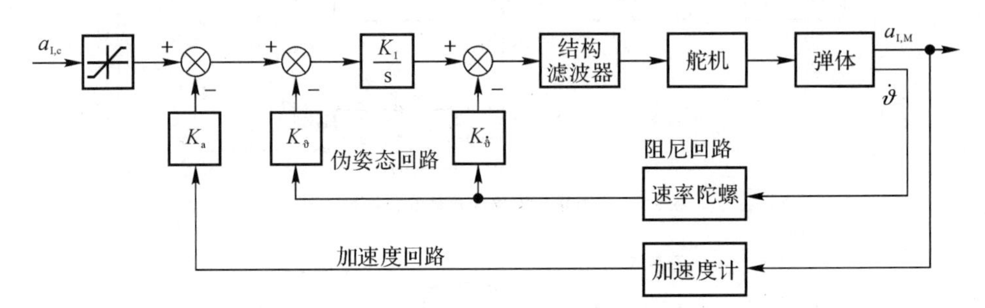

图 7-3 陀螺和加速度反馈俯仰自动驾驶仪

滚动角度稳定横滚自动驾驶仪如图 7-4 所示。图中 γ_c 为滚动角控制指令，$\dot{\gamma}$ 为弹体滚动角速度。它由角速度反馈回路和通过积分建立的角度反馈回路组成，比例加积分校正$\left(K_\text{P}+\dfrac{K_\text{I}}{s}\right)$意在得到角度一阶无静差控制。也有只用比例控制的，因为积分的系数不能取得很大，否则会不稳定。积分系数取得太小则积分效果不明显，消除静差很慢。

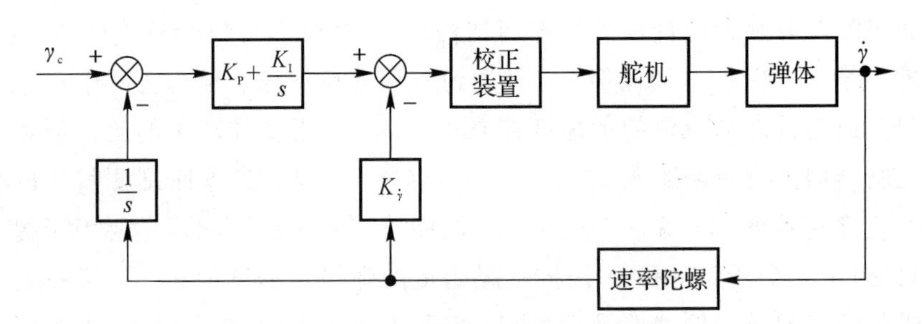

图 7-4 速率陀螺反馈横滚自动驾驶仪

在使用速率陀螺和加速度计的自动驾驶仪中，也有使用继电控制的，如马特拉 R530 导弹。

7.2.2　三回路控制结构

目前，以空空导弹为代表的多数战术导弹都普遍采用三回路控制结构，如常见的经典三回路控制结构（见图7-7）、伪姿态反馈三回路控制结构（见图7-8）等。

对于伪攻角反馈三回路控制结构而言，最内环阻尼回路的作用主要是通过增加阻尼项来改善弹体的阻尼特性。但对于静不稳定导弹，这种改善作用比较有限，还必须要靠伪攻角回路实现人工增稳。

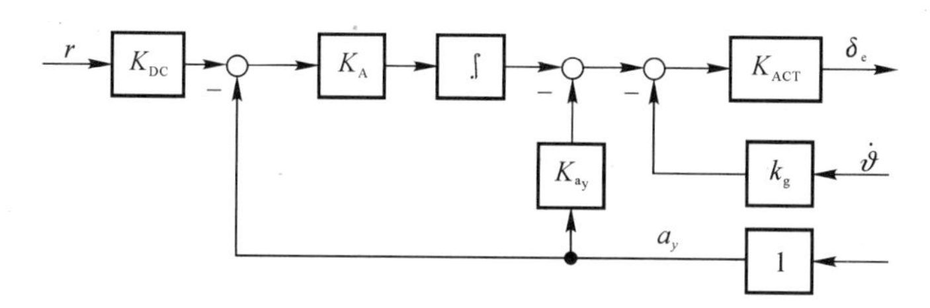

图7-7　经典三回路控制结构

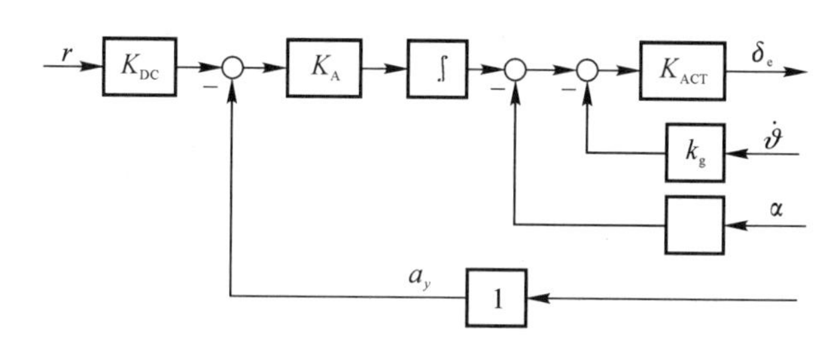

图7-8　伪攻角反馈三回路控制结构

当然，可能实现的三回路控制结构远不止这两种，统计其数目可达13种[28]。除了经典三回路控制结构与伪姿态反馈三回路控制结构外，其余11种三回路控制结构分别如图7-9所示。图中，加速度反馈信号$a_y=a_{ym}+c\ddot{\vartheta}$，其中$a_{ym}$为加速度计的实测值。

尽管共有13种可能实现的三回路控制结构，但真正得到广泛应用的还是经典三回路控制结构与伪姿态三回路控制结构，其原因在于这两种三回路控制结构具有最大的裕度。即在相同的对比条件下，经典三回路控制结构与伪姿态三回路控制结构具有最优的鲁棒性。

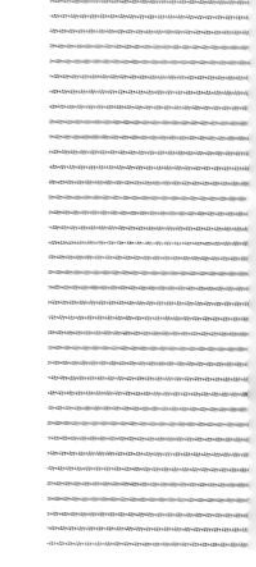

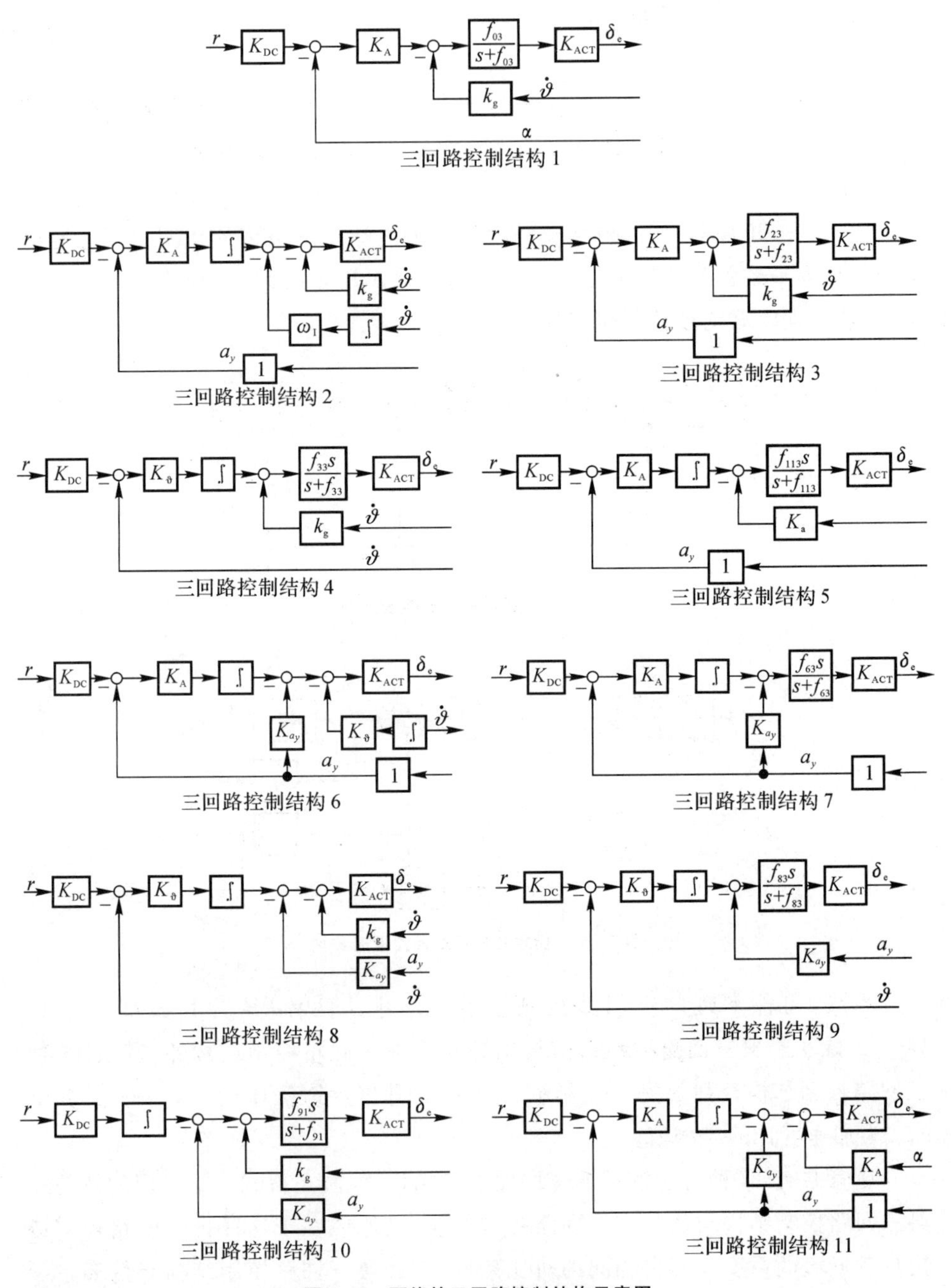

图 7-9　可能的三回路控制结构示意图

7.3　伪攻角反馈自动驾驶仪极点配置技术

为了追求更高的机动能力，特别是无动力段飞行阶段的机动能力，第4代空空导弹普遍采用放宽静稳定度设计，需要自动驾驶仪对一定程度的静不稳定弹体进行人工增稳，这时三回路自动驾驶仪满足了这项需求并得到了广泛的应用。

相比于两回路自动驾驶仪，三回路驾驶仪在施加加速度反馈控制的基础上，增加了中环的角度反馈增稳回路，可以稳定具有更大静不稳定度的弹体，同时将外环的加速度误差比例控制调整为积分控制，以大幅提高加速度跟踪精度。

7.3.1　极点配置技术特点

对工程问题而言，一个合理的、优秀的解决方案应具有以下特点：

(1) 物理意义明确。即方案需符合物理原理，充分考虑系统物理特性。

(2) 自洽。即方案各环节均有相关(定性或定量)依据，逻辑、流程自洽。

(3) 简洁。即方案在原理及实现上均具有简洁的特点，比如不过分依赖对象的精确模型(在实践中很难实现)，计算过程不至过于复杂等等。

在驾驶仪设计中通常用到的方法包括经典频域设计方法、现代设计方法以及极点配置方法，可根据上述三原则对几种方法做出评价。

经典频域设计是从频域模型出发，通过系统参数调试获取满意的频率特性。频域方法充分考虑控制对象与执行机构的工程特性，物理意义明确，但参数调试过程烦琐，往往依赖于设计人员经验，调试原则难以表述为定量指标，无法做到自洽；同时，在面对大量设计特征点时工作效率低下，失之于简洁。

现代方法是由状态空间模型出发，根据最优或鲁棒理论完成控制器设计。设计时只需建立系统的状态模型及指标泛函，由矩阵方程求解而确定控制器结构及所有控制增益，设计过程简洁。但其设计过程中很难将控制对象与执行机构的约束考虑进来，因此物理意义十分不明确。

极点配置方法通过系统闭环极点配置获取满意的响应特性，设计思路简洁，且将闭环极点配置与系统带宽设计联系起来后，可以充分考虑控制对象及执行机构的约束，达成物理意义明确与过程自洽的目标，因此是一种较为理想的工程解决方案。

7.3.2 俯仰自动驾驶仪设计

7.3.2.1 自动驾驶仪结构及数学模型

由经典控制理论可知:通过状态反馈可以对系统的极点进行任意配置。在第 4 章已介绍过:弹体俯仰通道动力学模型为典型二阶系统,其基本状态量是攻角 α 和角速度 ω_{z1}。但一般安装在导弹上的传感器元件为速率陀螺和加速度计,弹体的攻角和侧滑角往往不可测量。为解决攻角状态量不可测的问题,可利用弹体角速度的测量值近似估算弹体的攻角,采用攻角估算角度值反馈以达到人工增稳的目的,由于攻角估算值与攻角实测真值并不完全等价,因此将该控制结构称为“伪攻角反馈自动驾驶仪”[29-31]。

由被控对象的传递函数推导过程可知:

$$\begin{bmatrix} a_{y1}(s) \\ \omega_{z1}(s) \\ \alpha(s) \end{bmatrix} = \frac{1}{d(s)} \begin{bmatrix} V(a_5 s^2 + a_1 a_5 s + a_2 a_5 - a_3 a_4) \\ -a_3 s + a_2 a_5 - a_3 a_4 \\ -a_5 s - a_5 a_1 - a_3 \end{bmatrix} \delta_p(s)$$

$$d(s) = s^2 + (a_1 + a_4)s + a_2 + a_1 a_4$$

忽略次要的动力学系数得:

$$\frac{\alpha(s)}{\omega_{z1}(s)} \approx \frac{1}{s + \dfrac{a_3 a_4 - a_2 a_5}{a_3}} = \frac{1}{s + A_4}$$

式中,$A_4 = \dfrac{a_3 a_4 - a_2 a_5}{a_3}$,$A_4$ 由被控对象参数决定,将其作为伪攻角反馈回路攻角估计滤波器参数(见图 7-10),可以消除三通道自动驾驶仪的多余零、极点,使闭环系统保持为 3 阶系统。

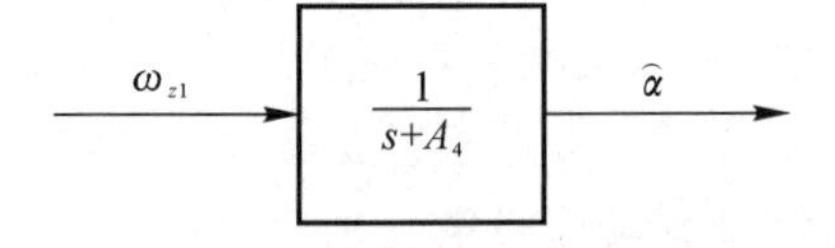

图 7-10 由实测角速度估计攻角

伪攻角自动驾驶仪的结构如图 7-11 所示。

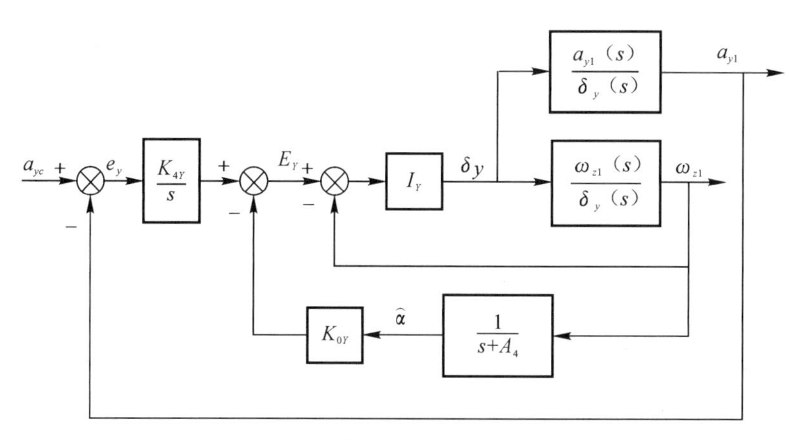

图 7－11　俯仰通道伪攻角三回路驾驶仪

7.3.2.2　极点配置方程及控制增益求解

从控制量处断开的开环传递函数为

$$L(s)=I_Y\left[1+\frac{K_{0Y}}{s+A_4}\ \frac{K_{4Y}}{s}\right]\begin{bmatrix}\frac{\omega_{z1}}{\delta_p}(s)\\ \frac{a_{y1}}{\delta_p}(s)\end{bmatrix}$$

$$L(s)=\frac{I_Y[(K_{4Y}Va_5-a_3)s^2+(a_2a_5-a_3a_4+K_{4Y}Va_1a_5-K_{0Y}a_3)s+K_{4Y}V(a_2a_5-a_3a_4)]}{s[s^2+(a_1+a_4)s+a_2+a_1a_4]}$$

令上述开环传递函数幅值为 1，由中频段近似可得系统的开环带宽（开环截止频率）公式为

$$I_YK_{4Y}Va_5-I_Ya_3=\omega_{cr} \tag{7-4}$$

系统的闭环传递函数为

$$\frac{a_{y1}}{a_{yc}}=\frac{I_YK_{4Y}V(a_5s^2+a_5a_1s+a_2a_5-a_3a_4)}{\begin{bmatrix}s^3+(I_YK_{4Y}Va_5-I_Ya_3+a_1+a_4)s^2+\\ (I_Ya_2a_5-I_Ya_3a_4+I_YK_{4Y}Va_5a_1-I_YK_{0Y}a_3+a_2+a_1a_4)s+\\ I_YK_{4Y}V(a_2a_5-a_3a_4)\end{bmatrix}}$$

其分母即为闭环系统特征方程。

定义期望的闭环特性：一个负实极点 $-A$；一对具有负实部的共轭极点对，

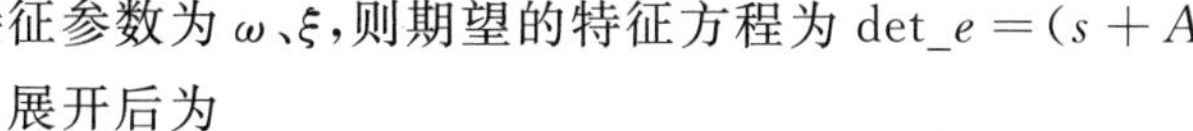
其特征参数为 ω、ξ，则期望的特征方程为 $\det\_e=(s+A)(s^2+2\omega\xi s+\omega^2)$。

展开后为

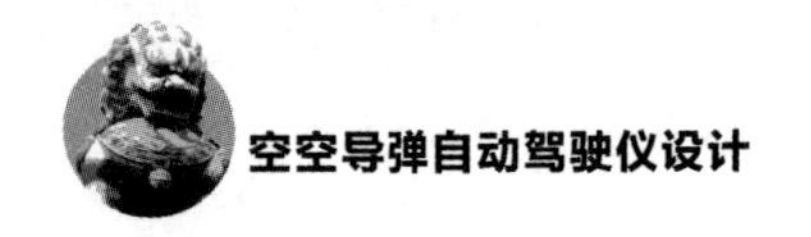

$$\det\_e = s^3 + (A + 2\omega\xi)s^2 + (2A\omega\xi + \omega^2)s + A\omega^2$$

利用特征多项式对应系数相等的关系可得如下等式：

$$(I_Y V K_4 a_5 - I_Y a_3 + a_1 + a_4) = A + 2\xi\omega \tag{7-5}$$

$$I_Y V K_4 a_5 a_1 - I_Y K_0 a_3 + I_Y(a_2 a_5 - a_3 a_4) + a_2 + a_1 a_4 = 2A\xi\omega + \omega^2 \tag{7-6}$$

$$I_Y V K_4 (a_2 a_5 - a_3 a_4) = A\omega^2 \tag{7-7}$$

将开环带宽 ω_{cr} 的表达式代入式(7-5) 可得如下关系式：

$$\omega_{cr} + a_1 + a_4 = A + 2\xi\omega$$

$$\omega = \frac{\omega_{cr} + a_1 + a_4 - A}{2\xi}$$

这表明，二阶极点对的固有频率受开环带宽 ω_{cr} 的制约，A、ξ、ω_{cr} 的选择将决定闭环系统的性能，此时 ω 为隐含条件。

利用上述等式求解控制增益，得到控制增益求解公式为

$$I_Y = \frac{\dfrac{a_5 A\omega^2}{(a_2 a_5 - a_3 a_4)} - \omega_{cr}}{a_3} \tag{7-8}$$

$$K_{4Y} = \frac{A\omega^2}{I_Y V(a_2 a_5 - a_3 a_4)} \tag{7-9}$$

$$K_{0Y} = \frac{\omega^2 + 2A\omega\xi - I_Y V K_{4Y} a_5 a_1 - I_Y(a_2 a_5 - a_3 a_4) - a_2 - a_1 a_4}{-I_Y a_3} \tag{7-10}$$

$$A_4 = \frac{a_3 a_4 - a_2 a_5}{a_5} \tag{7-11}$$

式(7-8) ～ 式(7-11) 即为极点配置的控制增益解。其中 ω_{cr}、A、ξ、ω 是作为已知参数考虑的，这 4 个参数的确定过程需要进一步探讨。其中闭环阻尼比 ξ 一般为选取值，常用值为 $\xi = \dfrac{\sqrt{2}}{2}$，这样需确定的参数只剩下 ω_{cr}、A、ω。

以下将首先讨论极点分布形式，从中建立极点参数 A、ω 与 ω_{cr} 的关系；然后讨论舵机带宽、弹体弹性模态频率、控制量最大值、非最小相位零点等对系统带宽选取的约束。

7.3.2.3 极点分布形式

极点分布形式需解决的问题是：在系统开环带宽 ω_{cr} 和闭环阻尼比 ξ 已确定的前提下，如何确定 A 及 ω 使自动驾驶仪的快速性最优。

对于三阶系统，其快速性一般可由其一阶等效时间常数来描述：

$$\tau=\frac{2A\omega\xi+\omega^2}{A\omega^2}=\frac{2\xi}{\xi}+\frac{1}{A}=\frac{2\xi}{\omega}+\frac{1}{\omega_{cr}+a_1+a_4-2\omega\xi} \tag{7-12}$$

由极小值条件 $\frac{\partial\tau}{\partial\omega}=0$ 得极值条件：

$$\frac{-2\xi}{\omega^2}+\frac{2\xi}{(\omega_{cr}+a_1+a_4-2\omega\xi)^2}=0$$

解得

$$\left.\begin{aligned}\omega&=\frac{\omega_{cr}+a_1+a_4}{2\xi+1}\\A&=\frac{\omega_{cr}+a_1+a_4}{2\xi+1}\end{aligned}\right\} \tag{7-13}$$

此时闭环极点到 s 平面原点的距离相等，位于同一个圆上，将上述参数回代入等效时间常数公式，可以得到等效时间常数极小值：

$$\tau_{\min}=\frac{(2\xi+1)^2}{\omega_{cr}+a_1+a_4} \tag{7-14}$$

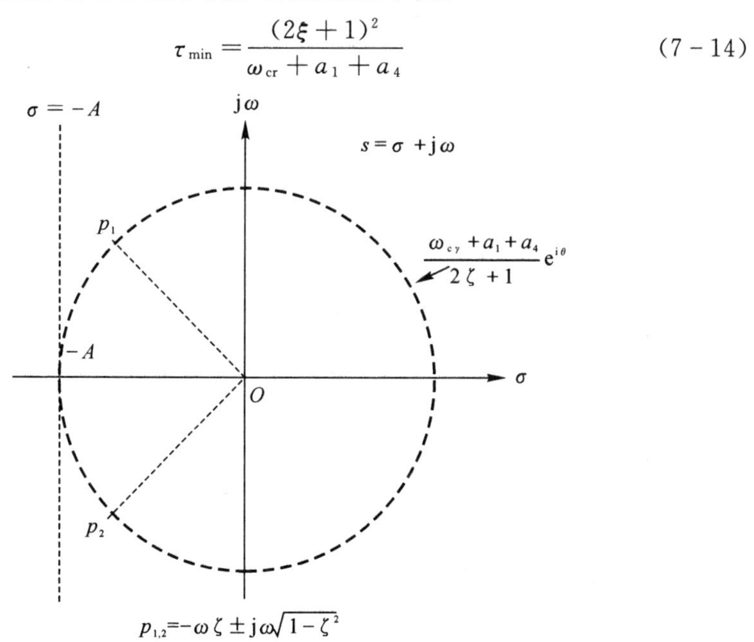

图 7-12 一阶时间常数极小化条件下的极点分布图

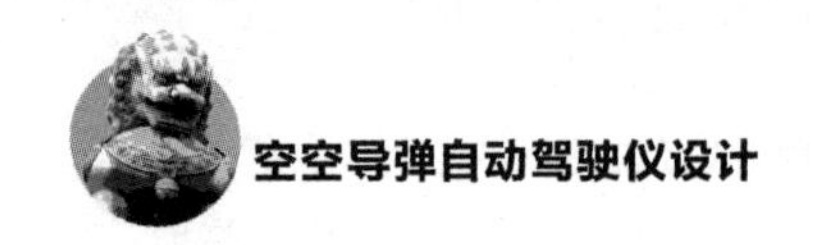

除此之外，另一种常用的极点分布形式是将闭环极点的实部配置在一条直线上，这时的 A、ω 取值如下：

$$\left.\begin{aligned}\omega &= \frac{\omega_{cr} + a_1 + a_4}{3\xi} \\ A &= \frac{\omega_{cr} + a_1 + a_4}{3}\end{aligned}\right\} \tag{7-15}$$

此时闭环极点位于同一条直线上，将式(7-15)代入等效时间常数公式得等效时间常数：

$$\tau_L = \frac{3 + 6\xi^2}{\omega_{cr} + a_1 + a_4} \tag{7-16}$$

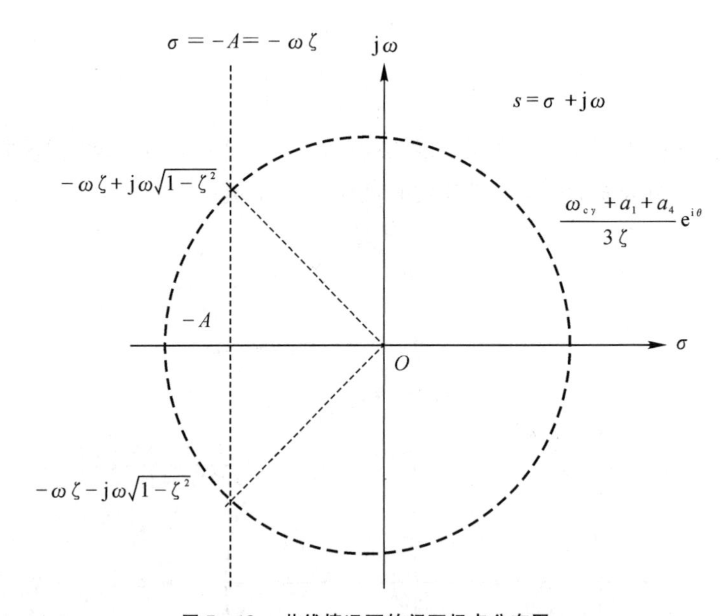

图 7-13　共线情况下的闭环极点分布图

比率 τ_{min}/τ_L 随闭环阻尼比 ξ 变化的曲线如图 7-14 所示。从中可以看出：闭环极点共线分布情况下的快速性要慢于共圆分布情况下的快速性，但在通常的设计点附近快速性差异不大。

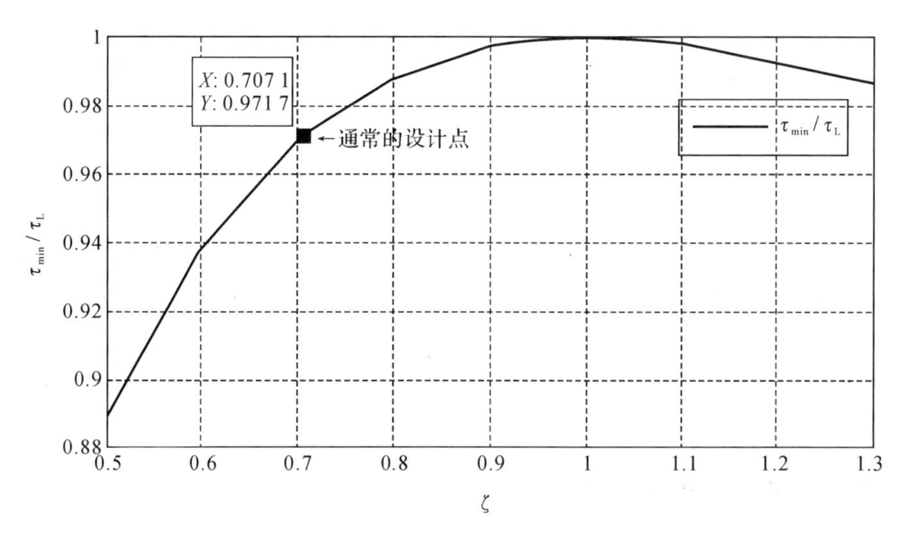

图 7-14　比率 τ_{min}/τ_L 随闭环阻尼比 ξ 变化的曲线

7.3.2.4　系统开环带宽的选择

在得到上述极点分布原则之后，就需要指定系统开环带宽 ω_{cr} 了，下面列出 ω_{cr} 的约束因素并进行详细的论述。

(1) 高频部件(舵机、传感器、结构滤波器等)带宽的限制。系统开环截止频率 ω_{cr} 的选择首先受到舵机、传感器、结构滤波器等高频部件响应特性的制约。一般而言，忽略高频部件的三阶简化驾驶仪本身相位裕度为 65°～70°。为保证系统稳定性，且高频部件特性不对系统响应造成较大影响，工程上一般将驾驶仪开环截止频率 ω_{cr} 取为高频部件等效带宽 ω_{act} 的 1/5～1/3，保证高频部件在频率 ω_{cr} 处引起的相移不超过 30°。即

$$\omega_{cr} \leqslant \eta\omega_{act} \tag{7-17}$$

其中，$\eta_2 \leqslant \frac{1}{5} \sim \frac{1}{3}$；$\omega_{act}$ 为高频部件等效带宽，一般可以用频率最低的舵机带宽值代替。

(2) 正常式布局弹体非最小相位零点的限制，也是被控对象自身的约束。非最小相位零点是尾舵控制导弹的一种固有属性。状态反馈控制律不改变被控对象的零点，输出反馈可以等价为状态反馈。当零点比闭环极点更靠近复平面虚轴时，系统的负调和超调增大，稳定性变差。为了获得较好的闭环响应特性，相比于非最小相位零点，闭环极点应更靠近虚轴。对系统闭环极点的限制可以

转化为对系统带宽的限制。由弹体特性分析可知：低动压条件下，弹体非最小相位零点是系统开环带宽的强约束。

(3) 舵机控制量的限制。作为执行机构的舵机在跟随指令过程中，最大舵偏角 δ_{max} 和最大舵偏角速率 $\dot{\delta}_{max}$ 是有限的。通过过载指令限幅的设计可以保证稳态最大舵偏角不超过允许范围；但对舵偏角速率的保护则需通过限制驾驶仪带宽来实现。由驾驶仪理论响应过程可知：阶跃指令输入条件下，两回路自动驾驶仪的舵偏角需求在控制初始时刻最大；三回路自动驾驶仪的舵偏角速率需求，同样在初始时刻达到最大值。对时域控制量的限制可以转化为对系统带宽的限制。

因素(1) 对 ω_{cr} 的约束比较简明，很好理解，因素(2) 和(3) 的约束作用需要做进一步的讨论。

1.非最小相位零点的约束

加速度传递函数的零点：

$$a_5 s^2 + a_1 a_5 s + a_2 a_5 - a_3 a_4 = 0$$

$$\Rightarrow Z_{1,2} = \frac{-a_1 a_5 \pm \sqrt{(a_1 a_5)^2 - 4a_5(a_2 a_5 - a_3 a_4)}}{2a_5}$$

$$\Rightarrow Z_{1,2} = \frac{-a_1 \pm \sqrt{a_1^2 - \dfrac{4(a_2 a_5 - a_3 a_4)}{a_5}}}{2}$$

$$\Rightarrow Z_{1,2} \overset{a_1 \approx 0}{\simeq} \pm \sqrt{-\frac{(a_2 a_5 - a_3 a_4)}{a_5}}$$

其中，非最小相位零点为

$$Z_{nm} = \sqrt{\frac{(a_2 a_5 - a_3 a_4)}{a_5}}$$

为了获得较好的闭环响应特性，减小不必要的负调和超调，相比于非最小相位零点，闭环极点应更靠近虚轴。对于闭环极点共圆分布的情况，上述关系体现在如下的不等式：

$$A < Z_{nm} \cap \xi\omega < Z_{nm} \tag{7-18}$$

代入开环带宽公式得到：

$$\omega_{cr} = A + 2\xi\omega - a_1 - a_4 < (2\xi + 1) Z_{nm} - a_1 - a_4 \tag{7-19}$$

为了留有一定的裕量上式可以改为

$$\omega_{cr} \leqslant \eta_3 (2\xi + 1) Z_{nm} - a_1 - a_4 \tag{7-20}$$

其中，$\eta_3 < 1$。

此时一阶等效时间常数也受到了限制：

$$\tau_{\min}=\frac{(2\xi+1)^2}{\omega_{\mathrm{cr}}+a_1+a_4}\geqslant\frac{(2\xi+1)}{Z_{nm}}$$

闭环系统零极点分布如图 7－15 所示。

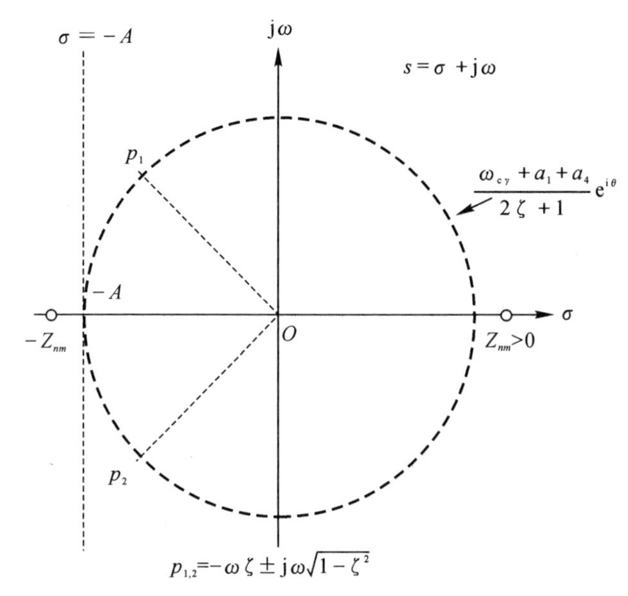

图 7－15　闭环极点共圆分布情况下的零极点分布图

对于闭环极点共线分布的情况，要使闭环极点更靠近虚轴，则需要满足如下不等式：

$$\omega_{\mathrm{cr}}\leqslant\eta[3(3\xi)Z_{nm}-a_1-a_4]\tag{7-21}$$

一阶等效时间常数限制形式变为

$$\tau_{\mathrm{L}}=\frac{3+6\xi^2}{\omega_{\mathrm{cr}}+a_1+a_4}\gg\frac{3+6\xi^2}{(3\xi)Z_{nm}}=\frac{1+2\xi^2}{\xi Z_{nm}}$$

闭环系统零极点分布如图 7－16 所示。

2.控制量的约束

由加速度指令到控制量的传递函数如下：

$$\frac{\delta_{\mathrm{p}}(s)}{a_{\mathrm{yc}}(s)}=\frac{I_{\mathrm{Y}}K_{4\mathrm{Y}}[s^2+(a_1+a_4)s+(a_2+a_1a_4)]}{s^2+(A+2\omega\xi)s^2+(2A\omega\xi+\omega^2)s+A\omega^2}$$

考虑阶跃加速度输入，并由初值定理得控制量 0 时刻初始值：

$$\delta(0)=\lim_{s\to\infty}s\delta(s)=\lim_{s\to\infty}s\frac{I_{\mathrm{Y}}K_{4\mathrm{Y}}[s^2+(a_1+a_4)s+(a_2+a_1a_4)]}{s^3+(A+2\omega\xi)s^2+(2A\omega\xi+\omega^2)s+A\omega^2}\frac{1}{s}a_{\mathrm{yc}}=0$$

$$\delta(0)=\lim_{s\to\infty}s\dot{\delta}(s)=\lim_{s\to\infty}s\frac{sI_YK_{4Y}[s^2+(a_1+a_4)s+(a_2+a_1a_4)]}{s^3+(A+2\omega\xi)s^2+(2A\omega\xi+\omega^2)s+A\omega^2}\frac{1}{s}a_{yc}=I_YK_{4Y}a_{yc}$$

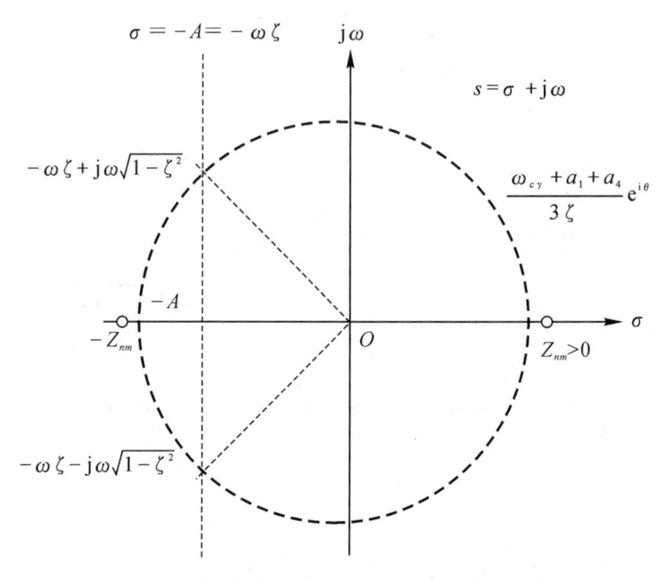

图 7-16　闭环极点共线分布情况下的零极点分布图

结合极点配置公式，可以得到舵偏角速率约束形式为

$$|\dot{\delta}(0)|=|I_YK_{4Y}a_{yc}|=\left|\frac{A\omega^2a_{yc}}{V(a_2a_5-a_3a_4)}\right|<\dot{\delta}_{\max}\qquad(7-22)$$

对于闭环极点共圆分布的情况，$A=\omega=\dfrac{\omega_{cr}+a_1+a_4}{2\xi+1}$，代入控制量约束公式，得到：

$$\omega_{cr}\leqslant\left(\frac{-V(a_2a_5-a_3a_4)\dot{\delta}_{\max}}{a_{yc}}\right)^{\frac{1}{3}}(2\xi+1)-a_1-a_4$$

为留有一定裕量，将上述不等式改写为

$$\omega_{cr}\leqslant\eta_4\left[\left(\frac{-V(a_2a_5-a_3a_4)\dot{\delta}_{\max}}{a_{yc}}\right)^{\frac{1}{3}}(2\xi+1)-a_1-a_4\right]\qquad(7-23)$$

其中：$\eta_4<1$。

对于闭环极点共线分布的情况，则可得到：

$$\omega_{cr}\leqslant\eta_4\left[\left(\frac{-V(a_2a_5-a_3a_4)\dot{\delta}_{\max}}{a_{yc}}\right)^{\frac{1}{3}}2\xi^{\frac{2}{3}}-a_1-a_4\right]\qquad(7-24)$$

7.3.2.5　设计流程小结

下面对上述讨论进行一下总结，归纳出俯仰通道自动驾驶仪设计流程

(1) 综合考虑高频部件带宽、弹体非最小相位零点以及控制量约束完成系统带宽设计。

对于闭环极点共圆分布的情况，系统开环带宽所受到的约束条件为

$$\left.\begin{aligned}
&\omega_{cr} \leqslant \eta_1 \omega_{m1}\\
&\omega_{cr} \leqslant \eta_2 \omega_{act}\\
&\omega_{cr} \leqslant \eta_3 [(2\xi+1)Z_{nm} - a_1 - a_4]\\
&\omega_{cr} \leqslant \eta_4 \left[\left(\frac{-V(a_2 a_5 - a_3 a_4)\dot{\delta}_{max}}{a_{yc}}\right)^{\frac{1}{3}}(2\xi+1) - a_1 - a_4\right]
\end{aligned}\right\} \tag{7-25}$$

其中，$\eta_1 \leqslant \dfrac{1}{5}$；$\eta_2 \leqslant \dfrac{1}{5} \sim \dfrac{1}{3}$；$\eta_3 < 1$；$\eta_4 < 1$。

对于闭环极点共线分布的情况，系统开环带宽所受到的约束条件为

$$\left.\begin{aligned}
&\omega_{cr} \leqslant \eta_1 \omega_{m1}\\
&\omega_{cr} \leqslant \eta_2 \omega_{act}\\
&\omega_{cr} \leqslant \eta_4 [(3\xi)Z_{nm} - a_1 - a_4]\\
&\omega_{cr} \leqslant \eta_4 \left[\left(\frac{-V(a_2 a_5 - a_3 a_4)\dot{\delta}_{max}}{a_{yc}}\right)^{\frac{1}{3}} 2\xi \frac{2}{3} - a_1 - a_4\right]
\end{aligned}\right\} \tag{7-26}$$

其中，$\eta_1 \leqslant \dfrac{1}{5}$；$\eta_2 \leqslant \dfrac{1}{5} \sim \dfrac{1}{3}$；$\eta_3 < 1$；$\eta_4 < 1$。

(2) 为保证制导大回路的稳定性，自动驾驶仪应具有足够的阻尼。一般将其共轭极点阻尼比 ξ 取大于 0.7 的数值。

(3) 在系统开环带宽 ω_{cr}、阻尼比 ξ 确定的前提下，按照极点分布共圆或共线原则确定极点参数 A、ω。

(4) 在系统开环带宽 ω_{cr}、闭环阻尼比 ξ，闭环极点分布方式确定之后，根据控制增益求解式可得到控制增益。

7.3.2.6　主动段与被动段自动驾驶仪设计的差异

尽管没有明确说明，但上述数学模型及相关推导过程都是针对被动段自动驾驶仪的，并考虑导弹发动机推力的影响。在弹体模型线性化过程中，导弹主动段和被动段的传递函数略有差异。以下针对主动段驾驶仪设计进行梳理。

$$a_1 = \frac{M_{z1}^{\omega_{z1}}}{J_{zz}} = -\frac{m_{z1}^{\bar{\omega}_{z1}} qSL^2/(2V)}{J_{zz}}$$

$$a_2 = \frac{M_{z1}^{\alpha}}{J_{zz}} = -\frac{m_{z1}^{\alpha} qSL}{J_{zz}}, a_3 = -\frac{M_{z1}^{\delta_p}}{J_{zz}} = -\frac{m_{zl}^{\delta_p} qSL}{J_{zz}}$$

$$a_4 = \frac{T_{x1} + F_{x1} + F_{y1}^{\alpha}}{mV} = \frac{T_{x1} + F_{x1} + c_{y1}^{\alpha} qS}{mV}$$

$$a_{44}=\frac{F_{y1}^{\alpha}}{mV}=\frac{c_{y1}^{\alpha}qS}{mV},a_5=\frac{F_{y1}^{\delta_p}}{mV}=\frac{c_{y1}^{\delta_p}qS}{mV}$$

俯仰通道的状态空间模型如下：

$$\begin{bmatrix}\dot{\alpha}\\ \dot{\omega}_{z1}\end{bmatrix}=\begin{bmatrix}-a_4 & 1\\ -a_2 & -a_1\end{bmatrix}\begin{bmatrix}\alpha\\ \omega_{z1}\end{bmatrix}+\begin{bmatrix}-a_5\\ -a_3\end{bmatrix}\delta_p \tag{7-27}$$

$$\begin{bmatrix}a_{y1}\\ \omega_{z1}\end{bmatrix}=\begin{bmatrix}a_{44}V & 0\\ 0 & 1\end{bmatrix}\begin{bmatrix}\alpha\\ \omega_{z1}\end{bmatrix}+\begin{bmatrix}a_5V\\ 0\end{bmatrix}\delta_p \tag{7-28}$$

从控制量到系统状态及输出的传递函数如下：

$$\begin{bmatrix}a_{y1}(s)\\ \omega_{z1}(s)\\ \alpha(s)\end{bmatrix}=\frac{1}{d(s)}\begin{bmatrix}V[a_5s^2+a_5(a_1+a_4-a_{44})s+a_2a_5-a_3a_{44}+a_5a_1(a_4-a_{44})]\\ -a_3s+a_2a_5-a_3a_4\\ -a_5s-a_5a_1-a_3\end{bmatrix}\delta_p(s)$$

$$d(s)=s^2+(a_1+a_4)s+a_2+a_1a_4$$

可见系统状态的传递函数不变，但加速度传递函数的系数发生了改变。从该数学模型出发，可以得到针对主动段驾驶仪设计的控制增益求解式、极点分布形式以及带宽设计约束

控制增益求解式为

$$I_Y=\frac{\dfrac{a_5A\omega^2}{[a_2a_5-a_3a_{44}+a_5a_1(a_4-a_{44})]}-\omega_{cr}}{a_3} \tag{7-29}$$

$$K_{4Y}=\frac{A\omega^2}{I_YV[a_2a_5-a_3a_{44}+a_5a_1(a_4-a_{44})]} \tag{7-30}$$

$$K_{0Y}=\frac{\omega^2+2A\omega\xi-I_YVK_{4Y}a_5a_1-I_Y(a_2a_5-a_3a_4)-a_2-a_1a_4-I_YK_{4Y}Va_5(a_4-a_{44})}{-I_Ya_3} \tag{7-31}$$

$$A_4=\frac{a_3a_4-a_2a_5}{a_3} \tag{7-32}$$

系统开环带宽约束形式如下所示：

闭环极点共圆分布：

$$\left.\begin{aligned}&\omega_{cr}\leqslant\eta_1\omega_{m1}\\ &\omega_{cr}\leqslant\eta_2\omega_{act}\\ &\omega_{cr}\leqslant\eta_3[(2\xi+1)Z_{nm}-a_1-a_4]\\ &\omega_{cr}\leqslant\eta_4\left[\left(\frac{-V[a_2a_5-a_3a_{44}+a_5a_1(a_4-a_{44})]\dot{\delta}_{max}}{a_{yc}}\right)^{\frac{1}{3}}(2\xi+1)-a_1-a_4\right]\end{aligned}\right\} \tag{7-33}$$

闭环极点共线分布：

$$
\left.\begin{aligned}
&\omega_{\mathrm{cr}} \leqslant \eta_1 \omega_{m1} \\
&\omega_{\mathrm{cr}} \leqslant \eta_2 \omega_{\mathrm{act}} \\
&\omega_{\mathrm{cr}} \leqslant \eta_4 [(3\xi) Z_{nm} - a_1 - a_4] \\
&\omega_{\mathrm{cr}} \leqslant \eta_4 \left[\left(\frac{-V[a_2 a_5 - a_3 a_{44} + a_5 a_1 (a_4 - a_{44})]\dot{\delta}_{\max}}{a_{yc}}\right)^{\frac{1}{3}} 2\xi \frac{2}{3} - a_1 - a_4\right]
\end{aligned}\right\} \tag{7-34}
$$

其中，$\eta_1 \leqslant \frac{1}{5}$；$\eta_2 \leqslant \frac{1}{5} \sim \frac{1}{3}$；$\eta_3 < 1$；$\eta_4 < 1$。

通过观察可以发现，当 $a_4 = a_{44}$ 时，主动段的设计公式退化为被动段的设计公式。

7.3.3　偏航自动驾驶仪设计

对于轴对称导弹，俯仰和偏航通道的被控对象的特性近似相同，控制增益绝对值相同只是符号不同，因此只设计俯仰通道即可。但对于采用 BTT 机动的面对称导弹而言，俯仰通道和偏航通道被控对象的特性差异较大，尽管控制结构相同，控制增益是不同的，需要独立求解。

偏航通道的动力学系数如下：

$$
b_1 = \frac{M_{y1}^{\omega_{y1}}}{J_{yy}} = -\frac{m_{y1}^{\bar{\omega}_{y1}} qSL^2/(2V)}{J_{yy}}
$$

$$
b_2 = \frac{M_{y1}^{\alpha}}{J_{yy}} = -\frac{m_{y1}^{\beta} qSL}{J_{yy}},\quad b_3 = -\frac{M_{y1}^{\delta_y}}{J_{yy}} = -\frac{m_{y1}^{\delta_y} qSL}{J_{yy}}
$$

$$
b_4 = \frac{F_{z1}^{\beta} - (T_{x1} + F_{x1})}{mV} = \frac{c_{z1}^{\beta} qS - T_{x1} + F_{x1}}{mV}
$$

$$
b_{44} = \frac{F_{z1}^{\beta}}{mV} = \frac{c_{z1}^{\beta} qS}{mV},\quad b_5 = \frac{F_{z1}^{\delta_y}}{mV} = \frac{c_{z1}^{\delta_y} qS}{mV}
$$

被动段偏航通道被控对象的状态方程为

$$
\begin{bmatrix} \dot{\beta} \\ \dot{\omega}_{y1} \end{bmatrix} = \begin{bmatrix} b_4 & 1 \\ -b_2 & -b_1 \end{bmatrix} \begin{bmatrix} \beta \\ \omega_{y1} \end{bmatrix} + \begin{bmatrix} b_5 \\ -b_3 \end{bmatrix} \delta_y
$$

$$
\begin{bmatrix} a_{z1} \\ \omega_{y1} \end{bmatrix} = \begin{bmatrix} b_4 V & 0 \\ 0 & 1 \end{bmatrix} \begin{bmatrix} \beta \\ \omega_{y1} \end{bmatrix} + \begin{bmatrix} b_5 V \\ 0 \end{bmatrix} \delta_y
$$

主动段偏航通道被控对象的状态方程：

$$
\begin{bmatrix} \dot{\beta} \\ \dot{\omega}_{y1} \end{bmatrix} = \begin{bmatrix} b_4 & 1 \\ -b_2 & -b_1 \end{bmatrix} \begin{bmatrix} \beta \\ \omega_{y1} \end{bmatrix} + \begin{bmatrix} b_5 \\ -b_3 \end{bmatrix} \delta_y
$$

$$\begin{bmatrix} a_{z1} \\ \omega_{y1} \end{bmatrix} = \begin{bmatrix} b_{44}V & 0 \\ 0 & 1 \end{bmatrix} \begin{bmatrix} \beta \\ \omega_{y1} \end{bmatrix} + \begin{bmatrix} b_5 V \\ 0 \end{bmatrix} \delta_y$$

类比俯仰通道主动段和被动段传递函数可知：当 $b_4 = b_{44}$ 时，主动段的设计公式退化为被动段的设计公式。为了保留推导过程的一般性，后续对主动段被控对象的控制器设计过程做详细推导。

偏航通道伪攻角自动驾驶仪的结构与俯仰通道一致，如图 7－17 所示。

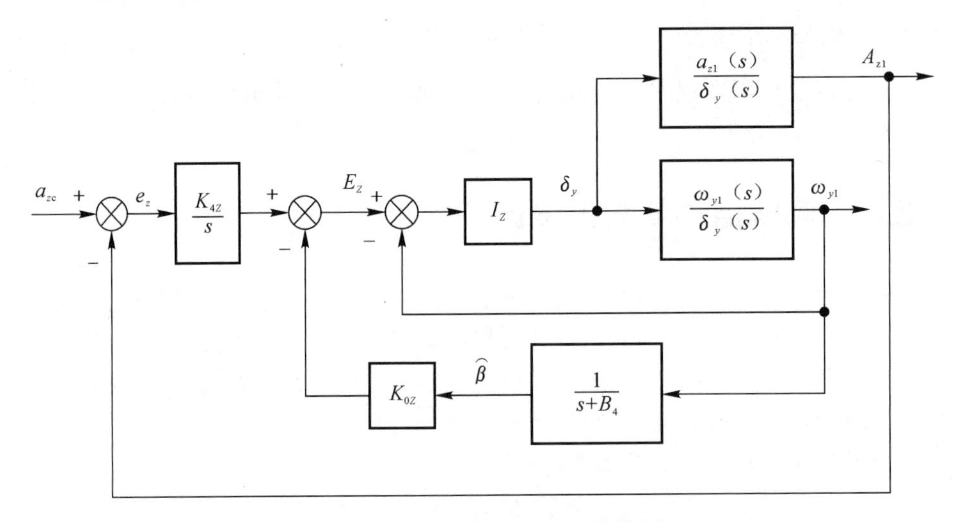

图 7－17　偏航通道伪侧滑角三回路驾驶仪

从数学模型与控制结构的形式一致性出发，可以得到针对偏航通道驾驶仪设计的控制增益求解式、极点分布形式以及带宽设计约束形式。

7.4　横滚自动驾驶仪极点配置技术

7.4.1　横滚自动驾驶仪功能

与俯仰运动和偏航运动不同，导弹的横滚运动是不具备静稳定性的。在外界扰动作用下，横滚角很快就会发散，横滚角速度 ω_x 则会在操纵力矩与阻尼力矩作用下趋于一个较大的常值，对俯仰、偏航通道的解耦控制带来困难。因此必须对横滚通道进行人工稳定与控制。

根据导弹机动方式、制导体制以及将制导指令转换为执行机构作动信号的方法不同，可将横滚稳定与控制系统分为三种类型：

1.横滚角稳定系统

横滚角稳定通常是指把横滚角稳定为零值，这类系统常用于以下情况：

(1) 为实现三通道解耦控制，需要横滚角稳定在零值附近。这样导弹的俯仰控制与偏航控制就可以分离为单输入单输出系统的控制问题，也便于采用直角坐标控制。现代大多数轴对称空空导弹都采用这种控制方式。

(2) 对于制导指令来源于弹外制导站的遥控制导体制，如采用指令制导的防空导弹，为保持制导站指令生成坐标系与弹上指令执行坐标系的协调一致，需要将横滚角稳定在指定值附近；对于中制导采用数据链指令制导的空空导弹，为确保指令信号正常接收，也需要对横滚角进行稳定控制。

2.横滚角控制系统

通常用于BTT(倾斜转弯) 导弹与BWT(边滚边转) 导弹，在控制指令响应过程通过改变横滚角使弹体最大升力面转至所需机动方向，本质上是一种极坐标控制方式。一些面对称布局空空导弹就采用这种控制方式。

3.横滚角速度稳定系统

对于制导指令在弹上生成的制导体制如采用(遥控) 驾束制导或自寻的制导的导弹，可以不对横滚角进行稳定，但必须对横滚角速度进行稳定，比如稳定为零值或某个常值(自旋导弹)。因为如果横滚角速度太大，不仅会导致严重的控制通道耦合、影响导引头正常工作，而且会使带宽有限的舵系统来不及跟随舵控指令而产生滞后与误差。

7.4.2　控制结构与控制增益设计

横滚驾驶仪的作用在于稳定弹体的横滚角速度或实现特定的滚转动作。对于采用STT控制方式的导弹，横滚通道的主要作用是抑制导弹的横滚角速度，降低与横滚角速度有关的俯仰通道和偏航通道之间的耦合，当然也可实现适当的滚转动作。对于采用BTT控制方式的导弹，横滚通道要实现制导指令要求的滚转动作。

下面给出几种常用的横滚自动驾驶仪的原理图和设计过程。

7.4.2.1 滚转角误差比例控制自动驾驶仪

如图7-18所示的横滚自动驾驶仪包含两个反馈回路:滚动阻尼回路和滚转角误差比例控制反馈回路。

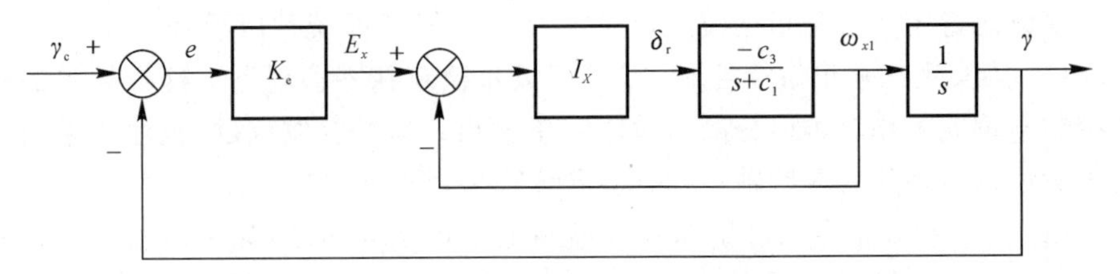

图7-18 一种横滚自动驾驶仪结构

1.数学模型

首先分析系统的开环特性,其开环传递函数如下:

$$L(s)=I_X\left(1+\frac{K_e}{s}\right)\left(\frac{-c_3}{s+c_1}\right)=\frac{-I_Xc_3(s+k_e)}{s(s+c_1)}$$

通过中频段近似可得开环穿越频率的近似公式:

$$-I_Xc_3\approx\omega_{cr} \tag{7-35}$$

为了论述得方便,之后将开环穿越频率称为开环带宽。

下面分析系统的闭环传递函数。阻尼回路闭环后的传递函数为

$$\frac{\omega_{x1}}{E_X}=\frac{-I_Xc_3}{s+c_1-I_Xc_3}$$

外环的开环传递函数为

$$\frac{\gamma}{e}=\frac{-I_Xc_3K_e}{s(s+c_1-I_Xc_3)}$$

闭环传递函数为

$$\frac{\gamma}{\gamma_c}=\frac{-I_Xc_3K_e}{s^2+(c_1-I_Xc_3)s-I_Xc_3K_e} \tag{7-36}$$

2.控制增益求解

上述闭环系统为典型的二阶环节。假设期望的闭环传递函数如下:

$$\frac{\gamma}{\gamma_c}=\frac{\omega_e^2}{s^2+2\xi_e\omega_es+\omega_e^2}$$

闭环传递函数的对应系数相等可以得到如下等式:

$$\left.\begin{aligned}c_1 - I_X c_3 &= 2\xi_e \omega_e \\ -I_X c_3 K_e &= \omega_e^2\end{aligned}\right\} \tag{7-37}$$

在设计系统特性时，往往指定期望的开环穿越频率和合适的闭环阻尼比，良好的闭环极点阻尼比可以获得期望的阶跃响应特性，开环带宽可以体现执行机构（舵机）带宽和控制量的允许范围对系统快速性的约束。在指定开环穿越频率和闭环阻尼比的条件下，并结合开环带宽的近似表达式，可得闭环极点自然频率和控制增益的表达式为

$$I_X = \frac{\omega_{cr}}{-c_3} \tag{7-38}$$

$$\omega_e = \frac{c_1 - I_X c_3}{2\xi_e} = \frac{c_1 + \omega_{cr}}{2\xi_e} \tag{7-39}$$

$$K_e = \frac{(c_1 + \omega_{cr})^2}{4\xi_e^2 \omega_{cr}} \tag{7-40}$$

有了上述控制增益的计算公式之后，我们需要知道系统的开环带宽和闭环阻尼比如何选取，或者说系统的开环带宽和闭环阻尼比受到什么因素制约。经典的频域多回路设计经验告诉我们：为了保证足够的稳定裕度，减少高频不确定性对系统稳定性的影响，系统的开环带宽要受到内环执行机构的带宽的限制。此外开环带宽的大小还影响控制量的大小，相同控制误差的情况下，系统带宽越高，所消耗的控制量也越大。在导弹飞行过程中，舵面偏转范围是有限的，为此从控制量的消耗角度看，系统的带宽也是受到约束的。

3.系统带宽约束

依照多回路的频域设计经验，可得开环带宽和舵机带宽的约束关系如下：

$$\omega_{cr} \leqslant \eta_1 \omega_{act} \tag{7-41}$$

式中，$\eta_1 \approx \frac{1}{4} \sim \frac{1}{2}$。

下面考虑控制量大小对开环带宽的约束，假设最大的滚转指令为 $\gamma_{c\text{-}max}$，所占用的横滚用舵量最大值为 $\delta_{r\text{-}max}$。

通过计算得到滚转指令到控制量的传递函数如下：

$$\frac{\delta_r}{\gamma_c} = \frac{-I_X K_e (s + c_1) s}{s^2 + (c_1 - I_X c_3) s - I_X c_3 K_e} \tag{7-42}$$

考虑阶跃响应输入，并应用初值定理可得：

$$\delta(0) = \lim_{s \to \infty} s \delta_r(s) = \lim_{s \to \infty} s \frac{\delta_r(s)}{\gamma_c(s)} \gamma_{c\text{-}max} \frac{1}{s} = I_X K_e \gamma_{c\text{-}max}$$

进一步有约束：

$$|\delta_r(0)|=|I_X K_e \gamma_{c\text{-max}}|\leqslant \delta_{r\text{-max}} \tag{7-43}$$

将控制增益和系统开环带宽的关系式代入式(7-43)，可得横滚控制开环带宽的约束表达式，具体过程如下：

$$\begin{aligned}&|I_X K_e \gamma_{c\text{-max}}|\leqslant \delta_{r\text{-max}}\\ &\Rightarrow \frac{(c_1-I_X c_3)^2}{4\xi I_X c_3}I_X\gamma_{c\text{-max}}\leqslant \delta_{r\text{-max}}\\ &\Rightarrow \frac{(c_1+\omega_{cr})^2}{4\xi^2 c_3}\gamma_{c\text{-max}}\leqslant \delta_{r\text{-max}}\\ &\Rightarrow \omega_{cr}\leqslant \sqrt{\frac{\delta_{r\text{-max}}}{\gamma_{c\text{-max}}}4\xi^2 c_3}-c_1\end{aligned} \tag{7-44}$$

式(7-44)可以作为舵机带宽对系统开环带宽限制的一个补充使用，在低动压条件下限制作用较为明显。在实际设计过程中系统的开环带宽取上述两个约束的交集即可：

$$\left.\begin{aligned}&\omega_{cr}\leqslant \eta_1\omega_{act}\\ &\omega_{cr}\leqslant \sqrt{\frac{\delta_{r\text{-max}}}{\gamma_{c\text{-max}}}4\xi^2 c_3}-c_1\end{aligned}\right\} \tag{7-45}$$

式中，$\eta_1\approx\dfrac{1}{4}\sim\dfrac{1}{2}$。

7.4.2.2 滚转角 PI 控制自动驾驶仪

为了改善横滚驾驶仪的控制精度，通常在外环施加比例加积分控制，其原理如图 7-19 所示。

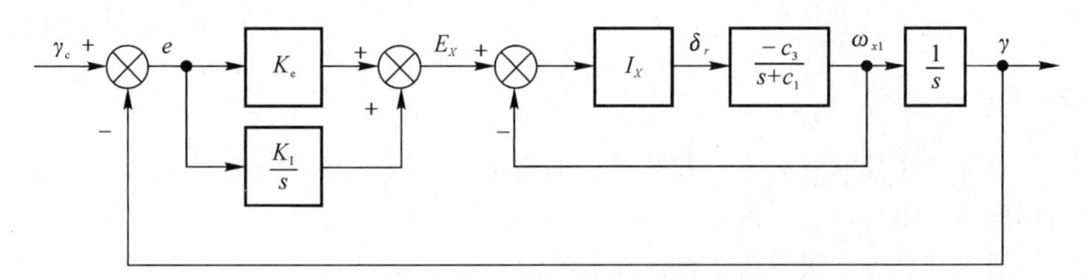

图 7-19　外环采用 PI 控制的横滚自动驾驶仪结构

1.数学模型

首先分析系统的开环特性，其开环传递函数如下：

$$L(s)=I_X\left(1+\frac{K_e s+K_I}{s^2}\right)\left(\frac{-c_3}{s+c_1}\right)=\frac{-I_X c_3(s^2+K_e s+K_I)}{s^2(s+c_1)}$$

通过中频段近似可得开环穿越频率的近似公式：

$$-I_X c_3 \approx \omega_{cr} \tag{7-46}$$

阻尼回路闭环后的传递函数为

$$\frac{\omega_{x1}}{E_X}=\frac{-I_X c_3}{s+c_1-I_X c_3}$$

外环的开环传递函数：

$$\frac{\gamma}{e}=\frac{-I_X c_3(K_e s+K_I)}{s^2(s+c_1-I_X c_3)}$$

闭环传递函数：

$$\frac{\gamma}{\gamma_c}=\frac{-I_X c_3(K_e s+K_I)}{s^3+(c_1-I_X c_3)s^2-I_X c_3 K_e s-I_X c_3 K_I} \tag{7-47}$$

2.控制增益求解

上述闭环系统为典型的3阶系统，存在一个负实零点。由经典控制理论可知，负实零点可以加快系统的阶跃响应，但同时会增大系统的超调量；为此需要在该负实零点的附近配置一个负实极点，从而改善系统响应特性。

假设期望的闭环传递函数如下：

$$\frac{\gamma}{\gamma_c}=\frac{(\omega_e^2+2\xi_e\omega_e A)s+A\omega_e^2}{(s^2+2\xi_e\omega_e s+\omega_e^2)(s+A)}=\frac{(\omega_e^2+2\xi_e\omega_e A)s+A\omega_e^2}{s^3+(A+2\xi_e\omega_e)s^2+(\omega_e^2+2\xi_e\omega_e A)s+A\omega_e^2}$$

通过使闭环传递函数的对应系数相等可以得到如下等式：

$$\left.\begin{aligned}c_1-I_X c_3&=2\xi_e\omega_e+A\\-I_X c_3 K_e&=\omega_e^2+2\xi_e\omega_e A\\-I_X c_3 K_I&=A\omega_e^2\end{aligned}\right\} \tag{7-48}$$

若指定 $A=0.1\sim0.2$，则可得到闭环2阶极点对自然频率和控制增益的表达式如下：

$$I_X=\frac{\omega_{cr}}{-c_3} \tag{7-49}$$

$$\omega_e=\frac{c_1-I_X c_3-A}{2\xi_e}=\frac{c_1+\omega_{cr}-A}{2\xi_e} \tag{7-50}$$

$$K_e=\frac{\omega_e^2+2\xi_e\omega_e A}{\omega_{cr}}=\frac{(c_1+\omega_{cr}-A)^2}{4\xi_e^2\omega_{cr}}+\frac{A(c_1+\omega_{cr}-A)}{\omega_{cr}} \tag{7-51}$$

$$K_I=\frac{A\omega_e^2}{\omega_{cr}}=\frac{A(c_1+\omega_{cr}-A)^2}{4\xi_e^2\omega_{cr}} \tag{7-52}$$

下面检验一下闭环负实零点 $-\dfrac{K_I}{K_e}$ 和闭环实极点 $-A$ 的相对位置关系。

由增益 K_I 及 K_e 的表达式可得：

$$\frac{K_I}{K_e}=\frac{A\omega_e^2}{\omega_e^2+2\xi_e\omega_e A}=\frac{A}{1+4\xi_e^2\dfrac{A}{(c_1+\omega_{cr}-A)}}$$

由于 $c_1+\omega_{cr}\gg A$，故有

$$\frac{K_I}{K_e}<A \tag{7-53}$$

式(7-53)表明闭环负实零点 $-\dfrac{K_I}{K_e}$ 比闭环实极点 $-A$ 更靠近原点。

对于简化设计的情况，可以先按二阶系统的设计过程设计控制参数，之后凭经验确定积分控制增益：

$$K_I=k_1K_e,\quad k_1=0.1\sim 0.2 \tag{7-54}$$

3.系统带宽约束

系统开环带宽的确定同样受到舵机带宽和控制量大小的限制，舵机带宽的约束如下：

$$\omega_{cr}\leqslant\eta_1\omega_{act} \tag{7-55}$$

式中，$\eta_1\approx\dfrac{1}{4}\sim\dfrac{1}{2}$。

下面考虑控制量大小对开环带宽的约束，同时假设最大的滚转指令为 γ_{c-max}，所占用的横滚用舵量最大值为 δ_{r-max}。

通过计算得到滚转指令到控制量的传递函数如下：

$$\frac{\delta_r}{\gamma_c}=\frac{K_eI_Xs^3+(I_XK_ec_1+I_XK_I)s^2-I_Xc_1K_Is}{s^3+(c_1-I_Xc_3)s^2-I_Xc_3K_es-I_Xc_3K_I} \tag{7-56}$$

考虑阶跃响应输入，并应用初值定理可得：

$$\delta_r(0)=\lim_{s\to\infty}s\delta_r(s)=\lim_{s\to\infty}s\frac{\delta_r(s)}{\gamma_c(s)}\gamma_{c-max}\frac{1}{s}=I_XK_e\gamma_{c-max}$$

进一步有如下约束：

$$|\delta_r(0)|=|I_XK_e\gamma_{c-max}|\leqslant\delta_{r-max} \tag{7-57}$$

将控制增益和系统开环带宽的关系式代入式(7-57)，可得横滚控制回路开环带宽的约束表达式，具体过程如下：

$$
\begin{aligned}
& |I_X K_e \gamma_{c\text{-}max}| \leqslant \delta_{r\text{-}max} \\
\Rightarrow & \frac{(c_1+\omega_{cr}-A)^2+4\xi_e^2 A(c_1+\omega_{cr}-A)}{4\xi_e^2 I_X c_3} I_X \gamma_{c\text{-}max} \leqslant \delta_{r\text{-}max} \\
\Rightarrow & \frac{(c_1+\omega_{cr}-A)^2+4\xi_e^2 A(c_1+\omega_{cr}-A)}{4\xi_e^2 c_3} \gamma_{c\text{-}max} \leqslant \delta_{r\text{-}max}
\end{aligned}
\tag{7-58}
$$

令 $X=c_1+\omega_{cr}-A$，可得如下形式的不等式：

$$
X^2+4\xi_e^2 AX-\frac{4\xi_e^2 c_3 \delta_{r\text{-}max}}{\gamma_{c\text{-}max}} \leqslant 0
$$

解上述一元二次不等式，可得如下形式的解集：

$$
X_1 \leqslant X \leqslant X_2 \tag{7-59}
$$

其中

$$
X_1=-2\xi_e^2 A-2\xi_e\sqrt{\xi_e^2 A^2+\frac{\delta_{r\text{-}max} c_3}{\gamma_{c\text{-}max}}}<0
$$

$$
X_2=-2\xi_e^2 A+2\xi_e\sqrt{\xi_e^2 A^2+\frac{\delta_{r\text{-}max} c_3}{\gamma_{c\text{-}max}}}>0
$$

由于 $X=c_1+\omega_{cr}-A>0$，所以约束变为 $X \leqslant X_2$。

进一步有

$$
\begin{aligned}
& \omega_{cr} \leqslant X_2+A-c_1 \\
\Rightarrow & \omega_{cr} \leqslant -2\xi_e^2 A+2\xi_e\sqrt{\xi_e^2 A^2+\frac{\delta_{r\text{-}max} c_3}{\gamma_{c\text{-}max}}}+A-c_1
\end{aligned}
\tag{7-60}
$$

在实际设计过程中系统的开环带宽取上述两个约束的交集。

$$
\left.
\begin{aligned}
& \omega_{cr} \leqslant \eta_1 \omega_{act} \\
& \omega_{cr} \leqslant -2\xi_e^2 A+2\xi_e\sqrt{\xi_e^2 A^2+\frac{\delta_{r\text{-}max} c_3}{\gamma_{c\text{-}max}}}+A-c_1
\end{aligned}
\right\}
\tag{7-61}
$$

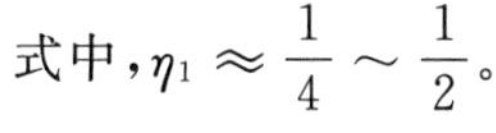

式中，$\eta_1 \approx \frac{1}{4} \sim \frac{1}{2}$。

第 8 章
其他结构自动驾驶仪的设计方法

在复杂应用场景中，空空导弹自动驾驶仪类型并非一成不变，可能会使用多个不同结构的自动驾驶仪。严格来说，这些不同结构的自动驾驶仪，其功能与性能有所不同。本章将主要介绍经典三回路过载控制、改进三回路过载控制、高度控制、速度控制等自动驾驶仪的设计方法。

8.1　经典三回路自动驾驶仪设计

经典三回路自动驾驶仪已经广泛应用于第四代空空导弹的研制过程。第四代空空导弹如 AIM－9X 和 AIM－120 的诸多型号均采用了经典三回路自动驾驶仪结构[32-34]。

8.1.1　自动驾驶仪结构与数学模型

与伪攻角自动驾驶仪相比，经典三回路自动驾驶仪的中环采用伪姿态反馈对弹体进行人工增稳。其控制结构如图 8－1 所示。

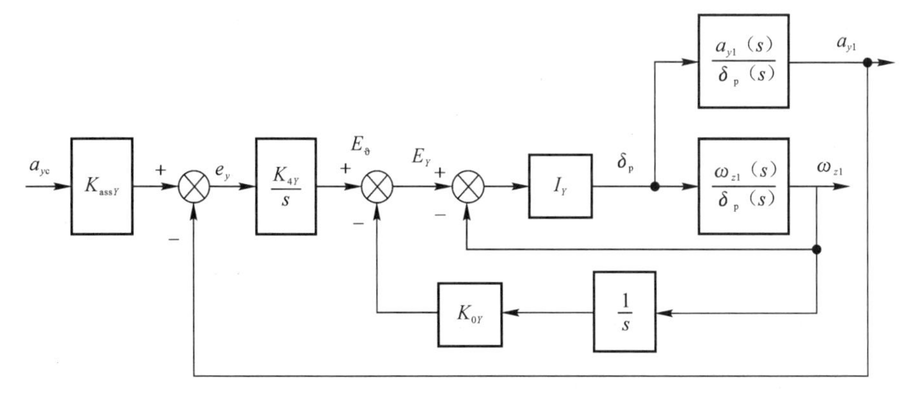

图 8－1　经典三回路控制结构

从控制量处断开的开环传递函数为

$$L(s)=I_Y\begin{bmatrix}1+\frac{K_{0Y}}{s} & \frac{K_{4Y}}{s}\end{bmatrix}\begin{bmatrix}\frac{\omega_{z1}}{\delta_p}(s)\\ \frac{a_{y1}}{\delta_p}(s)\end{bmatrix}$$

$$L(s)=\frac{I_Y\left\{\begin{array}{l}(K_{4Y}Va_5-a_3)s^2+[a_2a_5-a_3a_4+K_{4Y}Va_1a_5-K_{0Y}a_3+K_{4Y}Va_5(a_4-a_{44})]s+\\ K_{4Y}V(a_2a_5-a_3a_{44})+K_{4Y}Va_5a_1(a_4-a_{44})+K_{0Y}(a_2a_5-a_3a_4)\end{array}\right\}}{s[s^2+(a_1+a_4)s+a_2+a_1a_4]}$$

由中频段近似可得系统的开环带宽公式如下：

$$I_YK_{4Y}Va_5-I_Ya_3=\omega_{cr} \tag{8-1}$$

系统的闭环传递函数：

$$\frac{a_{y1}}{a_{yc}}=\frac{K_{assY}I_YK_{4Y}V[a_5s^2+a_5(a_1+a_4-a_{44})s+a_2a_5-a_3a_{44}+a_5a_1(a_4-a_{44})]}{\left\{\begin{array}{l}s^3+(I_YK_{4Y}Va_5-I_Ya_3+a_1+a_4)s^2+\\ [I_Ya_2a_5-I_Ya_3a_4+I_YK_{4Y}Va_5a_1-I_YK_{0Y}a_3+a_2+a_1a_4+I_YK_{4Y}Va_5(a_4-a_{44})]s+\\ I_YK_{4Y}V(a_2a_5-a_3a_{44})+I_YK_{4Y}Va_5a_1(a_4-a_{44})+I_YK_{0Y}(a_2a_5-a_3a_4)\end{array}\right\}}$$

8.1.2 极点配置方法与控制增益求解

定义期望的闭环特性：一个负实极点 $-A$；一对具有负实部的共轭极点对，其特征参数为 ω、ξ。得到控制增益的表达式：

$$I_Y=\frac{\omega_{cr}-\dfrac{a_5\left(\omega^2+2\omega\xi A-a_2-a_1a_4+\dfrac{a_3A\omega^2}{a_2a_5-a_3a_4}\right)}{X}}{-a_3-\dfrac{a_5(a_2a_5-a_3a_4)}{X}} \tag{8-2}$$

其中，$X=a_5(a_1+a_4-a_{44})+\dfrac{a_3[a_2a_5-a_3a_{44}+a_5a_1(a_4-a_{44})]}{a_2a_5-a_3a_4}$。

$$K_{4Y}=\frac{\omega^2+2\omega\xi A-a_2-a_1a_4+\dfrac{a_3A\omega^2}{a_2a_5-a_3a_4}-I_Y(a_2a_5-a_3a_4)}{I_YVX} \tag{8-3}$$

$$K_{0Y}=\frac{A\omega^2-I_YK_{4Y}V(a_2a_5-a_3a_{44})-I_YK_{4Y}Va_5a_1(a_4-a_{44})}{I_Y(a_2a_5-a_3a_4)} \tag{8-4}$$

与伪攻角驾驶仪需定义攻角估计参数(A_4)不同，经典三回路驾驶仪不需该参数，但需建立稳态归一化增益：

$$K_{\mathrm{ass}Y}=\frac{K_{4Y}V(a_2a_5-a_3a_{44})+K_{4Y}Va_5a_1(a_4-a_{44})+K_{0Y}(a_2a_5-a_3a_4)}{K_{4Y}V[a_2a_5-a_3a_{44}+a_5a_1(a_4-a_{44})]}=$$

$$1+\frac{K_{0Y}(a_2a_5-a_3a_4)}{K_{4Y}V[a_2a_5-a_3a_{44}+a_5a_1(a_4-a_{44})]}\tag{8-5}$$

8.1.3　系统带宽约束

与伪攻角反馈自动驾驶仪相比，经典三回路驾驶仪在极点分布形式与阻尼比选取上方法一致。参考 7.3.2.4 节推导过程，可得到其带宽约束形式，以下直接给出结果。

对于闭环极点共圆分布的情况，系统开环带宽所受到的约束条件为

$$\left.\begin{aligned}&\omega_{\mathrm{cr}}\leqslant\eta_1\omega_{\mathrm{ml}}\\&\omega_{\mathrm{cr}}\leqslant\eta_2\omega_{\mathrm{act}}\\&\omega_{\mathrm{cr}}\leqslant\eta_4[(3\xi)Z_{\mathrm{nm}}-a_1-a_4]\\&\omega_{\mathrm{cr}}\leqslant\eta_4\left(\left\{\frac{-V[a_2a_5-a_3a_{44}+a_5a_1(a_4-a_{44})])\dot{\delta}_{\max}}{a_{yc}}\right\}^{\frac{1}{3}}2\xi^{\frac{2}{3}}-a_1-a_4\right)\end{aligned}\right\}\tag{8-6}$$

其中，$\eta_1\leqslant\dfrac{1}{5}$；$\eta_2\leqslant\dfrac{1}{5}\sim\dfrac{1}{3}$；$\eta_3<1$；$\eta_4<1$

对于闭环极点共线分布的情况，系统开环带宽所受到的约束条件为

$$\left.\begin{aligned}&\omega_{\mathrm{cr}}\leqslant\eta_1\omega_{\mathrm{ml}}\\&\omega_{\mathrm{cr}}\leqslant\eta_2\omega_{\mathrm{act}}\\&\omega_{\mathrm{cr}}\leqslant\eta_4[(3\xi)Z_{nm}-a_1-a_4]\\&\omega_{\mathrm{cr}}\leqslant\eta_4\left(\left\{\frac{-V[a_2a_5-a_3a_{44}+a_5a_1(a_4-a_{44})]\dot{\delta}_{\max}}{a_{yc}}\right\}^{\frac{1}{3}}2\xi^{\frac{2}{3}}-a_1-a_4\right)\end{aligned}\right\}\tag{8-7}$$

其中，$\eta_1\leqslant\dfrac{1}{5}$；$\eta_2\leqslant\dfrac{1}{5}\sim\dfrac{1}{3}$；$\eta_3<1$；$\eta_4<1$

从上述结论可以看到，与伪攻角自动驾驶仪相比，经典三回路驾驶仪系统开环带宽的约束形式一致。这表明尽管伪攻角自动驾驶仪与经典三回路自动驾驶仪在结构上存在一定差异，但系统带宽选择与极点分布原则是相同的，差异仅在于具体控制参数的求取。

8.2 改进三回路自动驾驶仪设计

除了伪攻角自动驾驶仪和经典三回路自动驾驶仪之外，另一种常见的驾驶仪结构是：保留内环角速度反馈和外环加速度误差积分控制回路，该中环的角度反馈为加速度比例反馈回路，对弹体进行人工增稳。下面对这种变形的三回路驾驶仪的设计过程进行讨论。

8.2.1 驾驶仪结构与数学模型

该三回路驾驶仪俯仰通道控制结构如图 8-2 所示。

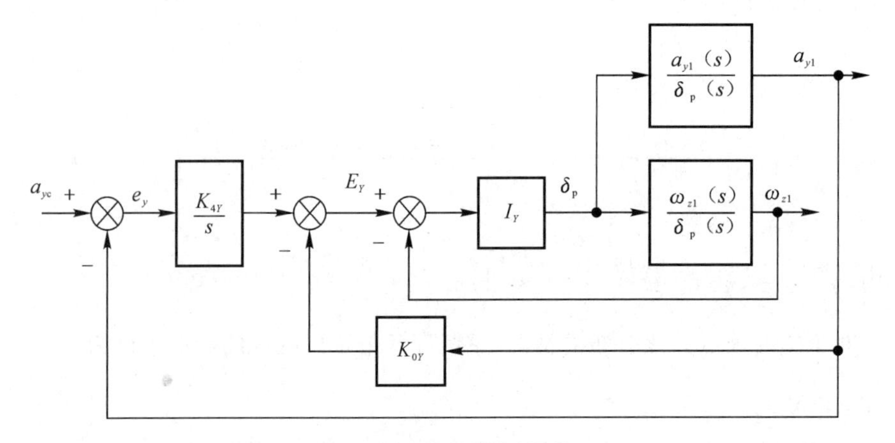

图 8-2 俯仰通道控制结构

从控制量处断开的开环传递函数为

$$L(s)=I_Y\begin{bmatrix}1 & K_{0Y}+\dfrac{K_{4Y}}{s}\end{bmatrix}\begin{bmatrix}\dfrac{\omega_{z1}}{\delta_p}(s)\\ \dfrac{a_{y1}}{\delta_p}(s)\end{bmatrix}$$

$$L(s)=\frac{I_Y\left\{\begin{aligned}&K_{0Y}Va_5s^3+[K_{4Y}Va_5+a_3+K_{0Y}Va_5(a_1+a_4-a_{44})]s^2+\\&\begin{bmatrix}a_2a_5-a_3a_4+K_{4Y}Va_5(a_1+a_4-a_{44})+\\K_{0Y}V(a_2+a_5-a_3a_{44})-K_{0Y}Va_5a_1(a_4-a_{44})\end{bmatrix}s+\\&K_{4Y}V(a_2a_5-a_3a_{44})+K_{4Y}Va_5a_1(a_4-a_{44})\end{aligned}\right\}}{s[s^2+(a_1+a_4)s+a_2+a_1a_4]}$$

通过分析可以发现，开环传递函数的分子阶次和分母阶次均为3阶，系统高频分量信号的衰减不如中环为角度反馈的三回路自动驾驶仪，应注意系统高频部分的稳定性。

$$\lim_{s\to\infty} L(s) = I_Y K_{0Y} V a_5 \neq 0$$

由中频段近似可得系统的开环带宽公式：

$$\omega_{cr} = \frac{I_Y K_{4Y} V a_5 - I_Y a_3 + I_Y K_{0Y} V a_5 (a_1 + a_4 - a_{44})}{\sqrt{1 - (I_Y K_{0Y} V a_5)^2}} \tag{8-8}$$

系统的闭环传递函数为

$$\frac{a_{y1}}{a_{yc}} = \frac{I_Y K_{4Y} V[a_5 s^2 + a_5(a_1 + a_4 - a_{44})s + a_2 a_5 - a_3 a_{44} + a_5 a_1(a_4 - a_{44})]}{\left\{\begin{array}{l}(1 + I_Y K_{0Y} V a_5)s^3 + [I_Y K_{4Y} V a_5 - I_Y a_3 + a_1 + a_4 + I_Y K_{0Y}(a_1 + a_4 - a_{44})]s^2 + \\ [I_Y(a_2 a_5 - a_3 a_4) + a_2 + a_1 a_4 + I_Y K_{4Y} V a_5(a_1 + a_4 - a_{44}) + \\ I_Y K_{0Y} V(a_2 a_5 - a_3 a_{44}) + I_Y K_{0Y} V a_5 a_1(a_4 - a_{44})]s + \\ I_Y K_{4Y} V(a_2 a_5 - a_3 a_{44}) + I_Y K_{4Y} V a_5 a_1(a_4 - a_{44})\end{array}\right\}}$$

8.2.2　极点配置方法与控制增益求解

定义期望的闭环特性：一个负实极点 $-A$；一对具有负实部的共轭极点对，其特征参数为 ω、ξ。

则期望的特征多项式为

$$\det\_e = s^3 + (A + 2\omega\xi)s^2 + (2A\omega\xi + \omega^2)s + A\omega^2$$

利用特征多项式对应系数相等的关系可得如下等式：

$$\frac{I_Y K_{4Y} V a_5 - I_Y a_3 + a_1 + a_4 + I_Y K_{0Y}(a_1 + a_4 - a_{44})}{1 + I_Y K_{0Y} V a_5} = A + 2\omega\xi \tag{8-9}$$

$$\frac{\begin{array}{l}I_Y(a_2 a_5 - a_3 a_4) + a_2 + a_1 a_4 + I_Y K_{4Y} V a_5(a_1 + a_4 - a_{44}) + \\ I_Y K_{0Y} V[a_2 a_5 - a_3 a_{44} + I_Y K_{0Y} V a_5 a_1(a_4 - a_{44})]\end{array}}{1 + I_Y K_{0Y} V a_5} = \omega^2 + 2\omega\xi A \tag{8-10}$$

$$\frac{I_Y K_{4Y} V(a_2 a_5 - a_3 a_{44}) + I_Y K_{4Y} V a_5 a_1(a_4 - a_{44})}{I_Y K_{0Y} V a_5} = A\omega^2 \tag{8-11}$$

式(8-9)～式(8-11)的解法可以有以下两种思路。

(1) 用伪攻角三回路自动驾驶仪或经典三回路自动驾驶仪的确定的闭环极点位置，确定该驾驶仪的控制增益，这样使得不同的驾驶仪结构具有相同的闭环极点。

定义变量 $\boldsymbol{X}=\begin{bmatrix} I_Y \\ I_Y K_{4Y} \\ I_Y K_{0Y} \end{bmatrix}$，$\boldsymbol{Y}=\begin{bmatrix} A+2\omega\xi-a_1-a_4 \\ 2\omega\xi A+\omega^2-a_2-a_1a_4 \\ A\omega^2 \end{bmatrix}$

则式(8-9)～式(8-11)可整理成如下矩阵形式：

$$\boldsymbol{QX}=\boldsymbol{Y}$$

其中 $\boldsymbol{Q}=\begin{bmatrix} -a_3 & Va_5 & q_{13} \\ a_2a_5-a_3a_4 & Va_5(a_1+a_4-a_{44}) & q_{23} \\ 0 & V[a_2a_5-a_3a_{44}+a_5a_1(a_4-a_{44})] & -Va_5A\omega^2 \end{bmatrix}$

$$q_{13}=Va_5(a_1+a_4-a_{44}-A-2\omega\xi)$$

$$q_{23}=V[a_2a_5-a_3a_{44}+a_5a_1(a_4-a_{44})-a_5(\omega^2+2\omega\xi A)]$$

解得

$$\boldsymbol{X}=\boldsymbol{Q}^{-1}\boldsymbol{Y}$$

具体的控制增益为

$$I_Y=X(1),\ K_{4Y}=X(2)/X(1),\ K_{0Y}=X(3)/X(1)$$

(2) 采用简化设计方法，近似解控制参数。

由于 $1+I_YK_{0Y}Va_5\approx1$，忽略 $I_YK_{0Y}Va_5$，可得新的开环带宽方程和闭环特征多项式系数方程为

$$I_YK_{4Y}Va_5-I_Ya_3+I_YK_{0Y}Va_5(a_1+a_4-a_{44})=\omega_{cr} \tag{8-12}$$

$$I_YK_{4Y}Va_5-I_Ya_3+a_1+a_4+I_YK_{0Y}(a_1+a_4-a_{44})=A+2\omega\xi \tag{8-13}$$

$$\begin{aligned} &I_Y(a_2a_5-a_3a_4)+a_2+a_1a_4+I_YK_{4Y}Va_5(a_1+a_4-a_{44})+ \\ &I_YK_{0Y}V(a_2a_5-a_3a_{44})+I_YK_{0Y}Va_5a_1(a_4-a_{44})= \\ &\omega^2+2\omega\xi A \end{aligned} \tag{8-14}$$

$$I_YK_{4Y}V(a_2a_5-a_3a_{44})+I_YK_{4Y}Va_5a_1(a_4-a_{44})=A\omega^2 \tag{8-15}$$

考虑开环带宽 ω_{cr} 表达式，进一步推导可得：

$$\omega_{cr}+a_1+a_4=A+2\xi\omega,\quad \omega=\frac{\omega_{cr}+a_1+a_4-A}{2\xi}$$

利用上述等式求解控制增益，得到控制增益的表达式：

$$I_Y=\frac{\omega^2+2\omega\xi A-a_2-a_1a_4-\dfrac{y}{z}\left(\omega_{cr}-\dfrac{a_5A\omega^2}{y}\right)-\dfrac{zA\omega^2}{y}}{x} \tag{8-16}$$

其中：

$$x=a_2a_5-a_3a_4+\frac{a_3y}{z}$$

$$y = a_2 a_5 - a_3 a_{44} + a_5 a_1 (a_4 - a_{44})$$

$$z = a_5 (a_1 + a_4 - a_{44})$$

$$K_{4Y} = \frac{A\omega^2}{I_Y V_z} \tag{8-17}$$

$$K_{0Y} = \frac{\omega_{cr} - \dfrac{a_5 A\omega^2}{y} + I_Y a_3}{I_Y V_z} \tag{8-18}$$

同样的，从极点配置共圆或共线准则出发，可以得到系统带宽约束形式与伪攻角反馈驾驶仪及经典三回路驾驶仪一致。

8.3　专用自动驾驶仪设计

8.3.1　机弹分离用自动驾驶仪设计

在导弹与载机分离阶段，流场特性非常复杂，机弹干扰严重，在这一阶段通常可采用姿态控制自动驾驶仪，主要用于抑制弹体的角速度，使弹体的姿态稳定。

姿态控制自动驾驶仪的控制结构如图 8－3 所示，其等价结构如图 8－4 所示。

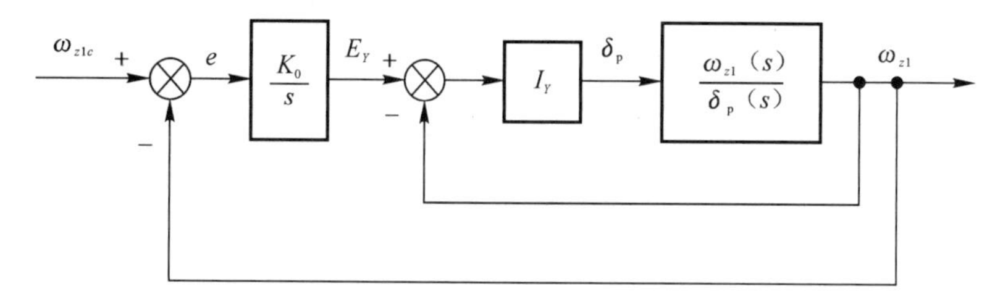

图 8－3　速率指令自动驾驶仪结构

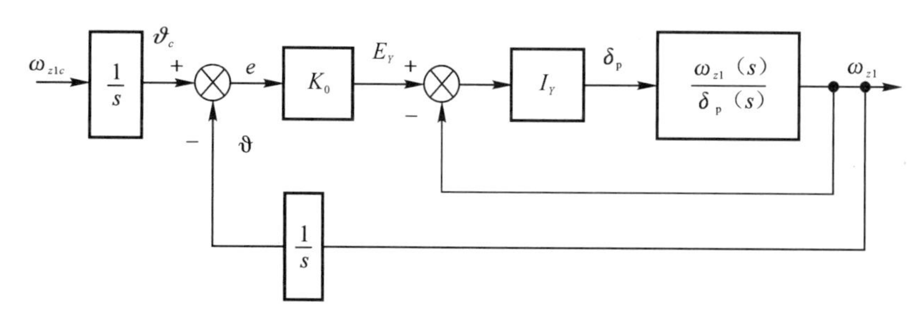

图 8－4　速率指令自动驾驶仪的等价结构

首先分析系统的开环特性，开环传递函数为

$$L(s)=I_Y\left(1+\frac{K_0}{s}\right)\frac{-a_3s+a_2a_5-a_3a_4}{s^2+(a_1+a_4)s+a_2+a_1a_4}$$

进一步展开得：

$$L(s)=\left(1+\frac{K_0}{s}\right)\frac{I_Y[-a_3s^2+(a_2a_5-a_3a_4-K_0a_3)s+K_0(a_2a_5-a_3a_4)]}{s[s^2+(a_1+a_4)s+a_2+a_1a_4]}$$

通过中频段近似可得开环穿越频率处的幅值条件为$\left|L(s)\right|_{s=\mathrm{j}\omega_{\mathrm{cr}}}\Big|=1$。

开环带宽的近似公式如下：

$$\omega_{\mathrm{cr}}=-I_Ya_3 \tag{8-19}$$

下面分析系统的闭环特性。内环闭环传递函数如下：

$$\frac{\omega_{z1}(s)}{E_Y(s)}=\frac{I_Y[-a_3s+(a_2a_5-a_3a_4)]}{s^2+(a_1+a_4-I_Ya_3)s+a_2+a_1a_4+I_Y(a_2a_5-a_3a_4)}$$

外环开环传递函数如下：

$$\frac{\omega_{z1}(s)}{e(x)}=\frac{K_0I_Y[-a_3s+(a_2a_5-a_3a_4)]}{s[s^2+(a_1+a_4-I_Ya_3)s+a_2+a_1a_4+I_Y(a_2a_5-a_3a_4)]}$$

外环闭环传递函数如下：

$$\frac{\omega_{z1}(s)}{\omega_{z1c}(s)}=\frac{K_0I_Y[-a_3s+(a_2a_5-a_3a_4)]}{s^3+(a_1+a_4-I_Ya_3)s^2+[a_2+a_1a_4+I_Y(a_2a_5-a_3a_4-K_0a_3)]s+K_0I_Y(a_2a_5-a_3a_4)}$$

从闭环传递函数可知，闭环系统为 3 阶系统，而控制增益的个数为 2 个，不能对系统的极点进行完全配置。

正确的设计思路是：首先依据开环带宽的设计，确定控制增益 I_Y，$I_Y=-\omega_{\mathrm{cr}}/a_3$；之后利用传递函数 $\omega_{z1}(s)/e(s)$，画出系统的关于 K_0 变化的根轨迹，选择合适的闭环极点确定控制增益 K_0。

8.3.2 两回路自动驾驶仪设计

在三回路自动驾驶仪流行之前，早期战术导弹设计中广泛采用两回路驾驶仪，这主要是由于早期的空空导弹具有相对合适的静稳定度，且飞机目标的机动能力和飞行速度不高，空空导弹机动能力的需求并不强烈。

1. 驾驶仪结构

两回路自动驾驶仪一般采用速率陀螺和加速度计的反馈结构，自动驾驶仪结构如图 8－5 所示。

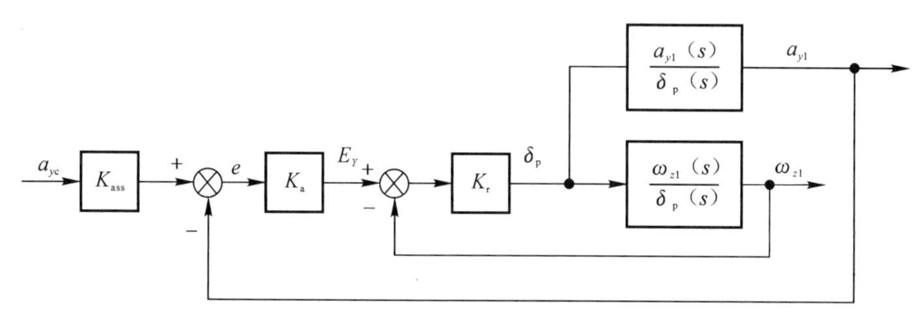

图 8－5　采用速率陀螺和加速度计反馈的两回路控制结构

当然也存在由双加速度计组成的反馈控制结构，如图 8－6 和图 8－7 所示。利用两个加速度测量值的差量变相提供了角速度反馈。两个加速度计的差量为包含角加速度的杆臂效应分量，并表示为

$$a_{y1}-a_{y2}=L_x\dot{\omega}_{z1} \tag{8-20}$$

式中，L_x 为两个加速度计安装位置间的长度。

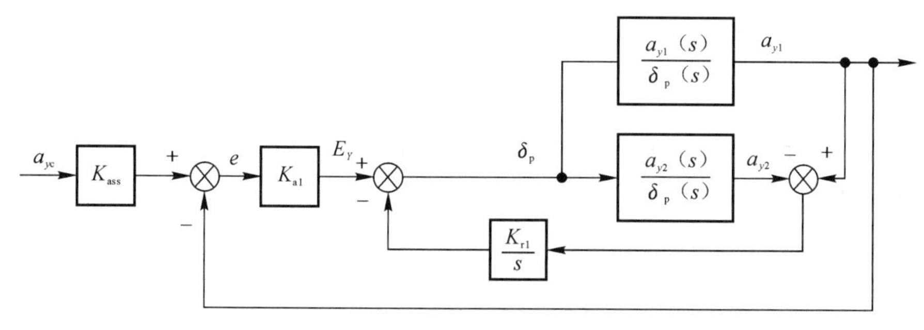

图 8－6　采用双加速度计反馈的两回路控制结构

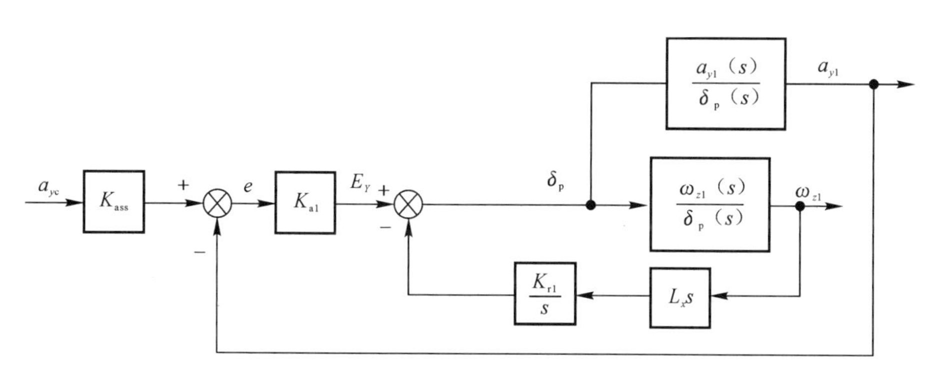

图 8－7　采用双加速度计反馈的等效结构

方框图变换,可以使上述两种控制结构等效。控制增益之间的关系可以表示为

$$K_r = K_{r1} L_x \Rightarrow K_{r1} = \frac{K_r}{L_x}$$

$$K_{a1} = K_a L_r$$

在速率陀螺和加速度计反馈结构的控制器确定以后,双加速度计反馈结构的控制器也就确定了。因此,只需研究速率陀螺和加速度计反馈结构的设计方法即可。

2. 控制增益求解

为了简化问题求解过程,采用简化模型设计,精确模型验证的设计原则。认为舵机模型为理想模型,不考虑滤波器带来的滞后影响。

设计输入参数为系统开环带宽 ω_{cr} 和闭环极点阻尼 ξ_c。

为了抓住弹体对象主要参数的影响,对被控对象进行简化,忽略对被控对象影响较小的动力学系数。考虑中低频的特性,忽略高频特性,简化的被控对象的传递函数如下:

$$\frac{\omega_{z1}(s)}{\delta_p(s)} = \frac{-a_3 s}{s^2 + a_2}, \quad \frac{a_{y1}(s)}{\delta_p(s)} = \frac{-a_3 a_4 V}{s^2 + a_2}$$

下面对采用速率陀螺和加速度计反馈的两回路自动驾驶仪进行开环特性和闭环特性的运算和分析。

内回路的闭环传递函数为

$$\frac{\delta_p(s)}{E_Y(s)} = \frac{K_r(s + a_2)}{(s^2 - K_r a_3 s + a_4)}$$

外环闭环传递函数为

$$\frac{a_{y1}(s)}{K_{ass} a_{yc}(s)} = \frac{-K_a K_r a_3 a_4 V}{s^2 - K_r a_3 s + a_2 - K_a K_r a_3 a_4 V}$$

由系统稳定性分析,得到闭环系统的稳定性条件为

$$\begin{cases} -K_r a_3 > 0 \\ a_2 - K_a K_r a_3 a_4 V > 0 \end{cases} \Rightarrow \begin{cases} -K_r a_3 > 0 \\ a_2 > K_a K_r a_3 a_4 V < 0 \end{cases} \tag{8-21}$$

式(8-21)表明,两回路驾驶仪能够容忍的弹体静不稳定度受到严格限制,当弹体的静不稳定特性超过一定程度时,两回路控制结构将不能稳定弹体。

由闭环传递函数可以确定闭环阻尼比和固有频率的表达式:

$$\omega_c = \sqrt{a_2 - K_a K_r a_3 a_4 V}$$

$$\xi_c = \frac{-K_r a_3}{2\sqrt{a_2 - K_a K_r a_3 a_4 V}}$$

系统开环传递特性如下：

$$L(s)=K_{r}\left[\frac{-a_{3}s}{s+a_{2}}+K_{a}\frac{-a_{3}a_{4}V}{s+a_{2}}\right]=\frac{-K_{r}a_{3}s-K_{r}K_{a}a_{3}a_{4}V}{s+a_{2}} \quad (8-22)$$

在开环穿越频率处有关系$|L(s)|_{s=j\omega_{cr}}=1$,反映到式(8-22)的结果为

$$\frac{\sqrt{(K_{r}K_{a}a_{3}a_{4}V)^{2}+(K_{r}a_{3}\omega_{cr})^{2}}}{\sqrt{\omega_{cr}^{2}-a_{2}}}=1$$

联立闭环阻尼比ξ_{c}和开环带宽ω_{cr}的表达式,得到仅和增益K_{r}相关的4次方程：

$$\left[\left(\frac{K_{r}a_{3}}{2\xi_{c}}\right)^{2}\right]^{2}+\left(\frac{K_{r}a_{3}}{2\xi_{c}}\right)^{2}[(2\xi_{c}\omega_{cr})^{2}-2a_{2}]+a_{2}^{2}-(\omega_{cr}^{2}-a_{2})^{2}=0$$

进行变量代换,转化为关于x^{2}的2次方程：

$$x^{2}=\left(\frac{K_{r}a_{3}}{2\xi_{c}}\right)^{2}>0$$

则有

$$(x^{2})^{2}+x^{2}[(2\xi_{c}\omega_{cr})^{2}-2a_{2}]+a_{2}^{2}-(\omega_{cr}^{2}-a_{2})^{2}=0 \quad (8-23)$$

该方程应至少有一个大于0的解。

若$\frac{\omega_{cr}^{2}}{2a_{2}}=1$,则$x^{2}=(1-4\xi_{c}^{2})\omega_{cr}^{2}>0\Rightarrow 1-4\xi_{c}^{2}>0\Rightarrow\xi_{c}<0.5$。

此时闭环系统的阻尼比小于0.5,虽然系统是稳定的,但动态特性较差,也就是说开环带宽$\omega_{cr}=\sqrt{2a_{2}}$不是理想的选择。

当$\omega_{cr}\neq\sqrt{2a_{2}}$时,有以下两组条件可以保证方程应至少有一个大于0的解。

第一组条件：

$$\begin{cases}(16\xi_{c}^{4}+4)\omega_{cr}^{4}-(16\xi_{c}^{2}+8)\omega_{cr}^{2}a_{2}+4a_{2}^{2}>0\\(16\xi_{c}^{4}+4)\omega_{cr}^{4}-(16\xi_{c}^{2}+8)\omega_{cr}^{2}a_{2}+4a_{2}^{2}>[(2\xi_{c}\omega_{cr})^{2}-2a_{2}]^{2}\\(2\xi_{c}\omega_{cr})^{2}-2a_{2}>0\end{cases}$$

$$\Rightarrow\begin{cases}\frac{\omega_{cr}^{2}}{2a_{2}}<\frac{1}{4\xi_{c}^{2}+2+4\xi_{c}},\text{或}\ \frac{\omega_{cr}^{2}}{2a_{2}}>\frac{1}{4\xi_{c}^{2}+2-4\xi_{c}}\\\frac{\omega_{cr}^{2}}{2a_{2}}>1\\\frac{\omega_{cr}^{2}}{2a_{2}}>\frac{1}{4\xi_{c}^{2}}\end{cases}$$

第二组条件：

$$\begin{cases} (16\xi_c^4+4)\omega_{cr}^4-(16\xi_c^2+8)\omega_{cr}^2a_2+4a_2^2>0 \\ (16\xi_c^4+4)\omega_{cr}^4-(16\xi_c^2+8)\omega_{cr}^2a_2+4a_2^2<[(2\xi_c\omega_{cr})^2-2a_2]^2 \\ (2\xi_c\omega_{cr})^2-2a_2<0 \end{cases}$$

$$\Rightarrow\begin{cases} \dfrac{\omega_{cr}^2}{2a_2}<\dfrac{1}{4\xi_c^2+2+4\xi_c},\text{或}\ \dfrac{\omega_{cr}^2}{2a_2}>\dfrac{1}{4\xi_c^2+2-4\xi_c} \\ \dfrac{\omega_{cr}^2}{2a_2}<1 \\ \dfrac{\omega_{cr}^2}{2a_2}<\dfrac{1}{4\xi_c^2} \end{cases}$$

综合闭环阻尼比的要求：认为闭环阻尼比的要求 $\xi_c>0.5$，计算比率 $\omega_{cr}^2/2a_2$ 的值，见表 8-1。

表 8-1　比率$\dfrac{\omega_{cr}^2}{2a_2}$边界值列表

ξ_c	0.5	0.6	0.7	0.8	0.9	1	1.1	1.2	1.3	1.4
$1/(4\xi_c^2+2-4\xi_c)$	1	0.961	0.862	0.735	0.609	0.5	0.409	0.337	0.280	0.235
$1/(4\xi_c^2)$	1	0.694	0.510	0.390	0.308	0.25	0.206	0.173	0.147	0.127
$1/(4\xi_c^2+2+4\xi_c)$	0.2	0.171	0.147	0.128	0.113	0.1	0.09	0.079	0.071	0.064

结合表 8-1，可得两组条件下的约束条件如下：

第一组：
$$\frac{\omega_{cr}^2}{2a_2}>\frac{1}{4\xi_c^2+2-4\xi_c}$$

第二组：
$$\frac{\omega_{cr}^2}{2a_2}<\frac{1}{4\xi_c^2+2+4\xi_c}$$

为了保证上述关系对区间[0.5,1]内的阻尼比均维持上述关系总成立，要求第一组：

$$K_{\omega cr}\inf\left(\frac{1}{4\xi_c^2+2-4\xi_c}\right)\geqslant\sup\left(\frac{1}{4\xi_c^2+2-4\xi_c}\right),\ \xi_c\in[0.5,1]\Rightarrow K_{\omega cr}\geqslant 2$$

要求第二组：

$$K_{\omega cr}\sup\left(\frac{1}{4\xi_c^2+2+4\xi_c}\right)\leqslant\inf\left(\frac{1}{4\xi_c^2+2+4\xi_c}\right),\ \xi_c\in[0.5,1]\Rightarrow K_{\omega cr}\leqslant 2$$

综合以上信息，实际设计过程中带宽的选择原则如下：

第一组：

$$\omega_{cr}^2=2\mid a_2\mid\frac{1}{4\xi_c^2+2-4\xi_c}K_{\omega cr},\quad K_{\omega cr}\geqslant 2 \tag{8-23}$$

第二组：

$$\omega_{cr}^2 = 2 \mid a_2 \mid \frac{1}{4\xi_c^2 + 2 + 4\xi_c} K_{\omega cr},\ K_{\omega cr} \leqslant 0.5 \tag{8-24}$$

需要说明的是，在多数条件下，第一组条件是能够满足的。要求弹体具有合适的静稳定度，不能过大。在静稳定度一定的条件下，弹体飞行动压要限定在一定范围内。

极端条件下，会落入第二组条件所规定的带宽选择范围内。此时弹体固有频率较大，超过舵机带宽允许的系统带宽范围，要通过低增益或者在主回路串联低通滤波器以降低系统带宽的方法才能使系统具有较好的响应特性。

增益的求取过程如下：

$$\left(\frac{K_r a_3}{2\xi_c}\right)^2 = x^2 \Rightarrow K_r = \frac{-2\xi_c \sqrt{x^2}}{a_3} \tag{8-25}$$

其中，$x^2 > 0$。

$$K_a = \frac{a_2 - \left(\frac{K_r a_3}{2\xi_c}\right)^2}{K_r a_3 a_4 V} \tag{8-26}$$

稳态增益：

$$K_{ass} = \frac{a_2 - K_a K_r a_3 a_4 V}{-K_a K_r a_3 a_4 V} \tag{8-27}$$

8.3.3　高度控制系统

在中制导阶段或程序制导阶段，某些导弹会采用比例导引消除航向误差，在铅垂面内采用高度控制，实现定高巡航或爬高等动作，以增大导弹的射程，或使导弹完成特定的战术动作。此时需要用到高度控制系统，典型的高度控制系统如图 8-8 所示。

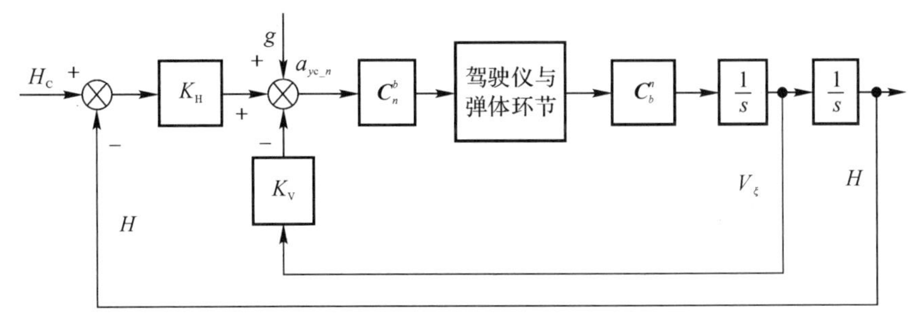

图 8-8　高度控制系统原理图

图 8-8 中，$\boldsymbol{C}_n^b$ 为导航坐标系到弹体系的转换矩阵，$\boldsymbol{C}_b^n=(\boldsymbol{C}_n^b)^{\mathrm{T}}$ 为弹体系到导航坐标系的转换矩阵，g 为重力加速度补偿量，H 为导航系高度，V_ξ 为导航系垂向速度。

铅垂面内的控制规律为

$$a_{yc\_N}=K_{\mathrm{H}}(H_{\mathrm{c}}-H)+K_{\mathrm{V}}(0-V_\zeta)+g$$

之后将铅垂面内的控制指令置换到弹体坐标系，送给自动驾驶仪执行。

$$\begin{bmatrix} a_{xc} \\ a_{yc} \\ a_{zc} \end{bmatrix}=\boldsymbol{C}_{\mathrm{n}}^{\mathrm{b}}\begin{bmatrix} 0 \\ a_{yc\_n} \\ 0 \end{bmatrix}$$

通常驾驶仪环节可以等效为 1，此时高度控制系统可以设计为二阶环节，控制结构如图 8-9 所示。

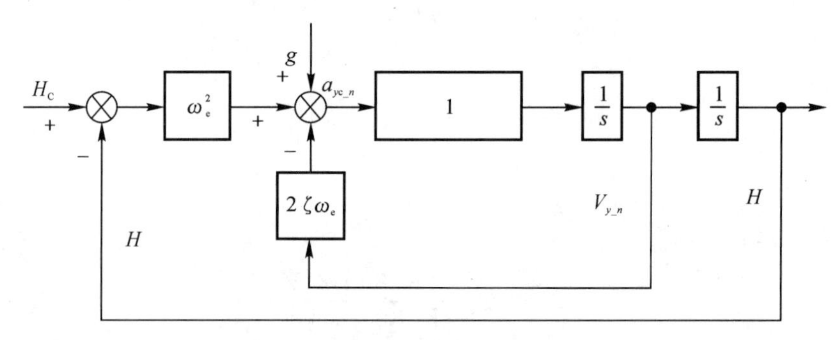

图 8-9　按 2 阶环节设计的高度控制系统

此时的控制增益如下：

$$K_{\mathrm{H}}=\omega_{\mathrm{e}}^2$$

$$K_{\mathrm{V}}=2\omega_{\mathrm{e}}\xi$$

高度指令输入到高度响应的传递函数为

$$\frac{H(s)}{H_{\mathrm{c}}(s)}=\frac{\omega_{\mathrm{e}}^2}{s^2+2\omega_{\mathrm{e}}\xi s+\omega_{\mathrm{e}}^2}$$

高度控制系统的增益要受到自动驾驶仪快速性和导弹机动能力的制约，要防止由于为了尽快爬升导致攻角过大造成的导弹速度损失。同时实际的设计经验表明：高度控制系统的响应时间是比较慢的。

8.3.4　巡航速度控制系统

对于采用冲压发动机作为动力装置的空空导弹，发动机推力可以按照弹道规划的需要进行调节，为了提高导弹的射程，充分发挥冲压发动机的优势，在中

制导阶段或程序制导阶段，往往需要采用定高定速的飞行方式。此时需要用到巡航速度控制系统，下面就巡航速度控制系统的设计过程开展讨论。

由弹体的动力学模型推导过程可知关于导弹速度的微分法方程如下：

$$\dot{V}=\frac{T_{x1}+F_{x1}+G_{x1}}{m}\cos\alpha\cos\beta-\frac{T_{y1}+F_{y1}+G_{y1}}{m}\sin\alpha\cos\beta+\frac{T_{z1}+F_{z1}+G_{z1}}{m}\sin\beta \tag{8-28}$$

式中：T_{x1}、T_{y1}、T_{z1} 为发动机推力在弹体轴的分量；F_{x1}、F_{y1}、F_{z1} 为气动力在弹体轴的分量；G_{x1}、G_{y1}、G_{z1} 为重力在弹体轴的分量。

式(8－28)表示导弹速度的变化率等于弹体各轴加速度分量在速度方向的投影之和。

定义各轴的加速度测量量为

$$a_{x1}=\frac{T_{x1}+F_{x1}+G_{x1}}{m}\quad a_{y1}=\frac{T_{y1}+F_{y1}+G_{y1}}{m}\quad a_{z1}=\frac{T_{z1}+F_{z1}+G_{z1}}{m}$$

弹体各轴加速度分量可以通过各轴的加速度计进行测量，速度的变化率 $\dot{V}$ 为各轴测量加速度的线性组合，组合系数和弹体的攻角和侧滑角有关，理论上 $\dot{V}$ 也是可以测得的。此外还需要指出的是导航系统提供的攻角和侧滑角信息要具有一定的精度。

$$\dot{V}=a_{x1}\cos\alpha\cos\beta-a_{y1}\sin\alpha\cos\beta+a_{z1}\sin\beta \tag{8-29}$$

下面对式(8－29)进行适当的简化，以方便控制系统设计。在高速巡航状态下，弹体的攻角和侧滑角均为小量，并假设发动机推力方向与弹体纵轴方向一致，则有

$$\dot{V}\approx a_{x1}=\frac{T_{x1}}{m}+\frac{F_{x1}+G_{x1}}{m} \tag{8-30}$$

一般情况下冲压发动机的动态特性如下：

$$\frac{T_{x1}(s)}{\delta_{com}(s)}=\frac{K_{com}}{T_{ram}s+1}$$

其中，T_{ram} 为发动机推力调节系统时间常数；δ_{com} 为发动机燃气流量控制信号，K_{com} 为燃气流量到发动机推力的传递增益。典型的巡航速度控制系统如下图 8－10 所示。

系统的控制关系方程为

$$\delta_{com}=K_{V}(V_{c}-V)+K_{dV}\dot{V} \tag{8-31}$$

$\dot{V}$ 采用式(8－30)的测量加速度的线性组合方式。

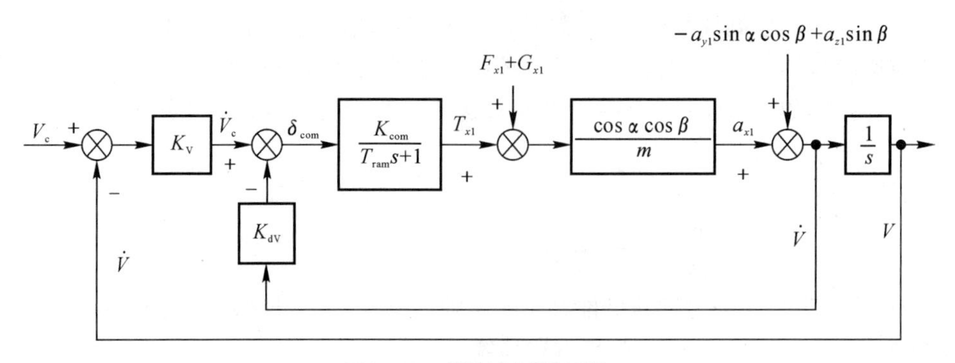

图 8-10　巡航速度控制系统

系统的闭环传递函数如下：

$$\frac{\dot{V}(s)}{\dot{V}_c(s)}=\frac{K_{com}\cos\alpha\cos\beta}{mT_{ram}s+m+K_{dV}K_{com}\cos\alpha\cos\beta}$$

$$\frac{V(s)}{V_c(s)}=\frac{K_VK_{com}\cos\alpha\cos\beta}{mT_{ram}s^2+(m+K_{dV}K_{com}\mathrm{coa}\alpha\cos\beta)s+K_VK_{com}\cos\alpha\cos\beta}$$

进一步有

$$\frac{\dot{V}(s)}{\dot{V}_c(s)}=\frac{1}{\dfrac{mT_{ram}}{K_VK_{com}\cos\alpha\cos\beta}s^2+\dfrac{(m+K_{dV}K_{com}\cos\alpha\cos\beta)}{K_VK_{com}\cos\alpha\cos\beta}s+1}$$

假设期望的闭环特性如下：

$$\left.\frac{V(s)}{V_c(s)}\right|_{expect}=\frac{1}{T_e^2s^2+2T_e\xi_es+1}$$

则可求得如下极点配置公式：

$$\frac{mT_{ram}}{K_VK_{com}\cos\alpha\cos\beta}=T_e^2 \tag{8-32}$$

$$\frac{(m+K_{dV}K_{com}\cos\alpha\cos\beta)}{K_VK_{com}\cos\alpha\cos\beta}=2T_e\xi_e \tag{8-33}$$

解得控制增益如下：

$$K_V=\frac{mT_{ram}}{T_e^2K_{com}\cos\alpha\cos\beta} \tag{8-34}$$

$$K_{dV}=2T_e\xi_eK_V-\frac{m}{K_{com}\cos\alpha\cos\beta}=\left(\frac{2\xi_eT_{ram}}{T_e}-1\right)\frac{m}{K_{com}\cos\alpha\cos\beta} \tag{8-35}$$

对于攻角和侧滑角较小的情况有：

$$K_V=\frac{mT_{ram}}{T_e^2K_{com}} \tag{8-36}$$

$$K_{dV}=2T_e\xi_eK_V-\frac{m}{K_{com}}=\frac{m}{K_{com}}\left(\frac{2T_{ram}\xi_e}{T_e}-1\right) \tag{8-37}$$

要求 $K_{dV}>0$，即

$$\frac{2T_{ram}\xi_e}{T_e}-1>0\Rightarrow\xi_e>\frac{T_e}{2T_{ram}} \tag{8-38}$$

速度控制系统的增益要受到冲压发动机工作特性的制约，首先要保证冲压发动机的工作状况良好。一般情况下：$T_e\gg T_{ram}$，因此闭环系统往往现过阻尼特性，速度的调节过程比较缓慢。

第9章
自动驾驶仪相关工程问题

在空空导弹自动驾驶仪的工程实现过程中,会涉及一些在自动驾驶仪初步设计时并未考虑的工程问题。解决好这些工程实现问题,是空空导弹自动驾驶仪设计者的重要任务。本章针对弹性弹体,介绍高频干扰的结构滤波方法。针对典型应用限制,研究了自动驾驶仪的限幅设计。并对连续系统的采样问题进行了详细讨论。针对非线性系统的自持振荡特性,用描述函数法进行分析与仿真。

9.1 弹体弹性

导弹在飞行过程中，受气动载荷的影响会发生弹性形变，传感器测量量中存在弹性振荡分量。为了保证自动驾驶仪的稳定性，防止舵系统饱和，需要设计结构滤波器抑制弹性振荡分量进入控制回路。除此之外还可能设计1阶衰减滤波器，对系统中的高频分量进行进一步的衰减[39-40]。

下面给出结构滤波器的传递函数：

$$F_{\mathrm{nf}}(s)=k_{\mathrm{ss}}\frac{s^2+2\xi_1\omega_1 s+\omega_1^2}{s^2+2\xi_2\omega_2 s+\omega_2^2} \tag{9-1}$$

下面就结构滤波器的不同形式进行讨论。

(1) 一般情况：$K_{\mathrm{ss}}=1$，$\omega_1=\omega_2$。

此时的低频段增益：$K=\dfrac{\omega_1^2}{\omega_2^2}=1$

此时的高频段增益：$K=\left.\dfrac{s^2}{s^2}\right|_{s\to\infty}=1$

此时的中频段增益：

$$K=\frac{s^2+2\xi_1\omega_1 s+\omega_1^2\,|_{s=\mathrm{j}\omega 1}}{s^2+2\xi_2\omega_2 s+\omega_2^2\,|_{s=\mathrm{j}\omega 2}}\approx\frac{2\xi_1\omega_1^2\mathrm{j}}{2\xi_2\omega_2^2\mathrm{j}}=\frac{\xi_1}{\xi_2} \tag{9-2}$$

其中，$\xi_1<\xi_2$，在弹性频率处有限衰减。

(2) 特殊情况：$k_{\mathrm{ss}}=1$，$\omega_1=\omega_2$，$\xi_1=0$，$\xi_2\neq 0$。

此时的低频段增益：$K=\frac{\omega_1^2}{\omega_2^2}=1$

此时的高频段增益：$K=\left.\frac{s^2}{s^2}\right|_{s\to\infty}=1$

此时的中频段增益：

$$K=\frac{s^2+\omega_1^2\,|_{s=\mathrm{j}\omega 1}}{s^2+2\xi_2\omega_2 s+\omega_2^2\,|_{s=\mathrm{j}\omega 2}}\approx\frac{0}{2\xi_2\omega_2^2\mathrm{j}}=0\tag{9-3}$$

式(9-3)表示在弹性频率处无穷衰减。

(3) 特殊情况：$k_{ss}\neq 1$，$\omega_1>\omega_2$。

此时的低频段增益：$K=k_{ss}\frac{\omega_1^2}{\omega_2^2}=1$，$k_{ss}=\frac{\omega_2^2}{\omega_1^2}<1$。

此时的高频段增益：$K=k_{ss}\left.\frac{s^2}{s^2}\right|_{s\to\infty}=\frac{\omega_2^2}{\omega_1^2}<1$，对高频分量衰减。

此时的中频段增益：

$$K=k_{ss}\frac{s^2+2\xi_1\omega_1 s+\omega_1^2\,|_{s=\mathrm{j}\omega 1}}{s^2+2\xi_2\omega_2 s+\omega_2^2\,|_{s=\mathrm{j}\omega 2}}\approx\frac{\omega_2^2 2\xi_1\omega_1^2\mathrm{j}}{\omega_1^2 2\xi_2\omega_2^2\mathrm{j}}=\frac{\xi_1}{\xi_2}\tag{9-4}$$

其中，$\xi_1<\xi_2$，在弹性频率附近有限衰减。

(4) 特殊情况：$k_{ss}\neq 1$，$\omega_1<\omega_2$。

此时的低频段增益：$K=k_{ss}\frac{\omega_1^2}{\omega_2^2}=1$，$k_{ss}=\frac{\omega_2^2}{\omega_1^2}>1$

此时的高频段增益：$K=k_{ss}\left.\frac{s^2}{s^2}\right|_{s\to\infty}=\frac{\omega_2^2}{\omega_1^2}>1$，对高频分量放大；

此时的中频段增益：

$$K=k_{ss}\frac{s^2+2\xi_1\omega_1 s+\omega_1^2\,|_{s=\mathrm{j}\omega 1}}{s^2+2\xi_2\omega_2 s+\omega_2^2\,|_{s=\mathrm{j}\omega 2}}\approx\frac{\omega_2^2 2\xi_1\omega_1^2\mathrm{j}}{\omega_1^2 2\xi_2\omega_2^2\mathrm{j}}=\frac{\xi_1}{\xi_2}\tag{9-5}$$

其中，$\xi_1<\xi_2$，在弹性频率附近有限衰减，但对高频信号有放大作用，限制了这一类滤波器的使用。

结构滤波器的一般设计过程：通过弹体模态试验，确定弹体的模态频率变化范围及结构滤波器的衰减倍数，确定结构滤波器中的参数 k_{ss}、ω_1、ω_2、ξ_1、ξ_2，再进行离散化，离散化的常用方法为双线性变换。假设 T_s 为采用周期，理想的 z 变换公式为

$$z=\mathrm{e}^{T_s s}\,|_{s=\mathrm{j}\omega}\tag{9-6}$$

$$\left.\frac{2}{T_s}\frac{\mathrm{e}^{T_s s}-1}{\mathrm{e}^{T_s s}+1}\right|_{s=\mathrm{j}\omega}=\frac{2}{T_s}\tan\left(\frac{T}{2}\omega\right)\mathrm{j}$$

双线性变换公式为

$$s'=\frac{2}{T_s}\frac{z-1}{z+1}\tag{9-7}$$

将理想的 z 变换公式代入双向性变换公式可得

$$s'\big|_{s'=j\omega'}=j\omega'=\frac{2}{T_s}\frac{e^{T_s s}-1}{e^{T_s s}+1}\bigg|_{s=j\omega}=\frac{2}{T_s}\tan\left(\frac{T_s}{2}\omega\right)j$$

进一步有

$$\omega'=\frac{2}{T_s}\tan\left(\frac{T_s}{2}\omega\right) \tag{9-8}$$

式(9－8)即为对应于连续域期望的 ω 的经过 z 变换后的虚拟频率 ω'，也可以理解为要想对角频率 ω 的信号进行滤除，考虑到离散化的作用，应修正该频率值为 ω'，再进行离散化，这对结构滤波器的中心频率修正是有用的。

除了结构滤波器以外，为了对自动驾驶仪中的高频分量信号进行滤除或抑制，还常常用到一阶衰减滤波器，其结构形式如下：

$$F_{rf}(s)=\frac{1}{T_{rf}s+1} \tag{9-9}$$

式中，T_{rf} 为滤波器时间常数。

以某弹性导弹为例，采用伪攻角反馈三回路自动驾驶仪，选取某特征点，在舵控处断开后开环系统的伯德图如图 9－1 所示。

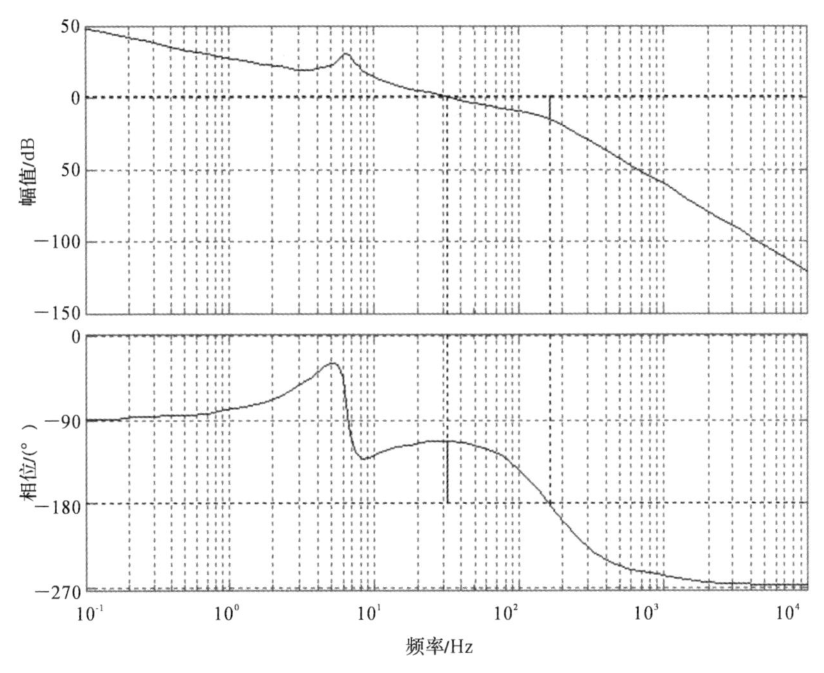

图 9－1　刚性弹体稳定回路开环伯德图

由图可见，在系统幅值裕度达到 15 dB，相位裕度 66° 左右时，系统具备足够的稳定裕度，鲁棒性好。闭环系统的单位响应如图 9－2 所示。

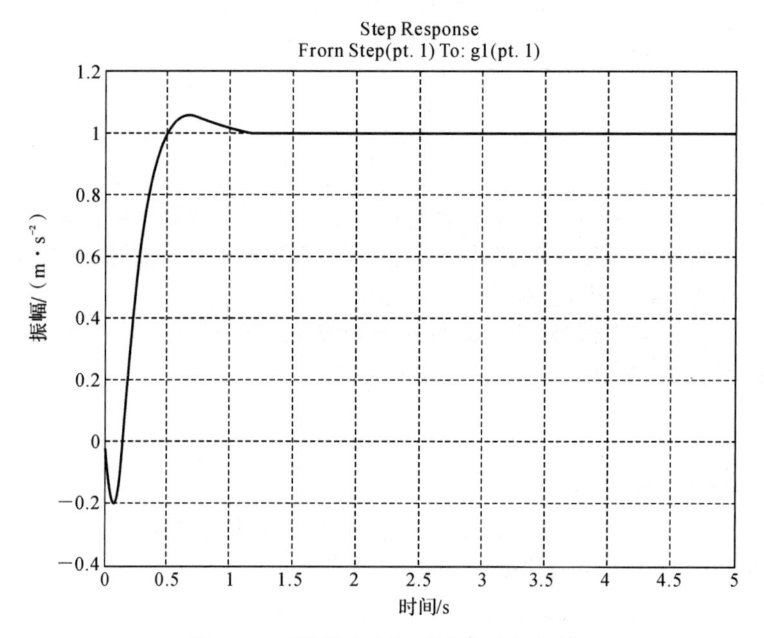

图 9－2　刚性弹体稳定回路闭环阶跃响应

而在考虑一阶和二阶弹性模态的情况下，系统开环波特图如图 9－3 所示。

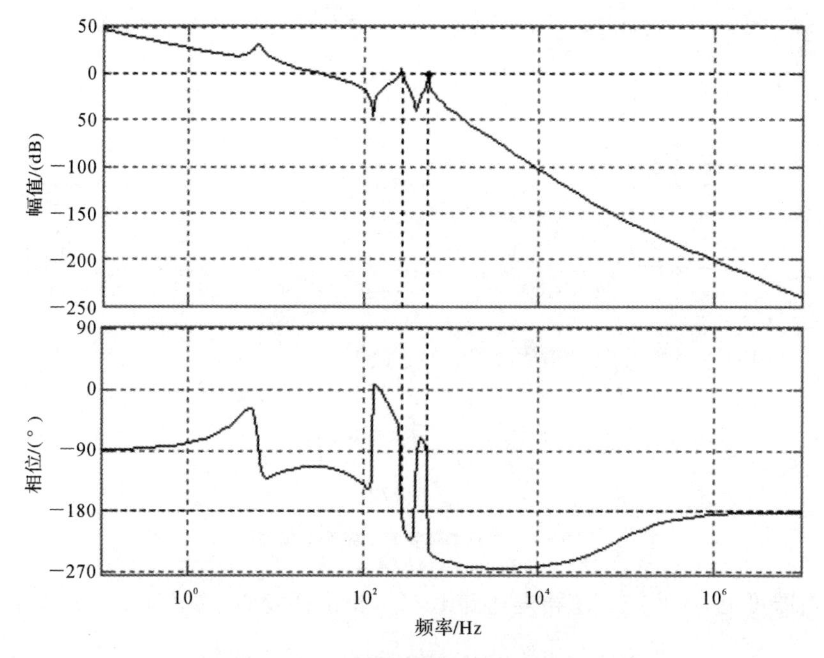

图 9－3　弹性弹体稳定回路开环伯德图

由图 9-3 可见，考虑弹性影响后，在一阶和二阶弹性频率处，幅频曲线穿越 0 dB 线，开环增益大于 1，且相频曲线穿越 $-180°$，相等于角速率正反馈，系统失稳。闭环系统的单位响应如图 9-4 所示。

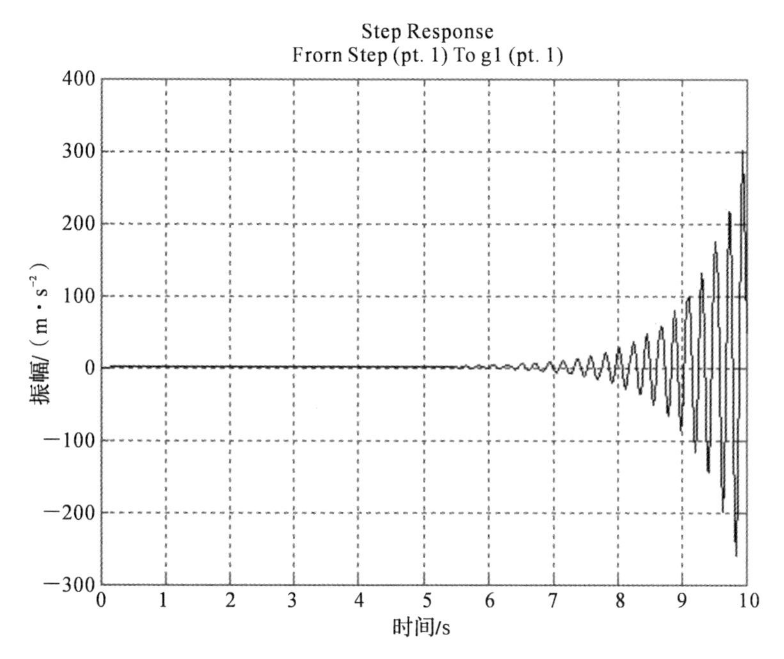

图 9-4　弹性弹体稳定回路闭环阶跃响应

由此可见，刚性弹体阶跃响应品质良好，弹性弹体阶跃响应发散。这说明，针对刚性弹体设计的自动驾驶仪不适用于弹性弹体，必须考虑弹性影响。因此，为稳定弹性导弹，可以针对弹性频点，设计结构滤波器：

$$G(s)=\frac{\frac{1}{\omega_1^2}s^2+2\frac{\xi_1}{\omega_1}s+1}{\frac{1}{\omega_2^2}s^2+2\frac{\xi_2}{\omega_2}s+1}$$

将结构滤波器设置在舵控处，并以弹性频率为中心频率，可以削弱系统开环幅频特性在弹性模态频率处的峰值。根据经验，选择在弹性频率处对幅值衰减 20 dB，则该结构滤波器的频域特性见图 9-5。

引入结构滤波器后，稳定回路开环频域特性见图 9-6。

图 9-7 为带结构滤波器的弹性导弹稳定回路闭环阶跃响应。可见，结构滤波器有效地衰减了在一阶、二阶模态频率处的幅值，避免了系统在相位 $-180°$ 处幅值穿越 0 dB 线，闭环系统阶跃响应品质良好，保证了系统的稳定性。

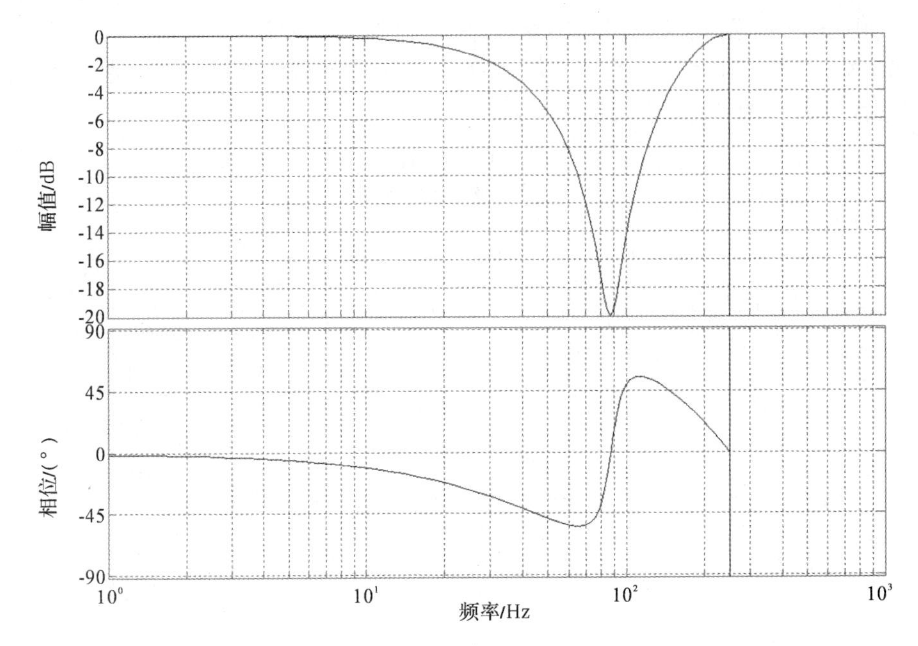

图 9-5 结构滤波器伯德图

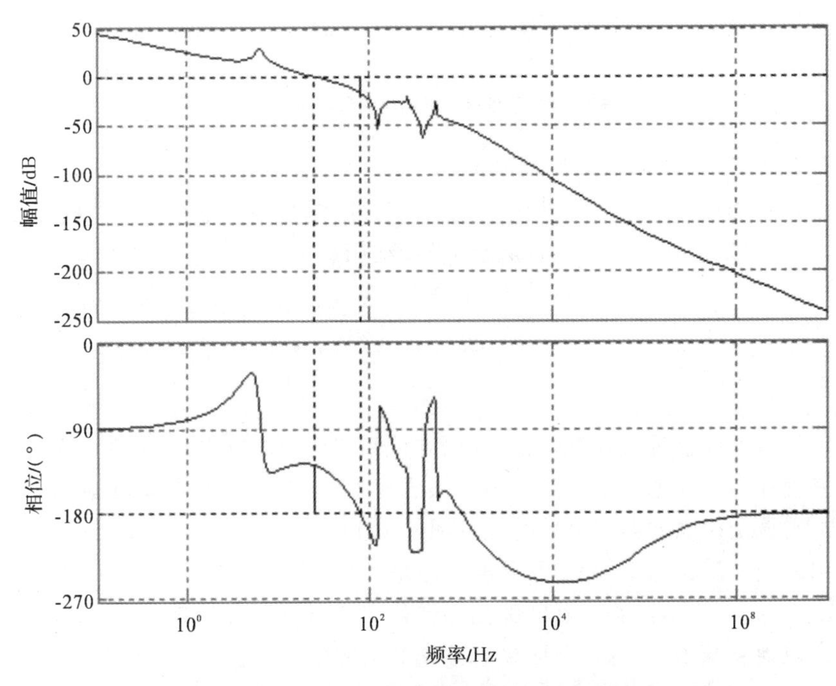

图 9-6 带结构滤波器的弹性导弹稳定回路开环频域特性

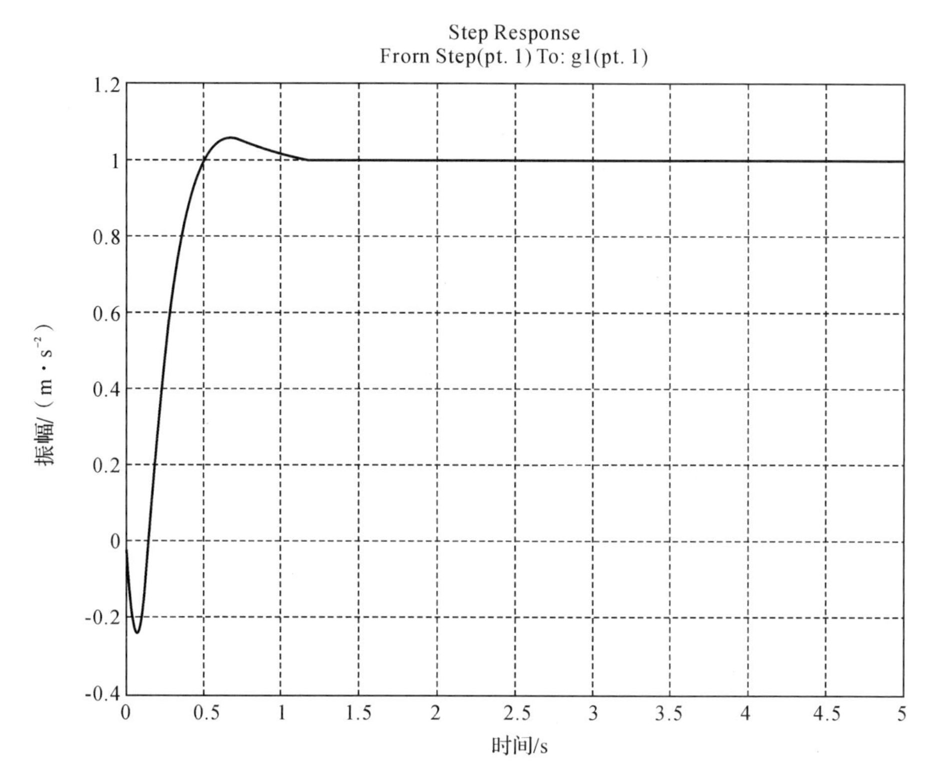

图 9－7　带结构滤波器的弹性导弹稳定回路闭环阶跃响应

9.2　限幅设计

对于采用过载作为控制量的自动驾驶仪，通常要对过载指令进行限幅，并通过执行机构的物理限制，最后到达控制对象的目的，原理如图 9－8 所示。通过指令限幅，可以确保导弹的输出在弹体结构强度允许的范围之内，能够保证导弹的空间稳定。因此，限幅算法的主要任务就是对输入信号的幅值进行限制，即大于门限值的幅度削减为和门限值一样大小，小于门限值的则直接通过，即如下式所示：

$$r_k = \begin{cases} U_k, & |r_k| \geqslant U_k \\ r_k, & |r_k| < U_k \end{cases} \tag{9-10}$$

式中，r_k 为限幅输入信号；$|r_k|$ 为输入信号的幅值；U_k 为门限值。

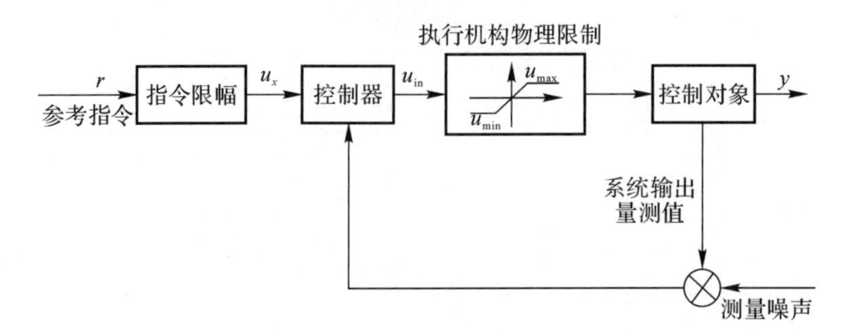

图 9-8 限幅算法原理图

限幅是一种非线性过程，如果限幅算法设计不当，有可能导致指令超出导弹的结构强度或导弹在空间失稳等现象，具体的限幅措施如下：

(1)结构强度等限制。在所有的飞行条件下，允许导弹输出的最大过载应小于弹体的结构强度限制，以免弹体结构损坏。

(2)限制导弹的攻角。在有些情况下，攻角很大时空间稳定性难以保证，需要通过攻角限幅算法提高空间稳定性，每一种飞行器的气动布局适合于一定的攻角。例如三角翼气动布局的导弹飞行攻角不能超过 40°。还有一些气动布局的飞行攻角在 20°以下，而窄条翼气动布局的导弹可以工作在 50°～60°攻角。这里根据飞行条件确定最大攻角限幅值不超过 45°。在不同的飞行条件下，攻角的最大限幅值也相应变化，以保证导弹不会由于飞行攻角过大而引起弹体失稳。

(3)提高空间稳定性。在自动驾驶仪三通道独立操纵实现的过程中，各个通道均需消耗舵偏角，俯仰、偏航通道通过控制舵偏角来达到所需的输出过载以保证机动能力。但是首先要保证导弹的稳定性，如果俯仰、偏航控制将舵偏角用尽，则横滚将失去控制，这必然会导致系统发散。因此必须在俯仰、偏航需要舵偏控制的同时，对横滚通道的控制留下足够的舵偏裕量。当俯仰、偏航所需舵偏与横滚所需舵偏发生冲突时，应采取横滚优先的策略，即使牺牲一些俯仰、偏航的机动能力，也要保证横滚通道的控制，以避免系统发散。因此为横滚保留 5°的控制余量，俯仰、偏航通道舵偏角的限幅值定为 20°。

(4)对输入指令采用双级限幅。当导弹工作在大过载情况下时，系统有可能对指令的响应有一个超调，这个超调量不宜过大，因此应加以限制，限制大过载指令输入情况下的超调，对输入指令采用双级限幅。

9.3 采样与保持

连续不同周期的采样(限定于用高采样频率去采低周期信号),会造成输出信号中混入不期望的高频,从而造成其后的数字系统性能与预期不符,也即数字滤波器(这里的“滤波器”可泛指任意控制环节)的原始输入信号采样频率应与滤波器工作采样频率一致,否则会产生偏离预期的结果。

首先给出一组连续输入信号 U 作为后续描述的基础,为简明起见,U 为单一频率(ω_i) 信号,其时域与频域特征如图 9-9 所示。

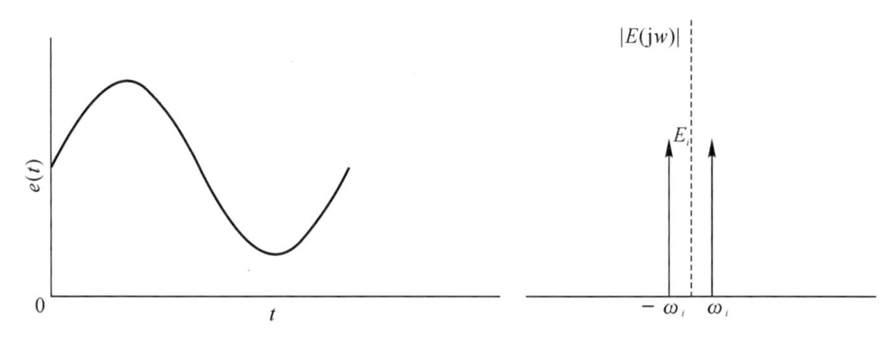

图 9-9 输入信号 U 的时域与频域特征

1. 信号采样

采样是通过周期采样开关将连续信号变换为离散脉冲序列的过程。采样所得到的只是一组离散的数值或一组脉冲信号集,如图 9-10 所示。

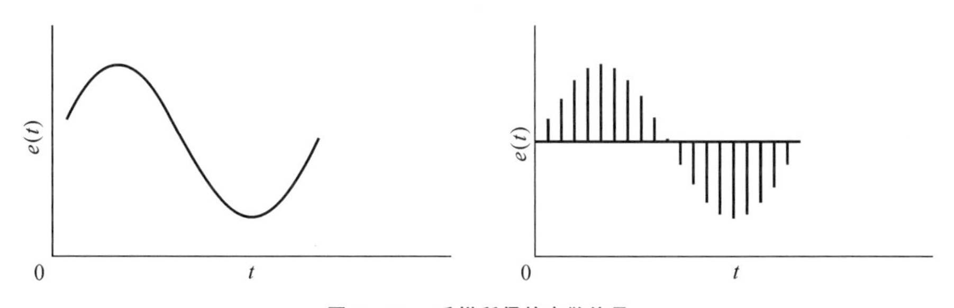

图 9-10 采样所得的离散信号

采样信号的频域特征则如图 9-11 所示,由原来的单一频谱变成了以采样频

率 ω_s 为周期的无穷多个频谱之和，图中

$$\begin{cases}\omega_{j+}^{k}=k\omega_s+\omega_i & (k=\cdots-2,-1,0,1,2\cdots)\\ \omega_{i-}^{k}=k\omega_s-\omega_i & (k=\cdots-2,-1,0,1,2\cdots)\end{cases}$$

各频点对应的信号幅值则变成连续信号幅值的 $1/T$ 倍。

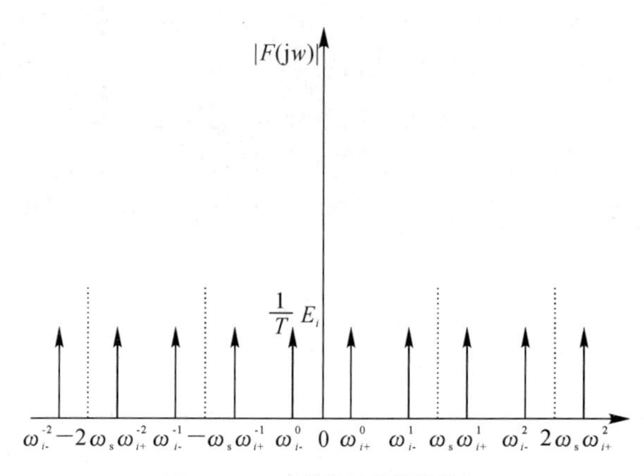

图 9－11　采样信号的频域特征

2. 信号保持

在完成信号采样后，首要的问题是如何从采样数据恢复原来连续信号的信息。假如存在一个理想滤波器（见图 9－12），其在频率 $(-\omega_s/2,\omega_s/2)$ 范围内增益为 T，在此范围之外增益为 0，则利用理想滤波器可以从采样信号中完全复现连续信号的频谱。

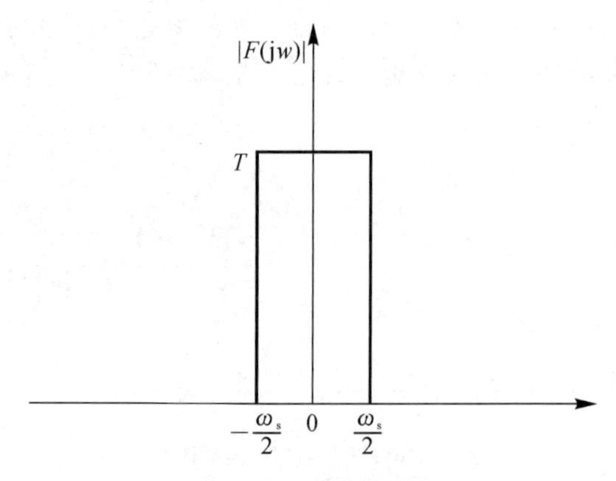

图 9－12　理想滤波器

但是，上述理想滤波器是无法实现的。因为采样过程伴随着采样时刻之间信息的丢失，不可能从残缺中重构出完整的信息。只能寻求其他特性较为接近的低通滤波器，如多项式保持器，其中工程上最普遍采用的就是零阶保持器。

保持器的任务是解决采样点之间的插值问题。零阶保持器就是把前一采样时刻的采样值保持到下一采样时刻到来之前。零阶保持器本质是一个低通滤波器，其频域特性如图9-13所示。从图中可以看出，与理想滤波器相比，零阶保持器无法做到主频分量(频率小于 $\omega_s/2$) 的完全复现，由于保持器滤波增益小于 T 且具有相移，因此保持信号会有幅值衰减和相位延迟，零阶保持器也无法做到高频分量的完全消除。

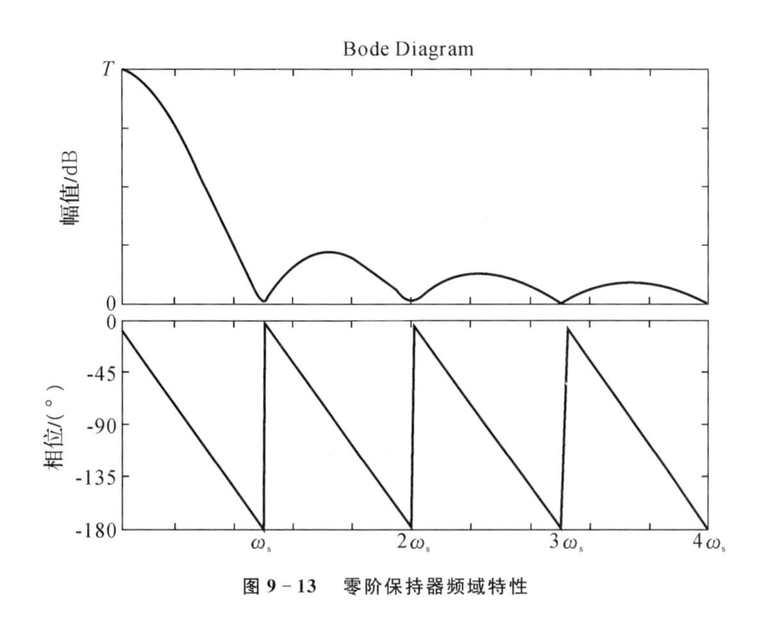

图9-13　零阶保持器频域特性

3. 信号采样-保持

显然，通常数字软件中处理的信息都应该算作采样-保持信号，即经过了采样与保持两个环节。基于此，可以得到连续信号到采样信号到采样-保持信号的时域、频域特征(去除了负向频率) 对比如图9-14所示。

总之数字软件中处理的信息应视为采样-保持信号；采样信号是一系列脉冲信号的集成；零阶保持器无法做到低频信号的完全复现和高频信号的完全消除。

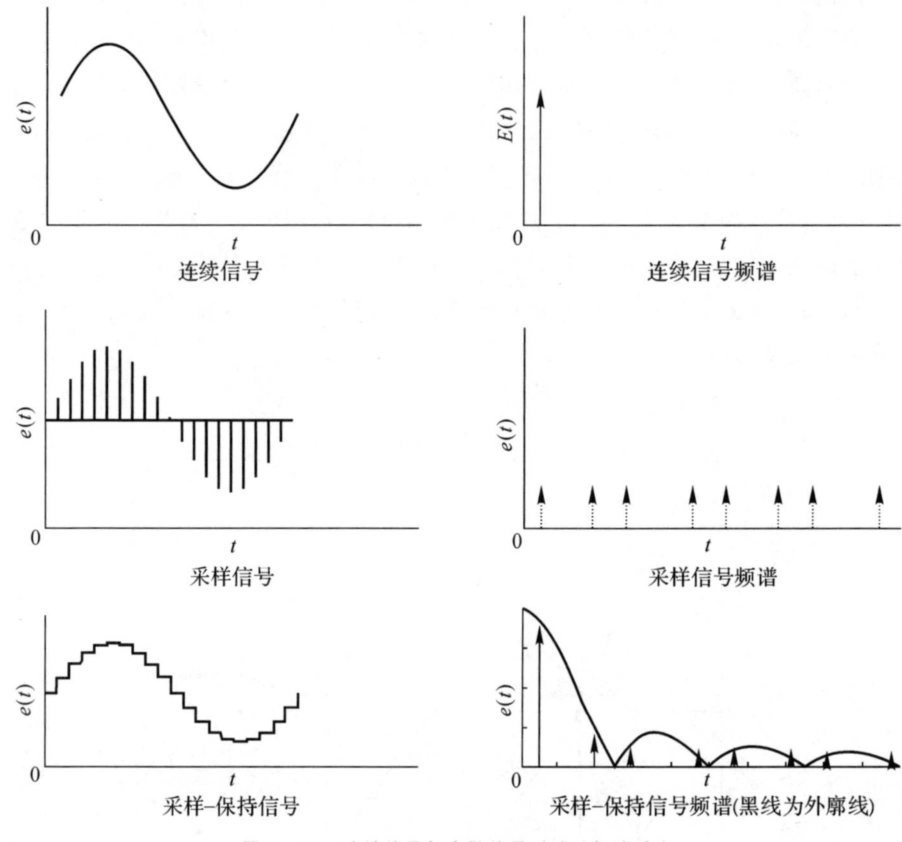

图 9-14 连续信号与离散信号时域/频域对比

设定一组连续信号经过采样保持后(采样时间为 T_1)作为输入,分别经由滤波器 F_1 与滤波器 F_2 处理,两个滤波器均是滤波中心频率为 ω_i 的陷波器,但其设计采样时间分别为 T_1 和 T_2,且 $T_2 \ll T_1$。如图 9-15 所示分别给出了输入信号频谱以及滤波器频域特征。

由图可见,连续信号经采样-保持后,原信号中的 ω_i 频率分量发生畸变,除主频分量 $\omega_{i0}(=\omega_i)$ 外,还衍生了高频分量 ω_i^1、ω_2^1、ω_i^3、…;对于滤波器 F_1,尽管其设计中心频率为 ω_i,但由于采样频率以外其频域特性是对称拓展(对称轴为 $k\omega_s/2$)的,ω_i^1、ω_i^2、ω_i^3、… 都是其滤波中心频点,滤波后 ω_i 及其衍生高频信号都被集体滤除了,因此滤波器表现出预期效果;对于滤波器 F_2,由于其采样时间 $T_2 \ll T_1$,这就造成在其采样频率范围内滤波中心频点仅有 ω_i,对于其他高频分量则没有滤波效果,滤波后信号中衍生高频信息仍然存在,这些信息混叠到低

频，就会表现出滤波器并未表现出显著的滤波效果。

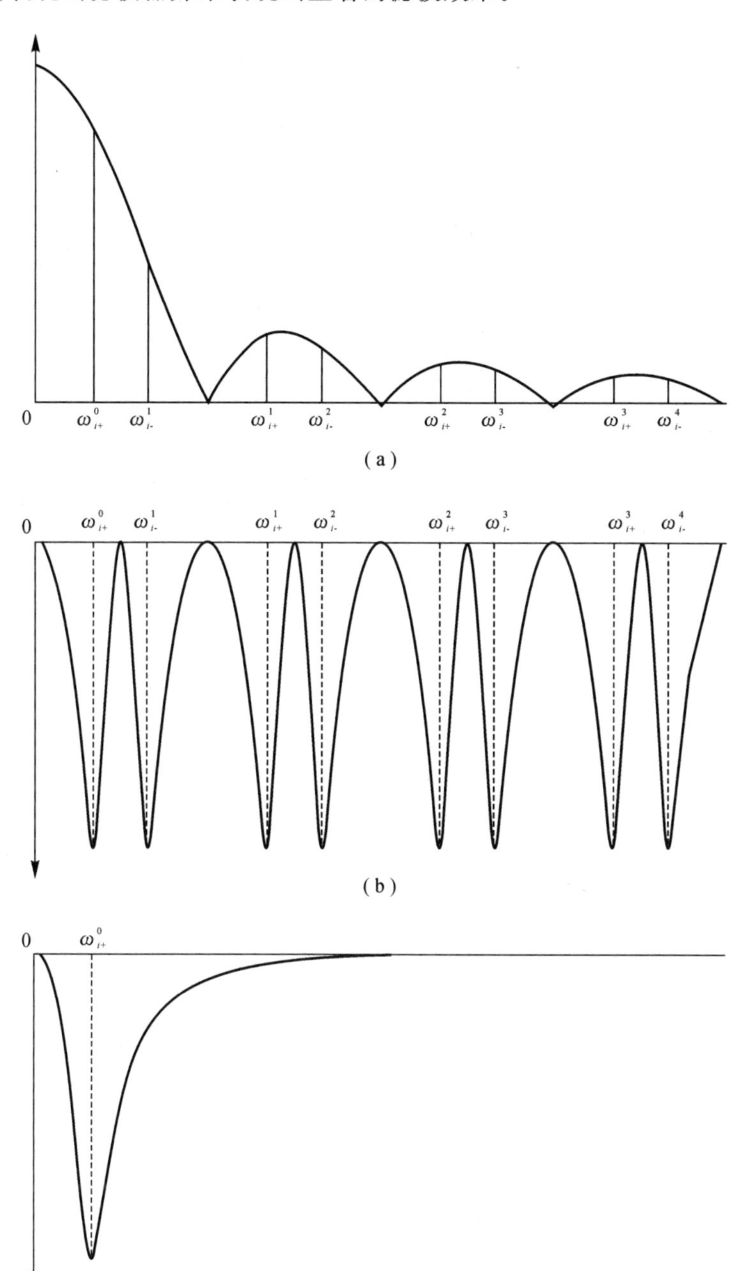

图 9－15　输入信号与滤波器的频域特征

(a)输入信号频谱(采样时间 T_1)；(b)滤波器 F_1 频域特性(采样时间 T_1)；(c)滤波器 F_2 频域特性(采样时间 T_2)

9.4 自持振荡

在实际工程中广泛地存在非线性系统，对于这些非线性系统的分析重点通常集中在系统是否稳定，系统是否产生自持振荡，计算自持振荡的振幅和频率值，消除自持振荡等有关稳定性的问题上。对于非本质非线性的控制系统，可以采用近似线性化的方法如小扰动法进行分析。所谓非本质非线性就是能够近似线性化的环节，而本质非线性是指不能线性化的环节，如饱和特性、死区特性、滞环特性等。对于带有这种本质非线性环节的控制系统，可以采用相平面法、描述函数法和李雅普诺夫函数法等来分析。

自持振荡现象在相平面中的表现即为极限环。在相平面中，极限环是一条孤立的封闭曲线。极限环的轨迹必须同时具有封闭性和孤立性两个性质，前者表明了相轨迹的周期运动特性，后者表明了极限环的极限特性，其附近的相轨迹收敛于它或从它发散。极限环的内部(或外部)的相轨迹不可能穿越极限环进入它的外部(或内部)区域。

以采用脉冲调制技术的直接力/气动力复合控制导弹为例，由于脉冲调制器中存在死区和滞环等本质非线性环节，会导致稳定回路在某些条件下产生自持振荡。本节将利用描述函数法来分析这种自持振荡现象。

9.4.1.1 分析非线性系统的描述函数法

描述函数法的基本思想是当系统满足一定的假设条件时，系统中非线性环节在正弦信号的作用下的输出可以用一次谐波分量来近似，由此导出非线性环节的近似等效频率特性，即描述函数，从而可以将线性系统的频率响应法推广到非线性系统中。

描述函数法是一种工程近似方法，主要用来分析非线性系统的自持振荡(极限环)的稳定性，以及确定非线性闭环系统在正弦函数作用下的输出特性。

假设非线性系统可以变换成如图 9-16 所示的结构，由一个非线性环节 $N(A)$ 和线性部分 $G(s)$ 组成的单位负反馈系统。

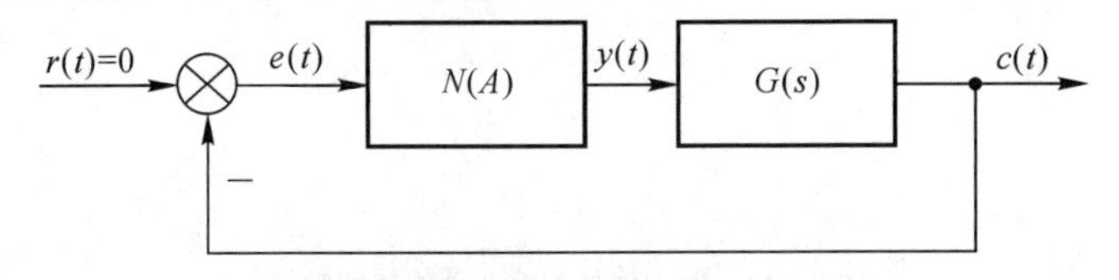

图 9-16　标准非线性系统框图

在图9-16中,非线性环节可能是几个物理部件的总的非线性等效环节。由于系统中存在非线性环节,常常会出现极限环现象。若系统中存在一个极限环,则该系统的所有信号必须是周期的,作为周期信号,图中线性环节的输入能展成多项谐波之和,而由于线性环节一般都具有低通滤波特性,能够滤除高频率的信号,因而其输出必定主要由最低次谐波组成。因此,假设整个系统中的信号为基波形式是适当的。这样可以假设系统存在某个未知幅值和频率的极限环的前提下,再去证实这个系统确实存在这样的解,然后确定极限环的幅值和频率。

用描述函数法研究如图9-16所示的系统,首先要明确对系统的几个假设条件:

(1) 系统只有一个非线性环节。如果系统中存在两个或更多的非线性环节,必须将它们归并成一个单一非线性环节,或者略去次要的非线性因素而保留主要的非线性因素。

(2) 假设系统中的非线性环节是时不变的。实际上,控制中的典型非线性环节均满足这样的要求,作这样假设的理由是,作为描述函数法主要依据的Nyquist判据只能用于定常系统。

(3) 仅考虑非线性环节输出中的基波分量。这是描述函数法的基本假设,它表示了一种近似。因为对应于正弦输入的非线性环节的输出,除含有基波之外还包含高次谐波。这个假设意味着在分析中,与基波成分相比,较高频率的谐波能完全忽略。为使这个假设成立,很重要的一点是跟在非线性环节之后的线性环节必须具有低通滤波特性,即

$$|G(j\omega)| \gg |G(jn\omega)|, \quad n=2,3\cdots$$

(4) 假设非线性环节关于原点是对称的。设非线性环节 N 的输入是正弦信号 $e(t)=A\sin\omega\tau$,一般情况下其输出 $y(t)$ 是周期信号,可以将它表示为傅里叶级数的新式,即

$$y(t)=Y_0+\sum_{n=1}^{\infty}(A_n\cos n\omega t+B_n\sin n\omega t)=Y_0+\sum_{n=1}^{\infty}Y_n\sin(n\omega t+\phi_n) \tag{9-11}$$

由假设(4)可知非线性关于原点对称,则 $y(t)$ 的直流分量 $y_0=0$。又由于假设(3),线性部分具有良好的高频滤波特性,则 $y(t)$ 中高次谐波通过线性环节 $G(j\omega)$ 后幅值将变得很小。这样在近似分析中可以认为线性部分的输出只有一次分量的存在,则

$$y(t)=Y_1\sin(\omega t+\phi_1) \tag{9-12}$$

通过上述假设条件,可以认为只有非线性元件输出 $y(t)$ 中的基波能沿闭环回路反馈到非线性元件的输入端构成正弦输入 $e(t)$。这实际上相当于将非线性元件在一定条件下看成为具有对输入正弦的响应仍是同频率正弦的线性特性

的一种线性元件，从而使含这种非线性元件的非线性系统变成一类有条件的线性系统。

因此非线性环节可以用一复变函数 $N(A)$ 来描述。该复变函数的模等于输出基波 $y(t)=Y_1\sin(\omega t+\phi_1)$ 的振幅 Y_1 与输入正弦 $e(t)=A\sin\omega t$ 的振幅 A 之比 Y_1/A，其幅角为正弦输出 $y(t)$ 相对于正弦输入 $e(t)$ 的相移 ϕ_1，故

$$N(A)=\frac{Y_1}{A}\mathrm{e}^{\mathrm{j}\phi_1} \tag{9-13}$$

将图 9-16 所示的系统表示为

$$c=N(A)G(\mathrm{j}\omega)e$$

$$e=r-c$$

消去 e，并考虑到 $r=0$，则有

$$[N(a)G(\mathrm{j}\omega)+1]c=0 \tag{9-14}$$

则式(9-14)成立的条件之一为 $c=0$，此时系统处于静止状态。当 $c\neq 0$ 时，有

$$N(a)G(\mathrm{j}\omega)+1=0$$

整理可得

$$G(\mathrm{j}\omega)=-\frac{1}{N(A)} \tag{9-15}$$

若正弦函数 $A_0\sin\omega_0 t$ 的振幅 A_0 及角频率 ω_0 可使式(9-15)成立，则正弦函数 $A_0\sin\omega_0 t$ 是系统特征方程的一个解。这意味着系统产生振幅 A_0，角频率为 ω_0 的等幅振荡，即非线性系统的自持振荡。这种情况相当于线性系统的开环频率响应 $G(\mathrm{j}\omega)$ 通过其临界点$(-1,\mathrm{j}0)$。这样，$-\frac{1}{N(A_0)}$ 在复平面上的坐标便是非线性系统的临界稳定点，它相当于线性系统的临界点$(-1,\mathrm{j}0)$。由此可见，非线性系统临界稳定点并不像线性系统那样固定不变，而与非线性元件正弦输入 $A\sin\omega t$ 的振幅 A 有关，非线性特性的负倒描述函数曲线 $-\frac{1}{N(A)}$ 是临界稳定点的轨迹。

类似于线性系统的 Nyquist 稳定判据，可以根据线性部分的频率响应 $G(\mathrm{j}\omega)$ 和非线性特性的负倒描述函数 $-\frac{1}{N(A)}$，应用 Nyquist 稳定判据的结论来分析非线性系统的稳定性。如果系统的线性部分是最小相位的，则在 Nyquist 图上分析非线性系统的稳定性准则是：

(1) 若沿线性部分的频率响应 $G(\mathrm{j}\omega)$ 由 $\omega=0$ 向 $\omega\rightarrow\infty$ 移动时，非线性特性的负倒描述函数曲线 $-\frac{1}{N(A)}$ 始终处于 $G(\mathrm{j}\omega)$ 曲线的左侧，即 $G(\mathrm{j}\omega)$ 曲线不包

围临界点轨迹线 $-\frac{1}{N(A)}$，如图 9－17 所示，即临界点(－1，j0) 始终处于 $G(\mathrm{j}\omega)$ 曲线左侧而不被 $G(\mathrm{j}\omega)$ 曲线包围，则非线性系统稳定，无自持振荡。

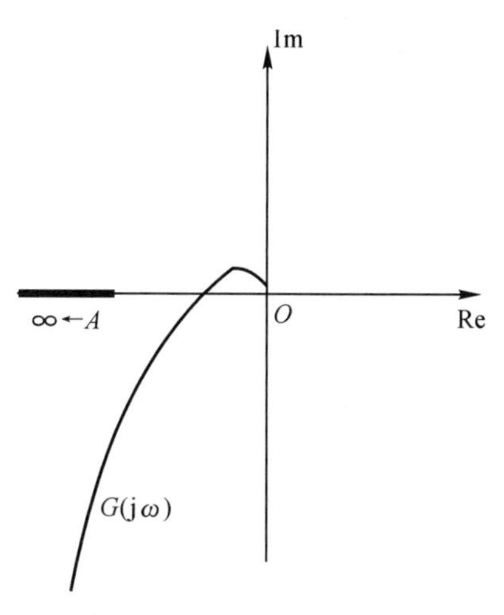

图 9－17　无自持振荡的稳定状态示意图

(2) 若沿线性部分的频率响应 $G(\mathrm{j}\omega)$ 由 $\omega=0$ 向 $\omega\rightarrow\infty$ 移动时，非线性特性的负倒描述函数曲线 $-\frac{1}{N(A)}$ 始终处于 $G(\mathrm{j}\omega)$ 曲线的右侧，即 $G(\mathrm{j}\omega)$ 曲线包围临界点轨迹线 $-\frac{1}{N(A)}$，如图 9－18 所示，即临界点(－1，j0) 始终处于 $G(\mathrm{j}\omega)$ 曲线右侧而被 $G(\mathrm{j}\omega)$ 曲线包围，则非线性系统不稳定，无自持振荡。

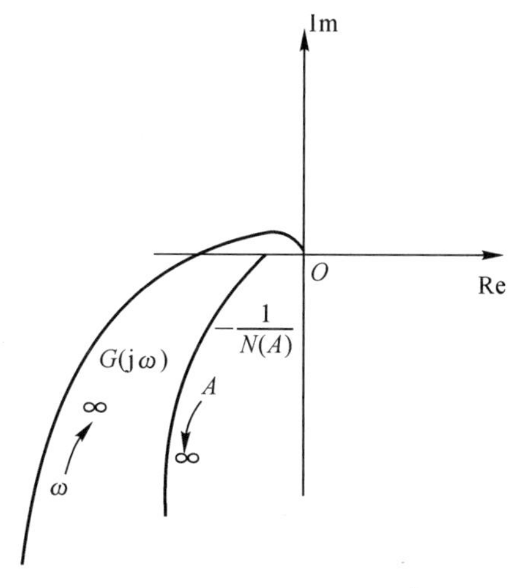

图 9－18　无自持振荡的不稳定状态示意图

(3) 若线性部分的频率响应 $G(\mathrm{j}\omega)$ 与非线性的负倒描述函数 $-\dfrac{1}{N(A)}$ 相交，相当于纯正线性系统的开环响应 $G(\mathrm{j}\omega)$ 通过临界点(-1,j0)，则非线性系统会在特定条件下产生自持振荡，如图 9-19 所示，其中 A_{01} 对应不稳定的周期振荡，A_{02} 对应稳定的周期振荡，即非线性系统的自持振荡。

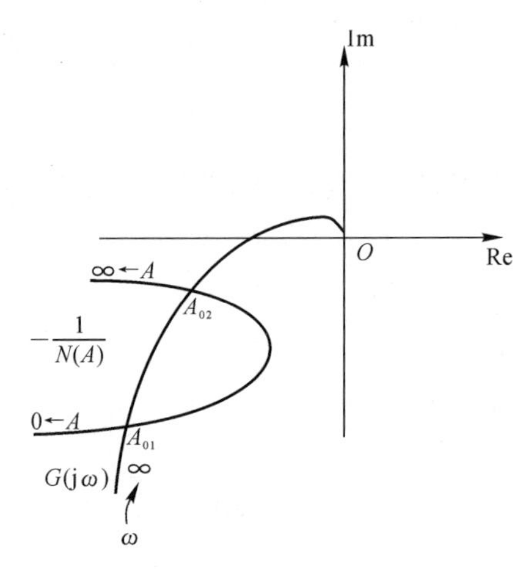

图 9-19　稳定自持振荡与不稳定周期振荡状态示意图

9.4.1.2　脉冲调制器的死区与滞环建模

脉冲调制器的死区与滞环特性可等效为带有死区与滞环的继电器环节，如图 9-20 所示。

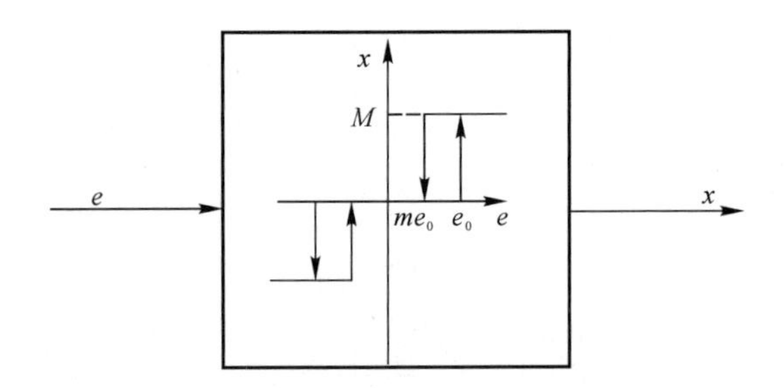

图 9-20　带有死区与滞环的继电器环节

其描述函数为

$$N(A)=\frac{2M}{\pi A}\left[\sqrt{1-\left(\frac{me_0}{A}\right)^2}+\sqrt{1-\left(\frac{e_0}{A}\right)^2}\right]+\mathrm{j}\,\frac{2Me_0}{\pi A^2}(m-1),\ A\geqslant e_0 \tag{9-16}$$

对应该环节的输入输出波形如图 9-21 所示。

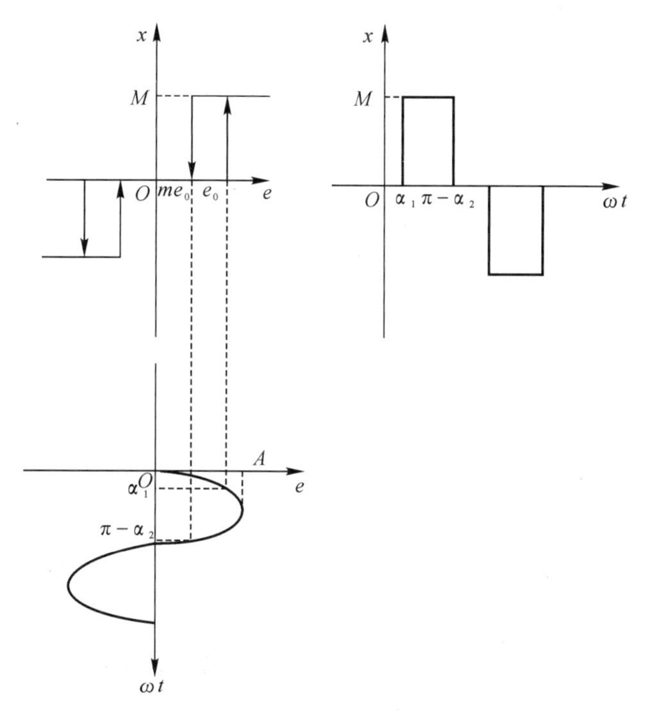

图 9-21 带有死区与滞环的继电器输入输出波形

9.4.1.3 自持振荡仿真

对于采用伪攻角反馈三回路过载自动驾驶仪的直接力控制导弹，若脉冲调制器采用的是脉冲调宽调频技术(PWPF)，系统框图如图 9-22 所示。

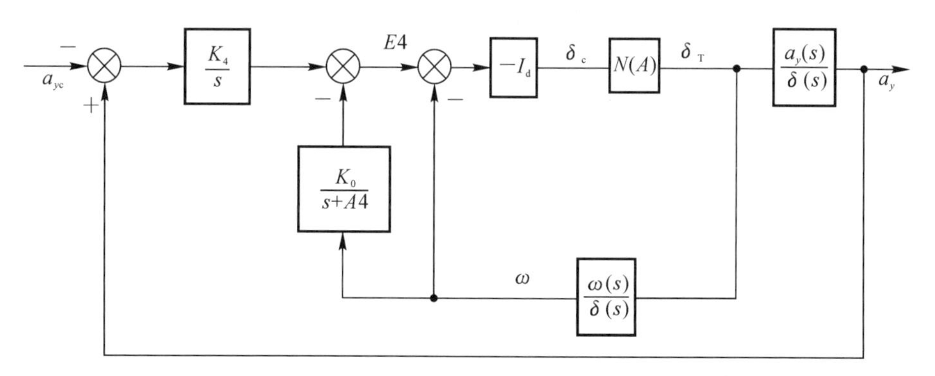

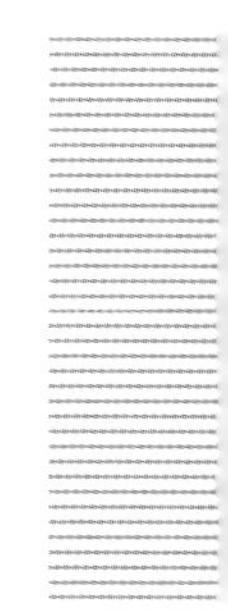

图 9-22 直接力控制导弹自动驾驶仪框图

在舵控处断开的线性系统开环传递函数为

$$HG = I_d \frac{a_3(s+\omega_\alpha)}{s^2+B_a s+C_a}\left(1+\frac{K_0}{s+A_4}\right) - I_d K_4 \frac{va_5(s^2+a_1 s-C_z)}{s(s^2+B_\alpha s+C_\alpha)} \tag{9-17}$$

此外,脉冲调宽调频器的框图如图 9-23 所示。

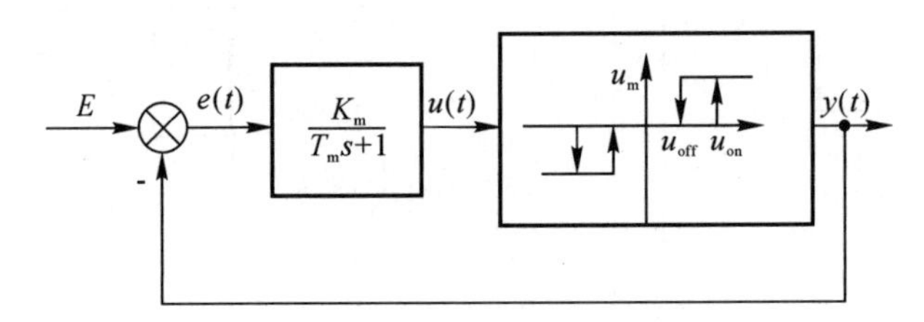

图 9-23　脉冲调宽调频器结构框图

采用描述函数法对 PWPF 调制的直接力装置进行建模,则在某特征点处仿真得到非线性自动驾驶仪的 Nyquist 图如图 9-24 和图 9-25 所示。

从图 9-24 和图 9-25 中可以看出有三个交点,根据 Nyquist 判据,其中 A1、A3 是稳定极限环,A2 是不稳定极限环,通过计算 A1 幅值为 1.37,A2 幅值为 4.45,A3 幅值为 122。

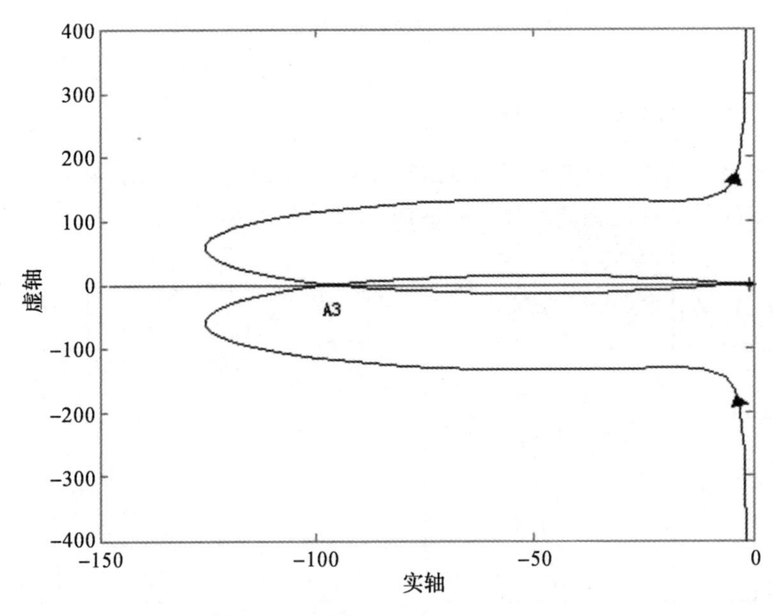

图 9-24　非线性自动驾驶仪 Nyquist 图全貌

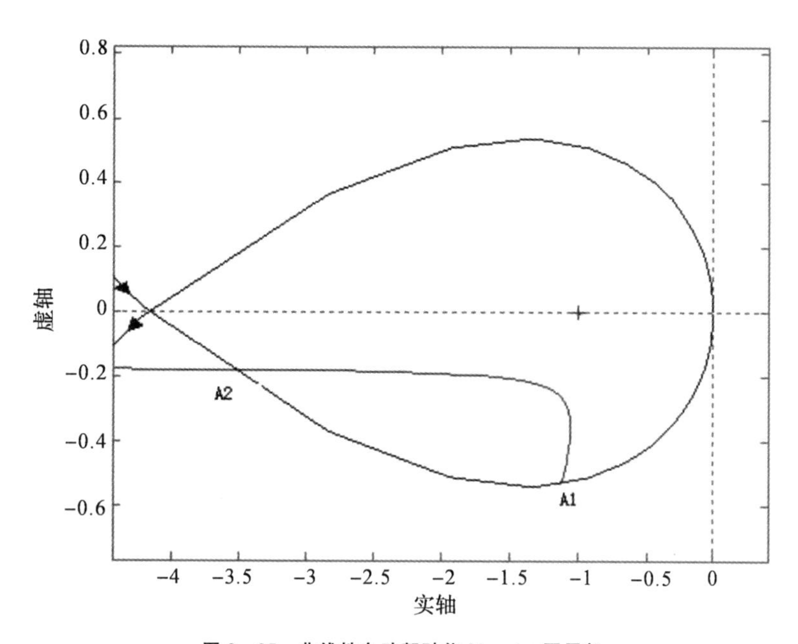

图 9－25　非线性自动驾驶仪 Nyquist 图局部

第10章 自动驾驶仪的现代设计方法

在现代高性能空空导弹上，采用先进控制理论设计自动驾驶仪，日益为工业界所重视。现代设计方法能够解决传统设计方法所难以解决的多变量、解耦、一体化设计等复杂问题，是大幅度提升空空导弹性能的有力工具。本章将介绍几种具有较大工程实用价值的自动驾驶仪现代设计方法，包括滑模变结构控制、LQR控制、鲁棒控制等方法，从多个角度定义对象模型，并给出相应设计流程。

10.1　滑模变结构控制方法

滑模变结构控制由于对模型误差和外部干扰具有良好的鲁棒性，在不确定非线性系统中得到广泛应用，其中，基于终端滑模的控制系统因具有有限时间收敛的特点，成为该领域的研究热点。终端滑模的难点是控制律的奇异问题，即系统状态接近于零时控制律中的状态负指数项会导致控制律趋近于无穷大，产生奇异点。针对此问题，构造带状态高次项的非奇异快速终端滑模面，引入带状态负指数项的滑模趋近率，由此设计时间连续且无负指数项的非奇异快速终端控制律，可达到综合解决终端滑模奇异、抖振和收敛缓慢等问题[39-40]。

10.1.1　普通终端滑模控制

线性滑模系统状态向平衡点的收敛是按照指数规律渐近趋近的，尽管可通过调节参数改变收敛速度，但稳态误差无法在有限时间收敛为零限制了线性滑模的实际应用。终端滑模系统状态有限时间收敛，相较于线性滑模，具有更高的稳态精度。

考虑如下带有不确定性的二阶非线性系统

$$\left.\begin{aligned}\dot{x}_1&=x_2\\\dot{x}_2&=f(x)+u+d\end{aligned}\right\}\tag{10-1}$$

式中，$x=[x_1, x_2]^{\mathrm{T}}$；$f(x)=x_1^2$；$d=0.1\sin(t)$ 表示系统外部扰动并假设 $|d|\leqslant D=0.1$。

针对系统(10-1)，终端滑模可由如下一阶动态方程描述：

$$s=x_2+\beta x_1^{q/p} \tag{10-2}$$

式中，$\beta>0$；p，q 为正奇数，且 $q<p>2q$。

控制律设计为

$$u=u_{\mathrm{eq}}+u_{\mathrm{n}} \tag{10-3}$$

式中，u_{eq} 为等效控制项；u_{n} 为非线性控制项，且

$$u_{\mathrm{eq}}=-f(x)-\beta\frac{q}{p}x_1^{\frac{q}{p}-1}x_2 \tag{10-4}$$

$$u_{\mathrm{n}}=-(D+\eta)\mathrm{sgn}s \tag{10-5}$$

定义李雅普诺夫函数 $V=\dfrac{1}{2}s^2$，对 s 求导

$$\begin{aligned}\dot{s}&=\dot{x}_2+\beta\frac{q}{p}x_1^{\frac{q}{p}-1}\dot{x}_1=f(x)+u+d+\beta\frac{q}{p}x_1^{\frac{q}{p}-1}x_2=\\&f(x)-f(x)-\beta\frac{q}{p}x_1^{\frac{q}{p}-1}x_2-(D+\eta)\mathrm{sgn}s+d+\beta\frac{q}{p}x_1^{\frac{q}{p}-1}x_2=\\&d-(D+\eta)\mathrm{sgn}s\end{aligned}$$

故

$$\dot{V}=s\dot{s}=s[d-(D+\eta)\mathrm{sgn}s]=-\beta\eta|s|<0 \tag{10-6}$$

因此，系统线性滑模存在。普通终端滑模存在奇异问题，即在某特定区间内，控制器输入可能出现无穷大现象。可见，$\dfrac{q}{p}-1<0$，当 $x_1=0$，$x_2\neq0$ 时，控制输入会无穷大，在工程中是无法实现的。

设 $s(0)\neq0$ 到 $s=0$ 的收敛时间为 t_{r}，当 $t=t_{\mathrm{r}}$ 时，$s(t_{\mathrm{r}})=0$。

当 $s\geqslant0$ 时，有

$$\dot{s}\leqslant-\eta$$

$$\int_{s(0)}^{s(t_{\mathrm{r}})}\mathrm{d}s\leqslant\int_0^{t_{\mathrm{r}}}-\eta\,\mathrm{d}t$$

$$s(t_{\mathrm{r}})-s(0)\leqslant-\eta t_{\mathrm{r}}$$

$$t_{\mathrm{r}}\leqslant\frac{s(0)}{\eta}$$

同理，当 $s\leqslant0$ 时，有 $t_r\leqslant-\dfrac{s(0)}{\eta}$，则

$$t_r \leqslant \frac{|s(0)|}{\eta} \tag{10-7}$$

在滑模面上，设 $x_1(t_r) \neq 0$ 到 $x_1(t_r + s_s) = 0$ 的时间为 t_s，在此阶段，$s = 0$，则

$$x_2 + \beta x_1^{\frac{q}{p}-1} = 0$$

$$\dot{x}_1 = -\beta x_1^{\frac{q}{p}-1}$$

两边积分得

$$\int_{s1(t_r)}^{0} x_1^{-\frac{q}{p}} \mathrm{d}x_1 = \int_{t_r}^{t_r+t_s} \beta \mathrm{d}t$$

$$-\frac{p}{p-q} x_1^{1-\frac{q}{p}}(t_r) = \beta t_s$$

$$t_s = \frac{p}{\beta(p-q)} |x_1(t_r)|^{1-\frac{q}{p}} \tag{10-8}$$

由以上计算可知，终端滑模控制系统状态有限时间($t_r + t_s$)收敛至平衡点。

10.1.2　非奇异终端滑模控制

针对系统(10-1)，非奇异终端滑模可描述为

$$s = x_1 + \frac{1}{\beta} x_2^{p/q} \tag{10-9}$$

式中，$\beta > 0$；p，q 为正奇数，且 $q < p < 2q$。

控制律设计为

$$u = u_{eq} + u_n \tag{10-10}$$

式中，u_{eq} 为等效控制项；u_n 为非线性控制项，且

$$u_{eq} = -f(x) - \beta \frac{q}{p} x_2^{2-p/q} \tag{10-11}$$

$$u_n = -(D + \eta)\mathrm{sgn}s \tag{10-12}$$

定义李雅普诺夫函数 $V = \frac{1}{2}s^2$，对 s 求导

$$\dot{s} = \dot{x}_1 + \frac{1}{\beta}\frac{p}{q} x_2^{p/q} \dot{x}_2 = x_2 + \frac{1}{\beta} x_2^{p/q-1}[f(x) + u + d] =$$

$$x_2 + \frac{1}{\beta}\frac{p}{q} x_2^{p/q-1}\left[f(x) - f(x) - \beta \frac{q}{p} x_2^{2-p/q} - (D+\eta)\mathrm{sgn}s + d\right] =$$

$$\frac{1}{\beta}\frac{p}{q} x_2^{p/q-1}[d - (D+\eta)\mathrm{sgn}s]$$

式中，p，q 均为正奇数，且$\frac{p}{q}-1>0$，当 $x_0\neq 0$ 时，$x_2^{p/q-1}$，则

$$\dot{V}=s\dot{s}=s\ \frac{1}{\beta}\ \frac{p}{q}x_2^{p/q-1}\left[d-(D+\eta)\mathrm{sgn}s\right]=$$

$$\frac{1}{\beta}\ \frac{p}{q}x_2^{p/q-1}\{s\left[d-(D+\eta)\mathrm{sgn}s\right]\}\leqslant$$

$$-\frac{1}{\beta}\ \frac{p}{q}x_2^{p/q-1}\eta\mid s\mid<0 \tag{10-13}$$

进一步整理得

$$\dot{x}_2=-\beta\ \frac{q}{p}x_2^{2-q/p}+u_n+d$$

当 $x=0$ 时，有

$$\dot{x}_2=u_n+d=d-(D+\eta)\mathrm{sgn}s$$

当 $s>0$ 时，有

$$\dot{x}_2=u_n+d=d-(D+\eta)\mathrm{sgn}s=d-D-\eta\leqslant-\eta$$

当 $x<0$ 时，有

$$\dot{x}_2=u_n+d=d-(D+\eta)\mathrm{sgn}s=d+D+\eta\leqslant\eta$$

系统相轨迹如图 10-1 所示，可以看出，当 $x_2=0$ 时，系统状态能在有限时间收敛至滑动模态 $x=0$。

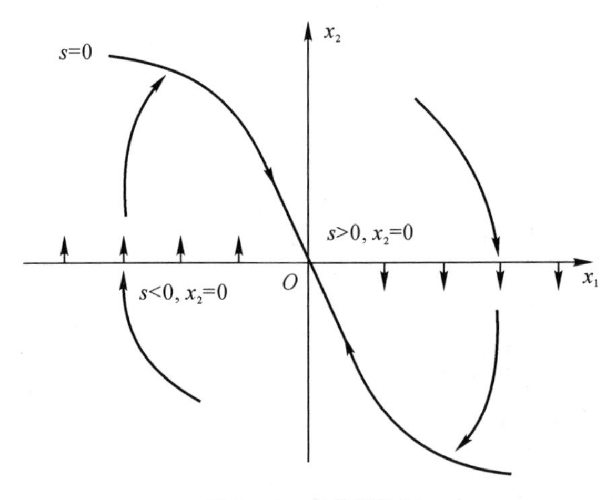

图 10-1　系统相轨迹

可以看出，当 $q<p<2q$ 时，控制律不存在奇异问题。

假设初始条件 $s(0)>0$，$x_2>0$，此时有

$$\dot{x}_2(t) = -\beta \frac{q}{p} x_2^{2-p/q}(t) + d(t) - (D+\eta)\mathrm{sgn}s(t) \leqslant -\eta$$

因此，$x_2(t)$ 为单调递减函数。在相平面上，状态轨迹将吸引到滑模平面 $s(t)=0$，为计算状态到达滑模平面的最大时间，定义区域 Ω 为

$$\Omega = \left\{ x_2(t): s > 0 \cap x_2(t) = \left(-\frac{1}{2}\frac{p}{\beta q}\eta \right)^{\frac{q}{2q-p}} \right\}$$

当系统状态 x 从初值 $x(0)$ 到达 Ω 的过程中，系统状态 $\dot{x}_2(t)$ 恒满足

$$\dot{x}_2(t) = -\beta \frac{q}{p} x_2^{2-\frac{q}{p}}(t) - \eta \leqslant -\frac{1}{2}\eta$$

令 t_{r1} 为系统状态到达 Ω 的时间，将上式对时间积分，得

$$\int_{x_2(0)}^{x_2(t_{r1})} \mathrm{d}x_2 \leqslant \int_0^{t_{r1}} -\frac{1}{2}\eta \mathrm{d}t$$

$$x_2(t_{r1}) - x_2(0) \leqslant -\frac{1}{2}\eta t_{r1}$$

解得

$$t_{r1} \leqslant \frac{2[x_2(t_{r1}) - x_2(0)]}{\eta} \tag{10-14}$$

式中，

$$x_2(t_{r1}) = \left(-\frac{1}{2}\frac{p}{\beta q}\eta \right)^{\frac{q}{2q-p}}$$

即系统有限时间 t_{r1} 内到达 Ω。从 Ω 到 $s=0$，有

$$\dot{s}(t) \leqslant -\frac{1}{\beta}\frac{p}{q} x_2^{p/q-1}(t)\eta \leqslant -\frac{1}{\beta}\frac{p}{q} x_2^{p/q-1}(t_{r1})\eta = -\eta'$$

式中

$$\eta' = \frac{1}{\beta}\frac{p}{q} x_2^{p/q-1}(t_{r1})\eta$$

由 $\dot{s}(t) \leqslant -\eta'$ 知，系统由 Ω 至 $s(t)=0$ 时间也是有限的，由初始状态 $x(0)$ 到 $s(t)=0$ 总时间可表示为

$$t_r = t_{r1} + \frac{s(t_{r1})}{\eta'} \tag{10-15}$$

式中

$$s(t_{r1}) = x_1(t_{r1}) + \frac{1}{\beta} x_2^{p/q-1}(t_{r1}) \leqslant x_1(0) + x_2(0)t_{r1} - \frac{1}{4}\eta t_{r1}^2 + \frac{1}{\beta} x_2^{p/q-1}(t_{r1})$$

对于 $s(0)<0$，$x_2<0$ 的情况，与上述 Ω 到 $s(t)=0$ 相同，系统状态到达 $s(t)=0$ 的时间 t_r 为

$$t_r = \frac{|s(0)|}{\eta''}, \quad \eta'' = \frac{1}{\beta}\frac{p}{q}x_2^{p/q-1}(0)\eta \tag{10-16}$$

综合以上两种情况，知当 $s(t) \neq 0$ 时，系统从任意初始状态有限时间内收敛至 $s(t)=0$。有限时间 t_r 表示为

$$t_r = \begin{cases} \dfrac{2[x_2(t_{r1}) - x_0(0)]}{\eta} + \dfrac{s(t_{r1})}{\eta'}, \quad \eta' = \dfrac{1}{\beta}\dfrac{p}{q}x_2^{p/q-1}(t_{r1})\eta, & \text{当 } x_0(t)\mathrm{sgn}[s(0)] \geqslant 0 \text{ 时} \\ \dfrac{|s(0)|}{\eta''}, \quad \eta'' = \dfrac{1}{\beta}\dfrac{p}{q}x_2^{p/q-1}(0)\eta, & \text{当 } x_0(t)\mathrm{sgn}[s(0)] \leqslant 0 \text{ 时} \end{cases} \tag{10-17}$$

在系统到达滑模面后，系统降阶为 $s(t)=x_1+1/\beta x_1^{p/q}=0$，解微分方程可得系统沿滑模面收敛至平衡点的时间 t_s 为

$$t_s = \frac{p}{\beta(p-q)}\left[x_1(t_r)^{\frac{p}{p-q}}\right] \tag{10-18}$$

由以上计算可知，系统从任意初始状态经过有限时间 (t_r+t_s) 收敛至平衡点。

10.1.3 非奇异快速终端滑模控制

由于非奇异终端滑面可知，当系统处于滑模面上时：

$$s = x_1 + \frac{1}{\beta}x_2^{p/q-1} = x_1 + \frac{1}{\beta}x_2^{p/q-1} = 0$$

也即

$$\dot{x} = -\beta x_1^{p/q-1} \tag{10-19}$$

式中，由于 $\frac{q}{p} < 1$，在系统状态远离平衡点时收敛缓慢。因此，考虑在(10-19)右端增加 x_1 的高次指数项，可有效提高远离平衡点时的收敛速度。

针对系统设计非奇异快速终端滑模面

$$s = x_1 + \frac{1}{\alpha}x_1^{g/h-1} + \frac{1}{\beta}x_2^{p/q-1} \tag{10-20}$$

式中，$\alpha \in \mathbf{R}^+$；$\beta \in \mathbf{R}^+$；p,q,g,h 为奇数，要求满足 $1 < \frac{p}{q} < 2$，$\frac{g}{h} > \frac{p}{q}$ 以保障滑模面的非奇异性。

当系统状态在滑模面上运动时有

$$s = x_1 + \frac{1}{\alpha}x_1^{g/h-1} + \frac{1}{\beta}x_2^{p/q-1} = x_1 + \frac{1}{\alpha}x_1^{g/h-1} + \frac{1}{\beta}\dot{x}_1^{p/q-1} = 0$$

$$\dot{x}_1=\beta x_1^{p/q-1}+\frac{\beta}{\alpha}x_1^{\frac{g/h}{p/q}-1} \tag{10-21}$$

系统状态接近平衡点时，收敛速度与非奇异终端滑模近似；当系统状态远离平衡点时，式(10-21)高次项$\frac{\beta}{\alpha}x_1^{\frac{g/h}{p/q}-1}$起主要作用，因此，在滑动阶段，非奇异快速终端滑模比非奇异终端滑模具有更快的收敛速度。

下面给出仿真实例，设计$\alpha=1,\beta=1,p=5,q=3,g=7,h=3$，线性滑模、非奇异终端滑模和快速非奇异终端滑模方程分别如下：

$$s=x_1+\dot{x}_1=0$$

$$s=x_1+\dot{x}_1^{5/3}=0$$

$$s=x_1+x_1^{7-3}+x_2^{5/3}=0$$

假设初始条件$x(0)=1$，图10-2所示为仿真结果，其中(a)为系统状态，线性滑模状态渐近趋近于零，非奇异终端滑模与非奇异快速终端滑模状态均有限时间收敛为零，且非奇异快速终端滑模比非奇异终端滑模收敛速度更快。图10-2(b)为系统相图，在相平面上，线性滑模是一条直线，而非奇异终端滑模和非奇异快速终端滑模均为曲线。

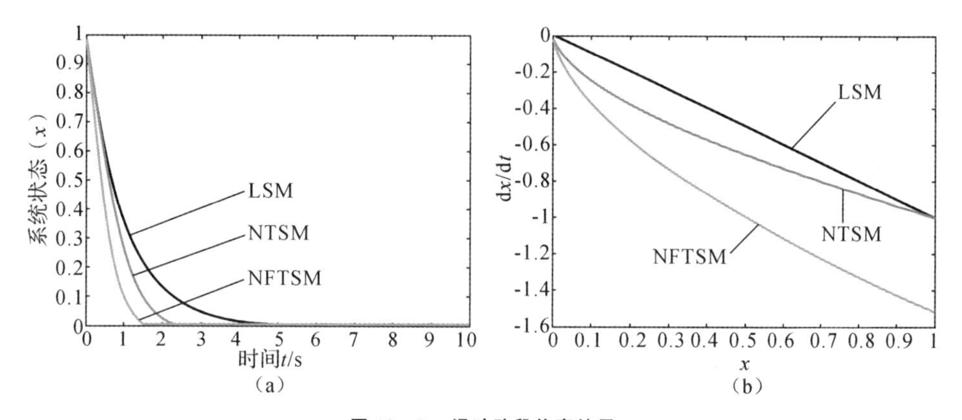

图10-2　滑动阶段仿真结果

(a)系统状态；(b)系统相图

为消除控制律中的非线性切换项，避免系统抖振，通常采用"吸引子"设计滑模控制律。其中，终端吸引子可使系统状态有限时间到达滑模面，且对模型误差和外部干扰具有较好鲁棒性，在滑模控制中得到广泛应用。针对非奇异快速终端滑模的特点，采用一种带负指数项的终端吸引子

$$\dot{s}=(-\phi s-\gamma s^{m/n})\chi_2^{p/q-1} \tag{10-22}$$

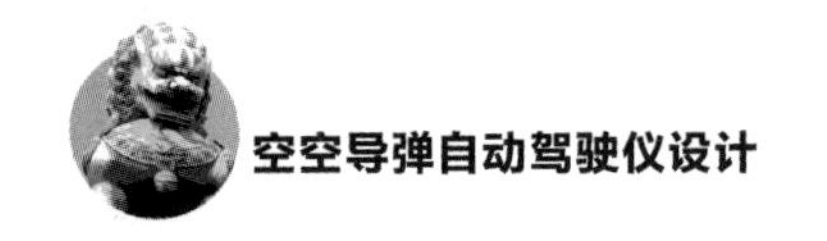

其中，$\phi \in R^{+}, \gamma \in R^{+}, , n \in N$ 为奇数，要求满足 $0<\dfrac{m}{n}<1$，以式(10-20)为滑模面，式(10-22)为趋近率，推导出非奇异快速终端滑模控制律为

$$u=-f(x)-d-\frac{\beta q}{p}(\phi s+\gamma s^{\frac{m}{n}})-\frac{\beta q}{p}x_2^{2-\frac{p}{q}}\left(1+\frac{g}{\alpha h}x_1^{\frac{g}{h}-1}\right) \quad (10-23)$$

由于 $1<p/q<2, h/g>1$，所以式中状态变量 x_1, x_2 的指数皆大于零，无负指数项，这说明基于滑模面和趋近率设计的控制方法完全避免奇异问题，且控制律时间连续，无抖振。

定义李亚普诺夫函数 $V=\dfrac{1}{2}x^2$

$$\dot{V}=s\dot{s}=(-\phi s^2-\gamma s^{\frac{m}{n}+1})x_2^{\frac{p}{q}-1} \quad (10-24)$$

将 x_1-x_2 平面划分区域 $D \overset{\text{def}}{=\!=} \{x \mid x_1 \neq 0, x_2 \neq 0\}$ 和，$\overline{D} \overset{\text{def}}{=\!=} \{x \mid x_1 \neq 0, x_2 \neq 0\}$。当 $\boldsymbol{x} \in D$ 时，由 p, q, m, n 为奇数，ϕ, γ 为正实数，故 $x_2^{\frac{g}{h}-1}>0, s^{\frac{m}{n}}>0, \dot{V}<0$。由李雅普诺夫判据可知，在区域 D 内，滑模有限时间收敛，非奇异快速终端滑模存在。当 $\boldsymbol{x} \in \overline{D}$ 时，将控制律(10-23)代入系统(10-1)内，得：

$$\left.\begin{aligned}\dot{x}_1&=x_2\\ \dot{x}_2&=-\frac{\beta q}{p}(\phi s+\gamma s^{m/n})-\frac{\beta q}{p}x_2^{2-p/q}\left(1+\frac{g}{\alpha h}x_1^{g/h-1}\right)\end{aligned}\right\} \quad (10-25)$$

在 x_1-x_2 平面，可知相轨迹斜率方程为

$$\frac{\mathrm{d}x_2}{\mathrm{d}x_1}=\frac{\dot{x}_2}{\dot{x}_1}=\frac{-\dfrac{\beta q}{p}(\phi s+\gamma s^{m/n})-\dfrac{\beta q}{p}x_2^{2-p/q}\left(1+\dfrac{g}{\alpha h}x_1^{g/h-1}\right)}{x_2} \quad (10-26)$$

当 $x_1>0, x_2=2$ 时，由 $p/q<2, p, q, g, h, m, n$ 为奇数，知：

$$\begin{aligned}&\frac{\mathrm{d}x_2}{\mathrm{d}x_1}\to-\infty\\ &\dot{x}_2=-\frac{\beta q}{p}(\phi s+\gamma s^{m/n})<0\end{aligned} \quad (10-27)$$

式(10-27)说明，x_1 正半轴上相轨迹垂直于该轴，方向向下，且系统状态 $\boldsymbol{x}$ 运动速度不为零。同理，在 x_1 负半轴上相轨迹垂直于该轴，方向向上，且系统状态 $\boldsymbol{x}$ 运动速度不为零。图10-3为系统到达阶段示意图，粗虚线表示非奇异终端滑模面，滑模面将第Ⅱ象限分成 Ⅱ^{Top} 和 Ⅱ^{Bottom} 两个区域，带箭头的细虚线表示区域 $\overline{D}$ 上相轨迹运动方向，x_{init} 表示初始状态，粗实线表示由 x_{init} 出发的相轨迹，将第Ⅳ分成 Ⅳ^{Top} 和 Ⅳ^{Bottom} 两个区域。

非奇异快速终端滑模两侧系统特性对称，不失一般性，仅考虑系统状态位于滑模面上侧的情况。按照初始状态位置分类讨论：

1) $x_{\text{init}} \in \text{Ⅳ}^{\text{Top}}$，相轨迹竖直向下，系统状态不经过 x_1 正半轴，由区域 Ⅳ^{Top} 进入滑模面，即 $\boldsymbol{x} \in D$ 成立，到达阶段滑模有限时间收敛；

2) $x_{\text{init}} \in \text{Ⅱ}^{\text{Top}} \cup \text{Ⅰ}$，若相轨迹经过 x_1 正半轴，由于相轨迹竖直向下且速率不为零，所以相轨迹会穿过 x_1 正半轴进入区域 Ⅱ^{Top}，滑模进一步收敛为零；

3) $x_{init} \in \text{Ⅱ}^{\text{Top}} \cup \text{Ⅰ}$，若相轨迹不经过 x_1 正半轴，即 $\boldsymbol{x} \in D$ 成立，到达阶段滑模收敛。

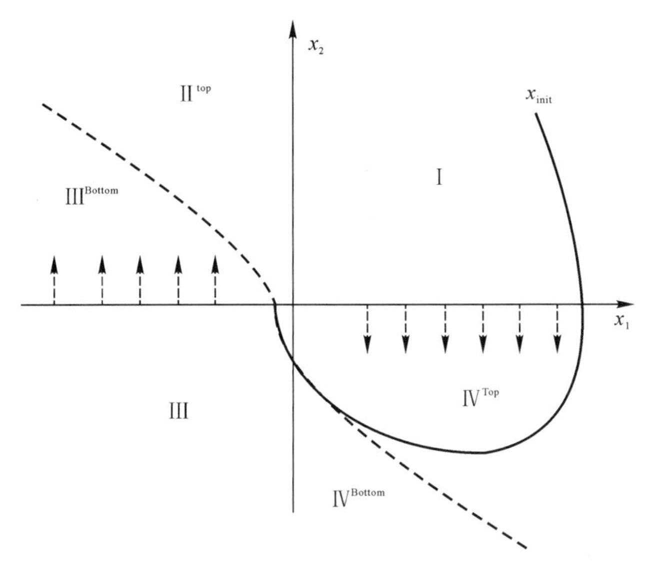

图 10－3　到达阶段相轨迹

综上所述，由任意初始位置出发的相轨迹，或者直接收敛至滑模面，或者穿过区域 $\bar{D}$ 进一步收敛至滑模面，但不会停留在区域 $\bar{D}$，因此，非奇异快速终端滑模面全局存在，由任意初始位置出发的状态变量有限时间收敛至滑模面。

引理 1：对于高斯超几何函数：

$$F(A,B,C,z)=\sum_{k=0}^{+\infty}\frac{(A)_k(B)_k}{(C)_k k!}z^k$$

若 $A,B,C \in \mathbf{R}^+$，且满足 $C-A-B>0$，则 F 在定义域 $z<0$ 内收敛。

当系统处于滑模面时，$s=0$，有

$$\dot{x}_1^{\frac{p}{q}}=-\beta x_1-\frac{\beta}{\alpha}x_1^{\frac{g}{h}-1} \tag{10-28}$$

定义李雅普诺夫函数 $V=\frac{1}{2}x_1(t)$，求导整理得

$$\dot{V}^{\frac{p}{q}}=-\beta x_1^{\frac{p+q}{q}}-\frac{\beta}{\alpha}x_1^{\frac{p}{q}+\frac{g}{h}} \tag{10-29}$$

由于 p,q,g,h 均为奇数，故当 $x\neq 0$ 时，$\dot{V}<0$，由李雅普诺夫稳定性判据知滑动阶段系统稳定，状态渐近收敛至平衡点，且式(10-28)表明系统平衡点唯一，为 $x=0$，为求解收敛时间，将 $x_1^2=2V$ 代入式(10-29)，得

$$\dot{V}^{\frac{p}{q}}=-2^{\frac{p+q}{2q}}\beta V \tag{10-30}$$

考虑 $\dot{V}=\frac{\mathrm{d}V}{\mathrm{d}t}$，式(10-30)转化为

$$\mathrm{d}t=-(2^{\frac{p+q}{2q}}\beta V^{\frac{p+q}{2q}}+)^{-\frac{q}{p}}\mathrm{d}V \tag{10-31}$$

定义 $\tau_1\overset{\text{def}}{=}2^{\frac{p+q}{2q}}\beta,\tau_2\overset{\text{def}}{=}2^{\frac{p}{2q}+\frac{g}{2h}}\frac{\beta}{\alpha},A\overset{\text{def}}{=}\frac{q}{P},B\overset{\text{def}}{=}\frac{(p-q)h}{(g-h)p},C\overset{\text{def}}{=}\frac{pg-qh}{p(g-h)}$，式(10-31)积分得：

$$T=2\tau_1^{\frac{q}{p}}\frac{p}{p-q}V^{\frac{p-q}{2p}}F\left(A,B,C,-\frac{\tau_2}{\tau_1}V^{\frac{g-h}{2h}}\right)\Bigg|_{V(0)}^{V(t)} \tag{10-32}$$

系统收敛至平衡点 $x=0$，故 $V(T)=0$。由高斯超几何函数性质可知，$F(A,B,C,0)=0$，式(10-32)整理为

$$T=2\tau_1^{q/p}\frac{p}{p-q}V(0)^{\frac{p-q}{2p}}F\left[A,B,C,-\frac{\tau_1}{\tau_2}V(0)^{\frac{g-h}{2h}}\right] \tag{10-33}$$

当 $p>q,g>h$ 时，有 $A>0,B>0,C>0,C-A-B>0$，且 $V(0)>0$，由引理1知 $F\left[A,B,C,-\frac{\tau_1}{\tau_2}V(0)\right]$ 有界，故时间 T 为有限值。在滑模面上，系统状态有限时间收敛。

为定量验证非奇异快速终端滑模与非奇异终端滑模收敛速度，一个基本前提是：除 g/h 外，两种滑动方程必须有相同的收敛系数，式(10-28)在 $g/h=1$ 时退化为非奇异终端滑模面上运动方程

$$\dot{x}_1^{\frac{p}{q}}=-\left(\beta+\frac{\beta}{\alpha}\right)x_1$$

参数设计要求 $\beta+\frac{\beta}{\alpha}=\bar{\beta}$，其中 $\bar{\beta}$ 为非奇异终端滑模控制参数。

针对系统，同样令 $p=5,q=3$，并设计 $\alpha=9,\beta=0.9,\phi=1,\gamma-1,m=1,n=1,g=7,h=3$。在非奇异快速终端滑模控制器(10-23)作用下，系统仿真结果如图10-4所示。在1.6 s左右，系统状态 x_1,x_2 有限时间收敛于平衡点；系统统约

在 0.2 s 进入滑模面；系统状态进入滑模面后，沿 $x_1+\frac{1}{9}x_1^{7/3}+\frac{10}{9}x_1^{5/3}$ 运动直至原点；系统输入不存在出现奇异现象且平滑无抖振。

10.1.4 小结

本节针对二阶非线性系统依次设计了线性滑模、终端滑模、非奇异终端滑模和非奇异快速终端滑模，从理论上验证了各滑模控制的稳定性并分析其收敛特性，通过仿真对各种控制方法的特点作比较分析。仿真结果表明，非奇异快速终端滑模控制相较于其他滑模控制方法，既能够使系统状态有限时间收敛，又能够保证控制律不存在奇异问题且控制输入无抖振，为直接力/气动力复合控制空空导弹控制系统设计方法提供理论基础。

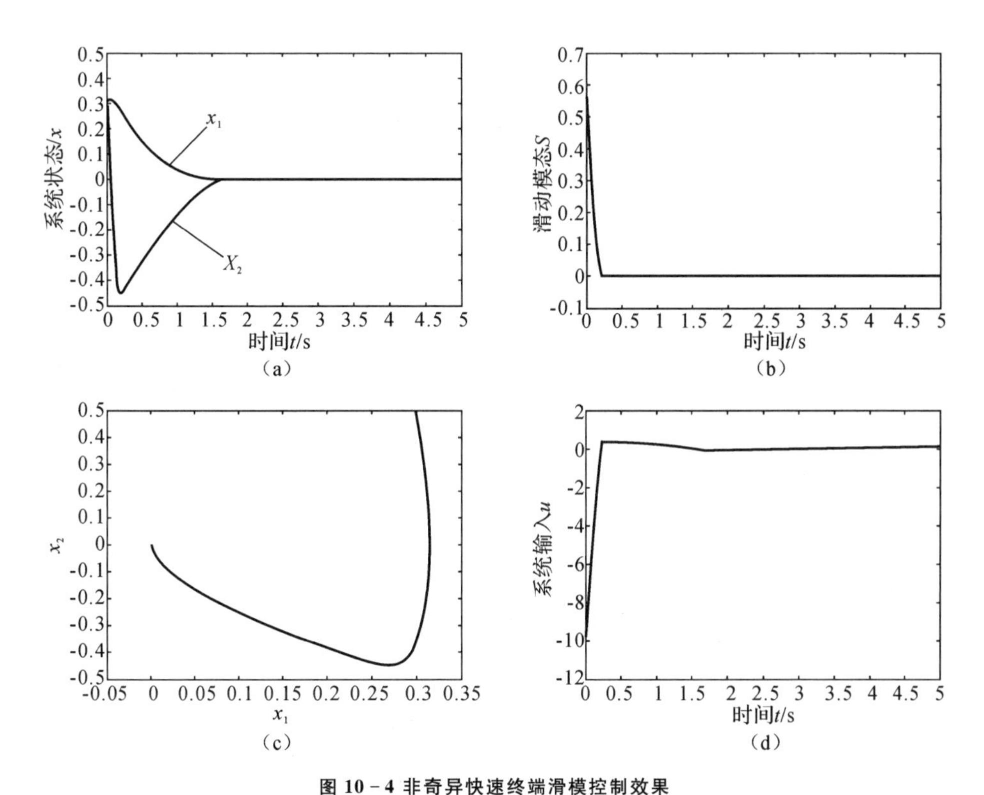

图 10-4 非奇异快速终端滑模控制效果

(a)系统状态；(d)滑动模态；(c)系统相图；(d)系统输入

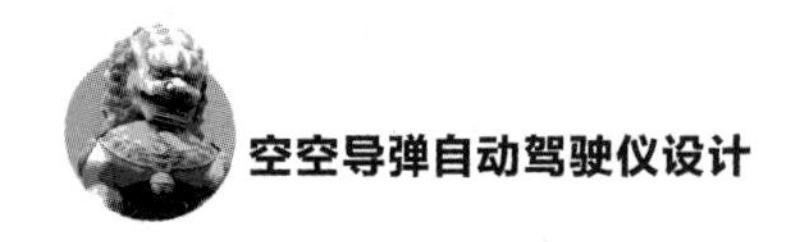

10.2 LQR 控制方法

线性二次型调节器(LQR)问题按目标函数的形式不同可以分为三类:最优状态调节器问题、最优输出调节器问题和最优跟踪器问题。这三类问题是有紧密联系的,理论上也可以证明:最优跟踪器问题与最优输出调节器问题都可以转化为最优状态调节器问题[41-43]。

10.2.1 标准 LQR 问题描述

考虑线性时不变系统,其标准的无限时间状态调节器 LQR 问题可以描述为对于控制对象的状态空间方程:

$$\left.\begin{aligned}\dot{x} &= Ax + Bu \\ y &= Cx\end{aligned}\right\} \tag{10-34}$$

其中,$x|_{t=0} = x_0, t \in [0, +\infty)$。

若控制对象完全能控且完全能观,则满足性能指标:

$$\min \quad J = \int_0^{\infty} (\boldsymbol{x}^{\mathrm{T}} \boldsymbol{Q} x + \boldsymbol{u}^{\mathrm{T}} \boldsymbol{R} u) \mathrm{d}t$$

的控制律存在且唯一:

$$u(t) = -\boldsymbol{R}^{-1} \boldsymbol{B}^{\mathrm{T}} P x(t) = K x(t)$$

其中,Q、R 为待定(d 求解 LQR 问题时,应事先确定这两个矩阵)加权矩阵,K 即为待求的最优控制增益。P 满足代数黎卡提方程(ARE):

$$-\boldsymbol{PA} - \boldsymbol{A}^{\mathrm{T}} \boldsymbol{P} + \boldsymbol{PBR}^{-1} \boldsymbol{B}^{\mathrm{T}} \boldsymbol{P} - \boldsymbol{Q} = 0 \tag{10-35}$$

对于这类标准问题,MATLAB 提供了功能函数 lqr 可用,调用方法为

$$K = \mathrm{lqr}(A, B, Q, R, N)$$

对此问题而言,$N = 0$,这也是 MATLAB 默认的。

为理清下文较为复杂的数学转换关系,不妨也给出其他两类 LQR 问题的性能指标,其中,最优输出调节器问题的性能指标为:

$$\min \quad J(u) = \int_0^{\infty} (\boldsymbol{y}^{\mathrm{T}} \boldsymbol{Q} \boldsymbol{y} + \boldsymbol{u}^{\mathrm{T}} \boldsymbol{R} \boldsymbol{u}) \mathrm{d}t \tag{10-36}$$

最优跟踪器问题的性能指标为

$$\min \quad J(u) = \int_0^{\infty} (\boldsymbol{e}^{\mathrm{T}} \boldsymbol{Q} \boldsymbol{e} + \boldsymbol{u}^{\mathrm{T}} \boldsymbol{R} \boldsymbol{u}) \mathrm{d}t \tag{10-37}$$

其中,$e = y - r$ 为跟踪误差,r 为参考输入。

可见，本小节中的状态量、输入量以及所关心的输出量分别为

$$\boldsymbol{x}=\begin{bmatrix}\alpha\\ q\end{bmatrix},\quad \boldsymbol{u}=\begin{bmatrix}\delta_z\\ T_z\end{bmatrix},\quad \boldsymbol{y}=\begin{bmatrix}n_y\\ q\end{bmatrix}$$

此时有导弹动态系统的状态空间表达式为

$$\left.\begin{aligned}\dot{\boldsymbol{x}}&=\boldsymbol{A}\boldsymbol{x}+\boldsymbol{B}\boldsymbol{u}\\ \boldsymbol{y}&=\boldsymbol{C}\boldsymbol{x}+\boldsymbol{D}\boldsymbol{u}\end{aligned}\right\}\tag{10-38}$$

可见，该式为含有 Du 项的"非标准形式"动态方程，这里所谓的"非标准形式"是针对LQR标准问题而言的，因为在LQR标准问题中，控制对象动态模型是不含有 Du 项的。此外，考虑到实际对象的特点，如导弹在飞行中，其攻角很难准确测得，故在工程上，不宜直接采用本节所述的状态反馈控制律，而可以采用输出反馈控制律。当然，状态反馈控制律与输出反馈控制律的数学转换关系是确定的。

10.2.2　跟踪器问题等效求解原理

以直接力与气动力正常式布局轴对称导弹复合控制问题为例，研究其纵向运动。选择攻角及俯仰角速度作为状态量，同时为方便表达计，令 $q=\dot{\vartheta}$，则给出导弹纵向扰动运动动态模型的状态方程：

$$\begin{bmatrix}\dot{\alpha}\\ \dot{q}\end{bmatrix}=\begin{bmatrix}-a_4 & 1\\ -a_2 & -a_1\end{bmatrix}\begin{bmatrix}\alpha\\ q\end{bmatrix}+\begin{bmatrix}-a_5 & -a'_5\\ -a_3 & -a'_3\end{bmatrix}\begin{bmatrix}\delta_z\\ T_z\end{bmatrix}\tag{10-39}$$

选择法向过载和俯仰角速度作为输出量，可得输出方程为

$$\begin{bmatrix}n_y\\ q\end{bmatrix}=\begin{bmatrix}\dfrac{a_4V}{g} & 0\\ 0 & 1\end{bmatrix}\begin{bmatrix}\alpha\\ q\end{bmatrix}+\begin{bmatrix}\dfrac{a_5V}{g} & \dfrac{a'_5V}{g}\\ 0 & 0\end{bmatrix}\begin{bmatrix}\delta_z\\ T_z\end{bmatrix}\tag{10-40}$$

值得注意的是，前文有关动力系数的定义与目前大多数公开的著作文献所述一致，但与我们工程中常用的动力系数定义稍有不同。原因在于，在公开的著作文献中，气动力是在速度系下给出的，而我们得到的气动数据往往是在弹体系下给出的，比如来自风洞实验部门的数据就是弹体系下的。这种坐标系差异将导致气动力系数的线化结果不同，从而导致动力系数差异。此外，还有一些习惯用法上的不同，比如工程中的定义：

$$\begin{cases}a_1=-\dfrac{M_z^{\omega z}}{J_z}=-\dfrac{qSL^2m_z^{\bar{\omega}z}}{2J_zV}\quad(\mathrm{s}^{-1})\\ b_1=-\dfrac{M_y^{\omega y}}{J_y}=-\dfrac{qSL^2m^{\bar{\omega}y}}{2J_yV}\quad(\mathrm{s}^{-1})\end{cases}$$

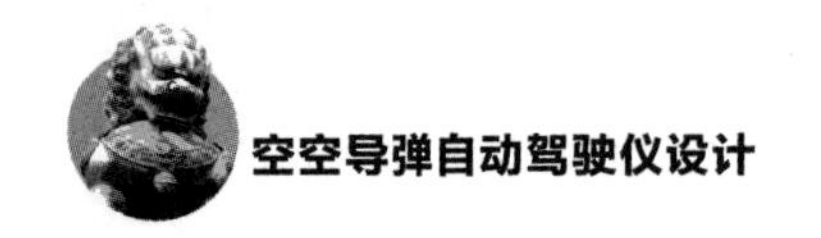

分母中的倍数“2”是人为加入的，没有明确的物理意义。当然，无论动力系数的形式如何，与之相关的分析或设计结果都应该是一致的。

根据前文弹体动力学建模的结果可知，输出方程中含有 Du 项，要用 LQR 理论解决其控制问题时，属于非标准的 LQR 问题。因此，本节将对非标准 LQR 问题的描述及解法进行拓展，以使其适应输出方程中含有 Du 的情况。

在导弹过载控制系统设计中，我们主要关心过载跟踪误差与弹体响应快速性。此外，还需要具体考虑各子系统的可实现性，比如舵系统功率有限，舵偏速率不能太大。故权衡后，可以选择“过载跟踪误差”与“舵偏角速率”作为性能指标 J 的两个重要考量因素，也即有跟踪器问题的性能指标为

$$\min \quad J=\int_0^{\infty}[(n_y-K_{ss}r)Q(n_y-K_{ss}r)+\dot{\boldsymbol{u}}^{\mathrm{T}}\boldsymbol{R}\dot{\boldsymbol{u}}]\,\mathrm{d}t \tag{10-41}$$

其中，r 为过载指令；$\dot{\boldsymbol{u}}=\begin{bmatrix}\dot{\delta}_z\\ \dot{T}_z\end{bmatrix}$，是一组虚拟的舵偏角速率；$K_{ss}$ 是为抑制稳态误差而加在闭环控制系统输入端的放大系数，也称为“稳态归一化增益”。

根据前文的结论：跟踪器问题与其调节器问题具有形势一致的反馈增益解。而调节器问题是 LQR 控制的基础性问题，其解法在相关资料中阐述的更为详细。因此，我们可以通过求解标准调节器问题，从而获得跟踪器问题的控制律。

输出调节器问题的形式为

$$\min \quad J=\int_0^{\infty}(\boldsymbol{z}^{\mathrm{T}}\widetilde{Q}\boldsymbol{z}_1+\boldsymbol{u}_1^{\mathrm{T}}\widetilde{R}\boldsymbol{u}_1)\,\mathrm{d}t \tag{10-42}$$

其中，$\boldsymbol{u}_1=\dot{\boldsymbol{u}}$，$z_1=n_y$。当重设输入量 $\boldsymbol{u}_1=\dot{\boldsymbol{u}}$ 的时候，由状态方程 $\dot{x}_1=\boldsymbol{A}_1\boldsymbol{x}_1+\boldsymbol{B}_1\boldsymbol{u}_1$ 可知，新状态向量 $\boldsymbol{x}_1$ 与系统矩阵 $\boldsymbol{A}_1$、$\boldsymbol{B}_1$ 也将被迫“扩维”（维数增加），故推导可得

$$\boldsymbol{x}_1=\begin{bmatrix}\alpha\\ q\\ \delta_z\\ T_z\end{bmatrix},\quad \boldsymbol{A}_1=\begin{bmatrix}A & B\\ 0_{2\times2} & 0_{2\times2}\end{bmatrix},\quad \boldsymbol{B}_1=\begin{bmatrix}0_{2\times2}\\ I_{2\times2}\end{bmatrix}$$

将上述 $\boldsymbol{z}_1=\boldsymbol{n}_y$ 改写为下述形式：

$$\boldsymbol{z}_1=\boldsymbol{H}_1\boldsymbol{x}_1+\boldsymbol{L}_1\boldsymbol{u}_1 \tag{10-43}$$

其中

$$\boldsymbol{H}_1=\begin{bmatrix}\dfrac{a_4V}{g} & 0 & \dfrac{a_5V}{g} & \dfrac{a'_5V}{g}\end{bmatrix},\quad \boldsymbol{L}_1=[0\quad 0]$$

将式(10-43)代入性能指标可得

$$\min \quad J = \int_0^{\infty} [(\boldsymbol{H}_1\boldsymbol{x}_1 + \boldsymbol{L}_1\boldsymbol{u}_1)^{\mathrm{T}}\tilde{\boldsymbol{Q}}(\boldsymbol{H}_1\boldsymbol{u}_1 + \boldsymbol{L}_1\boldsymbol{u}_1) + \boldsymbol{u}_1^{\mathrm{T}}\tilde{\boldsymbol{R}}\boldsymbol{u}_1]\,\mathrm{d}t$$

进一步整理可得：

$$\min \quad J = \int_0^{\infty} [\boldsymbol{x}_1^{\mathrm{T}}(\boldsymbol{H}_1^{\mathrm{T}}\tilde{\boldsymbol{Q}}\boldsymbol{H}_1)\boldsymbol{x}_1 + 2\boldsymbol{x}_1^{\mathrm{T}}(\boldsymbol{H}_1^{\mathrm{T}}\tilde{\boldsymbol{Q}}\boldsymbol{L}_1)\boldsymbol{u}_1 + \boldsymbol{u}_1^{\mathrm{T}}(\tilde{\boldsymbol{R}} + \boldsymbol{L}_1^{\mathrm{T}}\tilde{\boldsymbol{Q}}\boldsymbol{L}_1)\boldsymbol{u}_1]\,\mathrm{d}t \tag{10-44}$$

为简化表达上式，令

$$\boldsymbol{Q} = \boldsymbol{H}_1^{\mathrm{T}}\tilde{\boldsymbol{Q}}\boldsymbol{H}_1, \quad \boldsymbol{S} = \boldsymbol{H}_1^{\mathrm{T}}\tilde{\boldsymbol{Q}}\boldsymbol{L}_1, \quad \boldsymbol{R} = \tilde{\boldsymbol{R}} + \boldsymbol{L}_1^{\mathrm{T}}\tilde{\boldsymbol{Q}}\boldsymbol{L}_1$$

则性能指标可简写为

$$\min \quad J = \int_0^{\infty} (\boldsymbol{x}_1^{\mathrm{T}}\boldsymbol{Q}\boldsymbol{x}_1 + 2\boldsymbol{x}_1^{\mathrm{T}}\boldsymbol{S}\boldsymbol{u}_1 + \boldsymbol{u}_1^{\mathrm{T}}\boldsymbol{R}\boldsymbol{u}_1)\,\mathrm{d}t \tag{10-45}$$

不妨选择输出向量为：

$$\boldsymbol{y}_1 = [n_y \quad q \quad \dot{n}_y \quad \dot{q}]^{\mathrm{T}}$$

则输出方程为：

$$\boldsymbol{y}_1 = \boldsymbol{C}_1\boldsymbol{x}_1 + \boldsymbol{D}_1\boldsymbol{u}_1$$

其中

$$\boldsymbol{C}_1 = \begin{bmatrix} C & D \\ C \cdot A & C \cdot B \end{bmatrix}, \quad \boldsymbol{D}_1 = \begin{bmatrix} 0_{2\times 2} \\ D \end{bmatrix} = \begin{bmatrix} 0 & 0 \\ 0 & 0 \\ D_{131} & D_{132} \\ 0 & 0 \end{bmatrix}$$

至此，直气复合导弹的 LQR 控制跟踪器问题求解就转换为下式所示的调节器问题：

$$\min \quad J = \int_0^{\infty} (\boldsymbol{x}_1^{\mathrm{T}}\boldsymbol{Q}\boldsymbol{x}_1 + 2\boldsymbol{x}_1^{\mathrm{T}}\boldsymbol{S}\boldsymbol{u}_1 + \boldsymbol{u}_1^{\mathrm{T}}\boldsymbol{R}\boldsymbol{u}_1)\,\mathrm{d}t$$

$$\text{s.t.} \quad \left.\begin{aligned} \dot{\boldsymbol{x}}_1 &= \boldsymbol{A}_1\boldsymbol{x}_1 + \boldsymbol{B}_1\boldsymbol{u}_1 \\ \boldsymbol{y}_1 &= \boldsymbol{C}_1\boldsymbol{x}_1 + \boldsymbol{D}_1\boldsymbol{u}_1 \\ \boldsymbol{z}_1 &= \boldsymbol{H}_1\boldsymbol{x}_1 + \boldsymbol{L}_1\boldsymbol{u}_1 \end{aligned}\right\} \tag{10-46}$$

若式(10-46)满足 LQR 问题可解条件：状态完全可观，则通过求解代数黎卡提(Algebraic Ricotte Equation，ARE)方程可得矩阵 $\boldsymbol{P}$，从而得到状态反馈控制增益和状态反馈控制律，并可以很容易地推导出输出调节器问题与跟踪器问题的输出反馈控制律。然而，上述问题并非状态完全可观的，在应用 LQR 理论求解控制律前，必须确认并设法剔除不可观的状态量，使复合控制对象的状态完全可观。

10.2.3 不可观状态的确认与处理

为使复合控制对象的状态完全可观，可以通过状态向量的等价线性变换（变换前后对象模型的动态特性完全相同），在原状态方程的基础上推导出一个新状态方程（组），并通过观察，确认不可观状态量，进而剔除其所在的状态方程，最终得到状态完全可观的导弹状态方程。

令新的状态向量为

$$\boldsymbol{x}_2=\boldsymbol{C}_1\boldsymbol{x}_1=\boldsymbol{y}_1-\boldsymbol{D}_1\boldsymbol{u}_1= \\ [n_y \quad q \quad \dot{n}_y \quad D_1(3,:)u_1 \quad \dot{q}]^{\mathrm{T}} \tag{10-47}$$

可见，新状态向量 $\boldsymbol{x}_2$ 是状态向量 $\boldsymbol{x}_1$ 的线性变换。

取输入向量为 $\boldsymbol{u}_2=\boldsymbol{u}_1$，则对应等价的新状态方程可写为

$$\dot{\boldsymbol{x}}_2=\boldsymbol{A}_2\boldsymbol{x}_2+\boldsymbol{B}_2\boldsymbol{u}_2 \tag{10-48}$$

对比可得：

$$\left.\begin{aligned}\boldsymbol{A}_2&=\boldsymbol{C}_1\boldsymbol{A}_1\boldsymbol{C}_1^{-1}\\ \boldsymbol{B}_2&=\boldsymbol{C}_1\boldsymbol{B}_1\end{aligned}\right\} \tag{10-49}$$

新输出向量 $\boldsymbol{y}_2=\boldsymbol{y}_1=[n_y \quad q \quad \dot{n}_y \quad \dot{q}]^{\mathrm{T}}$，则对比输出方程 $\boldsymbol{y}_1=\boldsymbol{C}_1\boldsymbol{x}_1+\boldsymbol{D}_1\boldsymbol{u}_1$、$\boldsymbol{y}_2=\boldsymbol{C}_2\boldsymbol{x}_2+\boldsymbol{D}_2\boldsymbol{u}_2$ 可得：

$$\boldsymbol{C}_2=\boldsymbol{I}_{4\times4}, \quad \boldsymbol{D}_2=\boldsymbol{D}_1$$

此模型对应的状态调节器问题性能指标为

$$\min \quad J=\int_0^{\infty}(\boldsymbol{x}_2^{\mathrm{T}}\boldsymbol{Q}_2\boldsymbol{x}_2+2\boldsymbol{x}_2^{\mathrm{T}}\boldsymbol{S}_2\boldsymbol{u}_2+\boldsymbol{u}_2^{\mathrm{T}}\boldsymbol{R}_2\boldsymbol{u}_2)\mathrm{d}t$$

推导过程类似前一小节，详细推导可得：

$$\boldsymbol{H}_2=\boldsymbol{H}_1\boldsymbol{C}_1^{-1}, \quad \boldsymbol{L}_2=\boldsymbol{L}_1$$

$$\boldsymbol{Q}_2=(\boldsymbol{H}_1\boldsymbol{C}_1^{-1})^{\mathrm{T}}\tilde{\boldsymbol{Q}}(\boldsymbol{H}_1\boldsymbol{C}_1^{-1}), \quad \boldsymbol{S}_2=(\boldsymbol{H}_1\boldsymbol{C}_1^{-1})^{\mathrm{T}}\tilde{\boldsymbol{Q}}\boldsymbol{L}_1 \quad \boldsymbol{R}_2=\tilde{\boldsymbol{R}}+\boldsymbol{L}_1^{\mathrm{T}}\tilde{\boldsymbol{Q}}\boldsymbol{L}_1$$

进一步可以确认不可观状态量为 q，其特征是该状态量包含于第2个状态方程 $\dot{q}=\dot{q}$ 中，且在其 wb 3个状态方程中未出现。因此，直接从状态方程组中剔除第 2 个方程即可得到状态完全可观的控制对象动态方程，此时得到新状态量：

$$\boldsymbol{x}_3=\boldsymbol{x}_2([1,3,4],:)=[n_y \quad \dot{n}_y-D(3,:)u_1 \quad \dot{q}]^{\mathrm{T}} \tag{10-50}$$

输入向量不变：

$$\boldsymbol{u}_3=\boldsymbol{u}_2=\boldsymbol{u}_1=(\dot{\delta}_z \quad \dot{T}_z)^{\mathrm{T}} \tag{10-51}$$

输出向量 $\boldsymbol{y}_3$ 为从 $\boldsymbol{y}_2$ 中剔除第 2 个元素得到的新向量：

$$\boldsymbol{y}_3=\boldsymbol{y}_2([1,3,4],:)=[n_y \quad \dot{n}_y \quad \dot{q}]^{\mathrm{T}}$$

故由新输出方程 $\boldsymbol{y}_3=\boldsymbol{C}_3\boldsymbol{x}_2+\boldsymbol{D}_3\boldsymbol{u}_3$ 的形式可得系统矩阵分别为

$$\boldsymbol{A}_3=\boldsymbol{A}_2([1,3,4],[1,3,4])$$
$$\boldsymbol{B}_3=\boldsymbol{B}_2([1,3,4],:)$$
$$\boldsymbol{C}_3=\boldsymbol{C}_2([1,3,4],[1,3,4])=\boldsymbol{I}_{3\times3}$$
$$\boldsymbol{D}_3=\boldsymbol{D}_2([1,3,4],:)$$

可见，新系统矩阵 $\boldsymbol{A}_3$、$\boldsymbol{C}_3$ 是分别从 $\boldsymbol{A}_2$、$\boldsymbol{C}_2$ 剔除第 2 行，同时剔除第 2 列得到的；而 $\boldsymbol{B}_3$、$\boldsymbol{D}_3$ 是分别从 $\boldsymbol{B}_2$、$\boldsymbol{D}_2$ 中剔除第 2 行得到的。

此模型对应的状态调节器问题性能指标为

$$\min \quad J=\int_0^{\infty}(\boldsymbol{x}_3^{\mathrm{T}}\boldsymbol{Q}_3\boldsymbol{x}_3+2\boldsymbol{x}_3^{\mathrm{T}}\boldsymbol{S}_3\boldsymbol{u}_3+\boldsymbol{u}_3^{\mathrm{T}}\boldsymbol{R}_3\boldsymbol{u}_3)\mathrm{d}t$$

其中，

$$\boldsymbol{H}_3=\boldsymbol{H}_2(:,[1,3,4])$$
$$\boldsymbol{L}_3=(\boldsymbol{L}_2)_{1\times2}$$
$$\boldsymbol{Q}_3=\boldsymbol{Q}_2([1,3,4],[1,3,4])$$
$$\boldsymbol{S}_3=\boldsymbol{S}_2([1,3,4],:)$$
$$\boldsymbol{R}_3=(\boldsymbol{R}_2)_{2\times2}$$

10.2.4 LQR 跟踪器问题求解

根据前已述及的 LQR 问题等效原理，可以通过求解调节器问题，进而得到跟踪器问题的解。

首先，整理前文的推导结果，写出复合控制导弹 LQR 状态调节器问题的数学模型：

$$\min \quad J=\int_0^{\infty}(\boldsymbol{x}_3^{\mathrm{T}}\boldsymbol{Q}_3\boldsymbol{x}_3+2\boldsymbol{x}_3^{\mathrm{T}}\boldsymbol{S}_3\boldsymbol{u}_3+\boldsymbol{u}_3^{\mathrm{T}}\boldsymbol{R}_3\boldsymbol{u}_3)\mathrm{d}t \tag{10-52}$$

据前文结论，此模型是状态完全客观的，满足 LQR 问题的可解条件。故在其最优性能指标具有 $J^*=\boldsymbol{x}^{\mathrm{T}}\boldsymbol{P}_3\boldsymbol{x}$ 这样的二次型形式下，将 $\dfrac{\partial J^*}{\partial t}=\boldsymbol{x}^{\mathrm{T}}\dot{\boldsymbol{P}}_3\boldsymbol{x}$ 与 $\dfrac{\partial J^*}{\partial t}=2\boldsymbol{P}_3\boldsymbol{x}$ 代入 Hamilton - Jacobi 方程，并考虑在无限时间 LQR 问题中 $\lim\limits_{tf\to\infty}\dot{P}_3=0$，则整理可得 ARE 方程：

$$\boldsymbol{Q}_3+\boldsymbol{P}_3\boldsymbol{A}_3+\boldsymbol{A}_3^{\mathrm{T}}\boldsymbol{P}_3-(\boldsymbol{S}_3+\boldsymbol{P}_3\boldsymbol{B}_3)\boldsymbol{R}_3^{-1}(\boldsymbol{B}_3^{\mathrm{T}}\boldsymbol{P}_3+\boldsymbol{S}_3^{\mathrm{T}})=\boldsymbol{0} \tag{10-53}$$

此方程即为带有 $\boldsymbol{Du}$ 项的非标准 LQR 问题 ARE 方程，它与标准 LQR 状态调节器问题的 ARE 方程有明显区别。求解此方程可得矩阵 P_3，而对照标准 LQR 状态调节器问题的解，可得此问题的控制律为

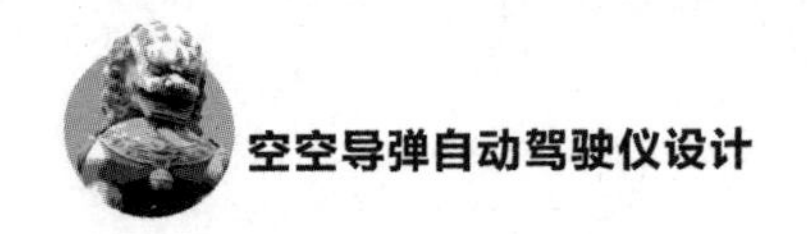

$$\boldsymbol{u}_3=-\boldsymbol{R}_3^{-1}(\boldsymbol{B}_3^{\mathrm{T}}\boldsymbol{P}_3+\boldsymbol{S}_3^{\mathrm{T}})\boldsymbol{x}_3=\boldsymbol{K}_3\boldsymbol{x}_3$$

可见 $\boldsymbol{K}_3=-\boldsymbol{R}_3^{-1}(\boldsymbol{B}_3^{\mathrm{T}}\boldsymbol{P}_3+\boldsymbol{S}_3^{\mathrm{T}})$ 为调节器问题的状态反馈增益矩阵。

进一步地，由下式：

$$\begin{cases}\boldsymbol{u}_3=\boldsymbol{K}_3\boldsymbol{x}_3\\ \boldsymbol{y}_3=\boldsymbol{C}_3\boldsymbol{x}_3+\boldsymbol{D}_3\boldsymbol{u}_3\end{cases}$$

推导可得调节器问题的输出反馈控制律为

$$\boldsymbol{u}_3=\boldsymbol{K}_3(\boldsymbol{C}_3+\boldsymbol{D}_3\boldsymbol{K}_3)^{-1}=\boldsymbol{K}_{\mathrm{opt3}}\boldsymbol{y}_3$$

其中 $\boldsymbol{K}_{\mathrm{opt3}}=\boldsymbol{K}_3(\boldsymbol{C}_3+\boldsymbol{D}_3\boldsymbol{K}_3)^{-1}$ 为调节器问题的输出反馈增益矩阵。

由于跟踪器问题与输出调节器问题解的形式一致，故有跟踪器问题的输出反馈控制律为

$$\boldsymbol{u}_{\mathrm{opt3}}=\boldsymbol{K}_3(\boldsymbol{C}_3+\boldsymbol{D}_3\boldsymbol{K}_3)^{-1}(\boldsymbol{y}_3-\widetilde{\boldsymbol{K}}_{\mathrm{ss}}\boldsymbol{r})=\boldsymbol{K}_{\mathrm{opt3}}\widetilde{\boldsymbol{y}}_3 \tag{10-54}$$

考虑到 $\boldsymbol{u}_{\mathrm{out3}}=\boldsymbol{u}_1=\dot{\boldsymbol{u}}=[\dot{\delta}_z\quad \dot{T}_z]^{\mathrm{T}}$ 为虚拟舵偏速率，而导弹这一实际控制对象的输入为虚拟舵偏 / 控制量 u，故对式(10－54) 求积分可得

$$\boldsymbol{u}=\int\boldsymbol{u}_{\mathrm{out3}}\mathrm{d}t=\boldsymbol{K}_{\mathrm{opt3}}\int\widetilde{\boldsymbol{y}}_3\mathrm{d}t$$

由此可以得到复合控制导弹的输出反馈控制结构如图 10－5 所示。

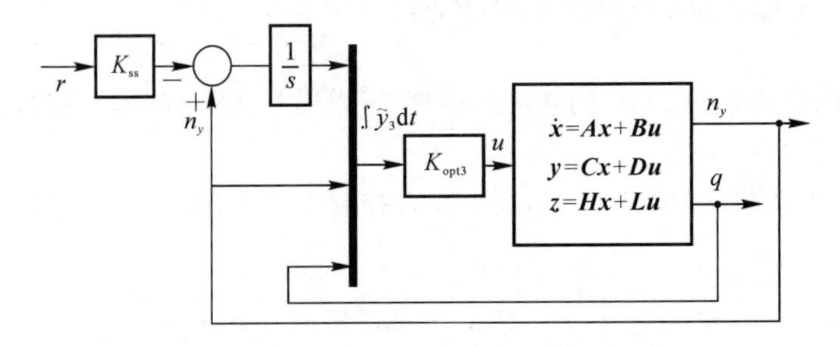

图 10－5　复合控制导弹 LQR 跟踪器问题的输出反馈控制结构

尽管针对如图所示的控制结构，采用本节的 LQR 设计方法，可以在大部分设计点处，实现能耗与跟踪误差综合最优意义下的过载控制。但相关研究表明，针对此结构设计出的控制增益矩阵，其某些元素值对跟踪误差权重矩阵 $\boldsymbol{Q}_3$ 的微量调整非常敏感，甚至出现正、负号差异这样的极性变化。这种现象说明：采用此结构的控制系统，其鲁棒稳定性较差。因此，可将此结构改进为工程上常用经典三回路结构。

经典三回路控制结构如图 10－6 所示。

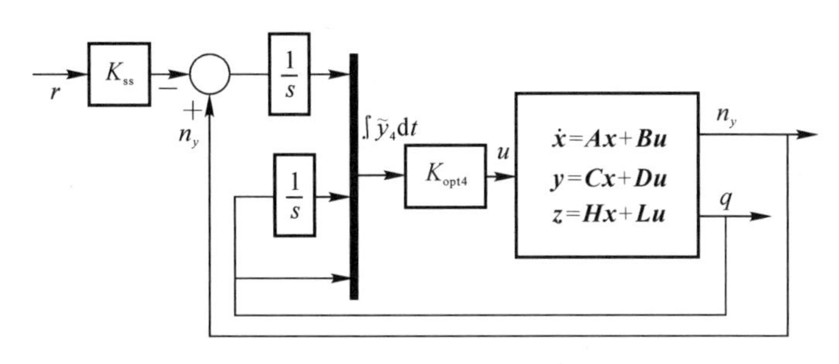

图 10-6　复合控制导弹 LQR 跟踪器问题的输出反馈控制改进结构图

针对上图所示的控制结构，可以仿照前文构造其等效的 LQR 状态调节器问题的数学模型。然后，先求出该结构调节器问题的状态反馈控制增益，后根据调节器问题状态反馈与输出反馈、跟踪器问题输出反馈控制器之间的数学等效关系，从而求得该结构对应跟踪器问题的输出反馈控制律。

事实上，若以前文已求得的状态调节器为基础，来求图 10-6 结构的跟踪控制器，可以减少很多工作量。为此，对比观察图 10-5 与图 10-6 的控制结构如下：

$$\begin{cases}\tilde{\boldsymbol{y}}_3=\boldsymbol{y}_3-\tilde{\boldsymbol{K}}_{ss}r=[n_y-K_{ss}r \quad \dot{n}_y \quad \dot{q}]^{\mathrm{T}}\\ \tilde{\boldsymbol{y}}_4=\boldsymbol{y}_4-\tilde{\boldsymbol{K}}_{ss}r=[n_y-K_{ss}r \quad q \quad \dot{q}]^{\mathrm{T}}\end{cases}$$

可以发现，两者之间的差异仅在于输出方程，其原因在于输出向量有所变化。然而，图 10-5 与图 10-6 分别对应的状态调节器问题，其状态方程是完全相同的，也即状态向量与输入向量分别为

$$\boldsymbol{x}_4=\boldsymbol{x}_3=[n_y \quad \dot{n}_y-D_1(3,:)u_1 \quad \dot{q}]^{\mathrm{T}}$$

$$\boldsymbol{u}_4=\boldsymbol{u}_3=[\dot{\delta}_z \quad \dot{T}_z]^{\mathrm{T}}$$

这也就意味着：两者的 LQR 调节器问题，其状态反馈控制律及其增益矩阵必然是相同的，即

$$K_4=K_3$$

而由输出反馈增益与状态反馈增益的数学关系为

$$K_{\mathrm{opt3}}=K_3(C_3+D_3K_3)^{-1}$$

进一步推导可得：

$$K_3=(1-K_{\mathrm{opt3}}D_3)^{-1}K_{\mathrm{opt3}}C_3$$

类似地，有调节器问题的状态反馈增益矩阵为

$$K_4=(I-K_{\mathrm{opt4}}D_4)^{-1}K_{\mathrm{opt4}}C_4$$

又因 $D_4=D_2([1,2,3],:)=[0]_{3\times2}$ 为零矩阵，则由 $K_4=K_3$ 可得输出反馈增益矩阵为

$$K_{\text{opt4}} = (I - K_{\text{opt3}} D_3)^{-1} K_{\text{opt3}} C_3 C_4^{-1} \tag{10-55}$$

可见，由 K_{opt3} 可以很容易地求出结构 4 的跟踪器反馈增益矩阵 K_{opt4}。

将输出反馈增益矩阵 K_{opt4} 加入响应控制结构中仿真发现：系统对指令过载的跟踪存在稳态误差，分析其原因在于，式(10－55) 中的 C_4^{-1} 是求“伪逆”，而其“伪逆”是多解的。因此，为消除跟踪过载的稳态误差，可考虑在控制结构中加入角速度补偿，如图 10－7 所示。

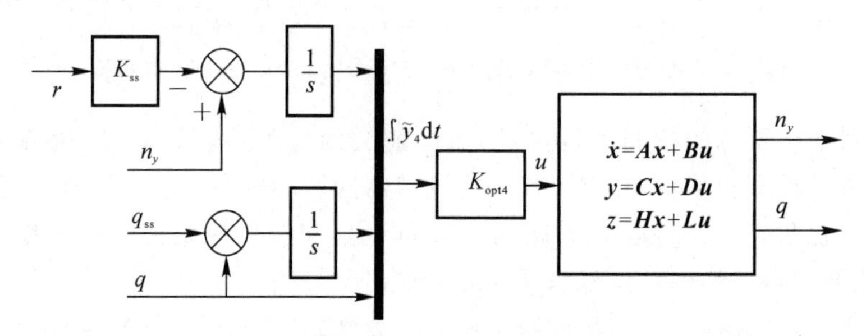

图 10－7　复合控制导弹 LQR 跟踪器问题的输出反馈控制改进结构图

现在的问题是，图中所加的角速度补偿信号 q_{ss} 从何而来？能由图中所示的其他信号变换得到？答案是肯定的，因为通过分析导弹的状态空间表达式可知，系统稳态时有如下关系：

$$\left.\begin{aligned}\begin{bmatrix}0\\0\end{bmatrix} &= \boldsymbol{A}\begin{bmatrix}\alpha_{\text{ss}}\\q_{\text{ss}}\end{bmatrix} + \boldsymbol{B}\begin{bmatrix}\delta_{z\text{ss}}\\T_{z\text{ss}}\end{bmatrix}\\ \begin{bmatrix}n_{\text{ass}}\\q_{\text{ss}}\end{bmatrix} &= \boldsymbol{C}\begin{bmatrix}\alpha_{\text{ss}}\\q_{\text{ss}}\end{bmatrix} + \boldsymbol{D}\begin{bmatrix}\delta_{z\text{ss}}\\T_{z\text{ss}}\end{bmatrix}\end{aligned}\right\} \tag{10-56}$$

由相应控制结构可知：

$$\boldsymbol{u} = \begin{bmatrix}\delta_{z\text{ss}}\\T_{z\text{ss}}\end{bmatrix} = K_{\text{out4}}\left[\int(n_y - n_{y\text{ss}})\mathrm{d}t \quad n_{y\text{ss}} \quad q_{\text{ss}}\right]^{\mathrm{T}} \tag{10-57}$$

其中，$n_{y\text{ss}} = K_{\text{ss}} r$。

由状态空间方程推导得：

$$\begin{bmatrix}\alpha_{\text{ss}}\\q_{\text{ss}}\end{bmatrix} = -\boldsymbol{A}^{-1}\boldsymbol{B}\begin{bmatrix}\delta_{z\text{ss}}\\T_{z\text{ss}}\end{bmatrix}$$

输出方程为

$$\begin{bmatrix}n_{\text{ass}}\\q_{\text{ss}}\end{bmatrix} = (\boldsymbol{D} - \boldsymbol{C}\boldsymbol{A}^{-1}\boldsymbol{B})\begin{bmatrix}\delta_{z\text{ss}}\\T_{z\text{ss}}\end{bmatrix}$$

进一步整理可得：

$$\begin{bmatrix} n_{ass} \\ q_{ss} \end{bmatrix} = (\boldsymbol{D} - \boldsymbol{CA}^{-1}\boldsymbol{B})K_{out4}\left[\int (n_y - n_{yss})\mathrm{d}t \quad n_{yss} \quad q_{ss}\right]^{\mathrm{T}} \tag{10-58}$$

为便于表达，令常值矩阵

$$\boldsymbol{T}_{\mathrm{K}} = (\boldsymbol{D} - \boldsymbol{CA}^{-1}\boldsymbol{B})K_{out4} = \begin{bmatrix} T_{K11} & T_{K12} & T_{K13} \\ T_{K21} & T_{K22} & T_{K23} \end{bmatrix}$$

展开可得：

$$\begin{cases} T_{K13}q_{ss} = (1 + T_{K11} - T_{K12})n_{yss} - T_{K11}\int n_y \mathrm{d}t \\ (1 - T_{K23})q_{ss} = (T_{K22} - T_{K21})n_{yss} + T_{K21}\int n_y \mathrm{d}t \end{cases}$$

联立消去上式中 n_y 所在的项，可得：

$$\frac{q_{ss}}{n_{yss}} = \frac{T_{K21}(1 + T_{K11} - T_{K12}) + T_{K11}(T_{K22} - T_{K21})}{T_{K21}T_{K13} + T_{K11}(1 - T_{K23})}$$

可见，$\frac{q_{ss}}{n_{yss}}$ 的比值为常数，故不妨令 $K_{qss} = \frac{q_{ss}}{n_{yss}}$，也即 $q_{ss} = K_{qss} \cdot n_{yss}$，可见角速度补偿信号是由稳态过载 n_{yss} 引出的，故图 10-8 可得封闭。

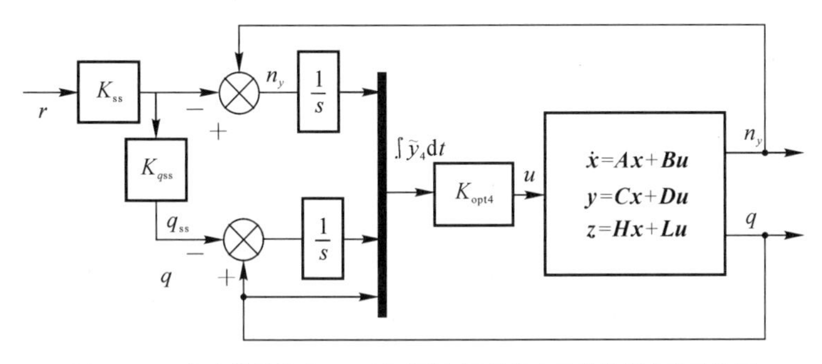

图 10-8　复合控制导弹 LQR 跟踪器问题的输出反馈控制改进结构图

总之，前文所进行的一系列数学变换或等效，其目的就是在保证系统结构具有优良品质的条件下，将带有 ***Du*** 项的直气复合控制导弹的 LQR 问题最终转换为适于采用 LQR 方法的形式。

10.3　鲁棒控制方法

本报告主要对 μ 综合控制技术研究合同研究内容的进展情况与所得结果进行描述，主要介绍 μ 综合控制器的控制结构、权函数选取以及设计方法等；给出了 μ 综合控制器的实现方法，数据结构与算法流程等，通过仿真验证 μ 综合控制方法与实现的正确性[44-48]。

10.3.1 系统不确定性建模

本文中考虑的对象不确定性主要有未建模不确定性、参数不确定性和传感器测量噪声三类。下面分别对这三类不确定性进行分析与评估。

不确定性和外干扰主要考虑以下几方面。

1. 未建模不确定性

对象模型是基于弹道上某些特征点的数学模型(称为名义模型)设计的，但该数学模型是通过一系列简化假设和线性化处理得到的，因此名义模型与对应特征点上的导弹实际模型间存在未建模动态特性不确定性。对于未建模动态特性不确定性现阶段难以评定，参照文献先估计为在低频段(0.1 rad/s 附近)，模型误差为 40%；在高频段(100 rad/s 附近)，模型误差为 100%。

2. 参数不确定性：风洞实验误差带来的气动系数不确定性

线性化的弹体模型的状态空间表达式为

$$\begin{aligned} \dot{\boldsymbol{x}} &= \boldsymbol{A}\boldsymbol{x} + \boldsymbol{B}\boldsymbol{u} \\ \boldsymbol{y} &= \boldsymbol{C}\boldsymbol{x} + \boldsymbol{D}\boldsymbol{u} \end{aligned} \tag{10-59}$$

控制设计中需要选取一组典型的工作点作为标称系统，进行控制器设计，对 $\boldsymbol{A}$,$\boldsymbol{B}$,$\boldsymbol{C}$,$\boldsymbol{D}$ 进行扰动分析。本书中参数不确定性主要考虑系统参数的不确定性。同时由鲁棒性要求假定各主要不确定性参数能承受 $lp=1.6$ 倍拉偏，则受扰弹体模型为

$$\begin{bmatrix} A(\delta) & B(\delta) \\ C(\delta) & D(\delta) \end{bmatrix} = \begin{bmatrix} A & B \\ C & D \end{bmatrix} + \delta \begin{bmatrix} A_\delta & B_\delta \\ C_\delta & D_\delta \end{bmatrix}$$

其中不确定矩阵可以利用奇异值分解 $\begin{bmatrix} A_\delta & B_\delta \\ C_\delta & D_\delta \end{bmatrix} = \begin{bmatrix} E \\ F \end{bmatrix} * [G \quad H]$。

3. 传感器测量噪声

本节中控制系统用到的传感器主要有加速度计与角速率陀螺，则测量噪声分别为加速度计噪声与角速率陀螺噪声。参照文献，估计加速度计噪声为 1% 与角速率陀螺噪声 0.1%。

10.3.2 鲁棒控制结构设计

本节中内回路采用的是过载自动驾驶仪结构，为了改善短周期模态阻尼，需将角速率信号反馈回控制器中。综上，设计纵向控制律为 $\delta_e = K_{\_lon}[A_z - ref \quad A_z \quad q]^T$，横侧向控制律为

$$\begin{bmatrix}\delta_a \\ \delta_r\end{bmatrix} = K_{\_lat}[\Phi\_ref \quad \Phi \quad p \quad A_y\_ref \quad A_y \quad r]^T$$

基于 μ 综合方法的鲁棒控制结构如图 10－9 与图 10－10 所示。

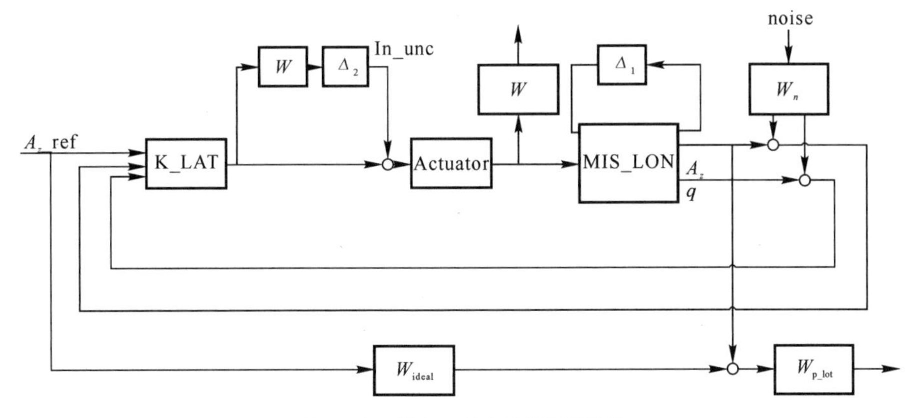

图 10－9 纵向 μ 综合鲁棒控制结构

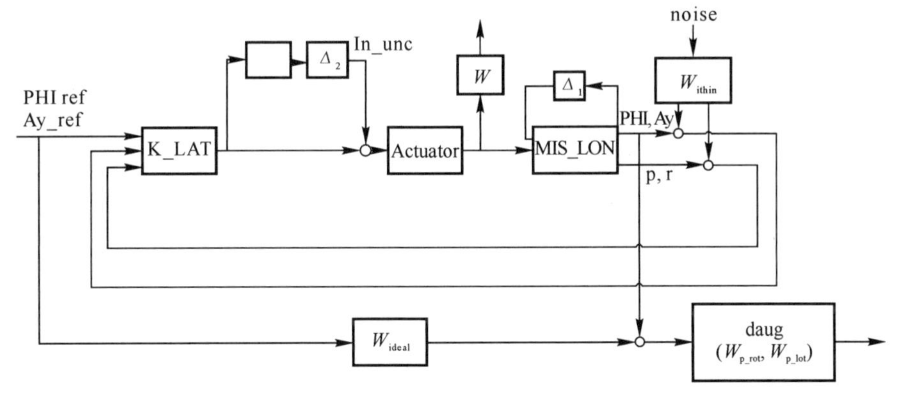

图 10－10 侧向 μ 综合鲁棒控制结构

其中：

(1)Δ_1 表示模型输入端乘型不确定性，用来描述标称模型的未建模不确

定性。

(2)W_{in} 是用来规范化未建模不确定性的权函数，使得 $\|\Delta_2\|_\infty < 1$。对未建模型不确定性的评估情况，可取：

$$W_{in} = 2 \times \frac{s+4}{s+160} \tag{10-60}$$

(3)W_{act} 是用来限制舵机输出幅值的权函数，把舵偏角限定在 $\pm 30°$ 以内，舵偏角速率限定在 300°/s 以内，故有

$$W_{act} = \begin{bmatrix} \frac{1}{300} & \\ & \frac{1}{30} \end{bmatrix} \tag{10-61}$$

(4)W_n 用于限制传感器测量噪声幅值，使过载测量噪声和滚转角测量噪声小于 1%，各角速率测量噪声 $< 0.1\%$，故有

$$W_n = \begin{bmatrix} 0.01 & \\ & 0.001 \end{bmatrix} \tag{10-62}$$

(5)W_{ideal} 为理想的过载响应模型，控制律的目标是：最终使得控制系统的过载输出信号尽可能的逼近理想响应。

设计理想响应模型的意义是，将对设计的控制系统期望的性能指标，直接地反映到控制系统设计中，控制系统只需要将理想响应与实际响应输出的误差量控制到越小，则实际的响应的性能指标也越接近期望的指标。这样使得物理概念更清晰明了，这也是鲁棒控制区别于其甩控制方法的一个优势。然后上面提出的性能指标，选取：

$$W_{ideal} = \frac{3 \times 3}{s^2 + 2 \times 0.72 \times 3s + 3 \times 3} \tag{10-63}$$

(6)W_{p_lon}，W_{p_rol}，W_{p_lat} 是用于抑制弹体过载输出信号与理想响应之间误差的权函数，直接影响到整个控制系统的跟踪品质。

(7)纵向控制器输入由三路信号组成：第一路是纵向过载指令，第二路是弹体输出纵向过载信号，第三路是弹体输出的俯仰角速率信号。输出为升降舵偏角指令。

横侧向控制器输入由六路信号组成：第一路是滚转角指令，第二路为弹体输出滚转角，第三路为弹体输出的滚转角速率信号，第四路为侧向过载指令，第五路为弹体输出侧向过载信号，第六路是弹体输出的偏航角速率信号。输出为副翼与方向舵偏角指令。

10.3.3 μ 综合控制器设计

1. 纵向单通道控制器设计

对于纵向系统阵，这里选择与平均值的相对误差为 du±0.5，即在平均值的±50%内可以忽略其影响，否则考虑其拉偏影响。

对纵向 $\boldsymbol{x}=[u \quad w \quad q \quad \theta]^{\mathrm{T}}$，$\boldsymbol{y}=[A_z \quad \alpha \quad u \quad w \quad q \quad \theta]^{\mathrm{T}}$，$u=\delta_e$。

$$\begin{bmatrix} A_\delta & B_\delta \\ C_\delta & D_\delta \end{bmatrix}=\begin{bmatrix} 0 & 0.052\ 7 & 0 & 0 & 0.328\ 9 \\ 0.038\ 7 & 0 & 0 & 0 & 0 \\ 0.446\ 9 & 0 & 0 & 0 & 0 \\ 0 & 0 & 0 & 0 & 0 \\ 0.149\ 1 & 0 & 18.253\ 0 & 0 & 26.377\ 9 \\ 0 & 0 & 0 & 0 & 0 \\ 0 & 0 & 0 & 0 & 0 \\ 0 & 0 & 0 & 0 & 0 \\ 0 & 0 & 0 & 0 & 0 \\ 0 & 0 & 0 & 0 & 0 \end{bmatrix}_{10\times 5}$$

$$\boldsymbol{E}\_\mathrm{lon}=\begin{bmatrix} -0.270\ 5 & -0.001\ 5 & 0.194\ 4 \\ -0.000\ 2 & 0.038\ 7 & 0.000\ 1 \\ -0.002\ 1 & 0.446\ 9 & 0.000\ 7 \\ 0 & 0 & 0 \end{bmatrix}_{4\times 3}$$

$$\boldsymbol{F}\_\mathrm{lon}=\begin{bmatrix} -32.077\ 09 & -0.000\ 0 & -0.001\ 6 \\ 0 & 0 & 0 \\ 0 & 0 & 0 \\ 0 & 0 & 0 \\ 0 & 0 & 0 \\ 0 & 0 & 0 \end{bmatrix}_{6\times 3}$$

$$\boldsymbol{G}\_\mathrm{lon}=\begin{bmatrix} -0.0046 & -0.000\ 0 & -0.569\ 0 & 0 \\ 1.000\ 0 & -0.000\ 4 & -0.001\ 5 & 0 \\ 0.001\ 5 & 0.270\ 9 & -0.791\ 6 & 0 \end{bmatrix}_{3\times 4}, \quad \boldsymbol{H}\_\mathrm{lon}=\begin{bmatrix} -0.822\ 3 \\ -0.004\ 6 \\ 0.547\ 7 \end{bmatrix}_{3\times 1}$$

$$\begin{bmatrix} \dot{x} \\ u \\ z_1 \\ \cdots \\ z_3 \end{bmatrix} = \begin{bmatrix} A\_lon & B\_lon & E\_lon \\ C\_lon & D\_lon & F\_lon \\ \cdots & \cdots & 0 \\ G\_lon & H\_lon & 0 \\ \cdots & \cdots & 0 \end{bmatrix} \times \begin{bmatrix} x \\ u \\ w_1 \\ \cdots \\ w_3 \end{bmatrix}$$

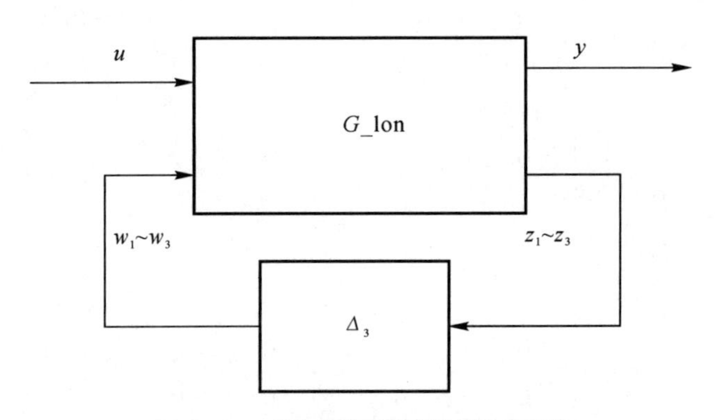

图 10-11　纵向参数不确定性的增广模型

表 10-1　纵向 μ 综合控制器设计 D-K 迭代

Iteration	1	2	3
控制器阶次	13	25	31
总 D-Scale 阶次	0	12	12
实现的 δ 值	15 871.31	9.100	7.926
μ 峰值	9.046	8.338	7.733

由表 10-1 可见，该纵向控制器为一个 31 阶控制器，μ 值在 7.7 左右。

2. 横侧向单通道控制器设计

对于横侧向系统阵，这里选择与平均值的相对误差为 $du=\pm 0.3$，即在平均值的 $\pm 30\%$ 内可以忽略其影响，否则考虑其拉偏影响。

$$\boldsymbol{x}=[v \quad p \quad r \quad \Phi]^{\mathrm{T}},\ \boldsymbol{y}=[A_y \quad \beta \quad v \quad p \quad r \quad \Phi]^{\mathrm{T}},\ \boldsymbol{u}=\begin{bmatrix}\delta_{\mathrm{a}} \\ \delta_{\mathrm{r}}\end{bmatrix}$$

$$\begin{bmatrix} A_\delta & B_\delta \\ C_\delta & D_\delta \end{bmatrix} = \begin{bmatrix} 0 & 0 & 0 & 0 & 0 & 0 \\ 8.723\,8 & 0 & 0 & 0 & 0 & 202.104\,5 \\ 0 & 0 & 0 & 0 & 0 & 0 \\ 0 & 0 & 0 & 0 & 0 & 0 \\ 10.544\,7 & 0 & 5.041\,5 & 0 & 0.480\,9 & 26.377\,9 \\ 0 & 0 & 0 & 0 & 0 & 0 \\ 0 & 0 & 0 & 0 & 0 & 0 \\ 0 & 0 & 0 & 0 & 0 & 0 \\ 0 & 0 & 0 & 0 & 0 & 0 \\ 0 & 0 & 0 & 0 & 0 & 0 \end{bmatrix}_{10\times 6}$$

$$E\_lat = \begin{bmatrix} 0.000\,0 & 0.000\,0 \\ -202.287\,9 & -1.394\,0 \\ 0 & 0 \\ 0 & 0 \end{bmatrix}_{4\times 3}, \quad F\_lat = \begin{bmatrix} -26.881\,1 & 10.490\,2 \\ 0 & 0 \\ 0 & 0 \\ 0 & 0 \\ 0 & 0 \\ 0 & 0 \end{bmatrix}_{6\times 2}$$

$$G\_lat = \begin{bmatrix} -0.049\,2 & 0 & -0.003\,3 & 0 \\ 0.879\,2 & 0 & 0.472\,3 & 0 \end{bmatrix}_{2\times 4}$$

$$H\_lat = \begin{bmatrix} -0.000\,3 & -0.998\,8 \\ 0.045\,0 & -0.044\,8 \end{bmatrix}_{2\times 2}$$

$$\begin{bmatrix} \dot{x} \\ u \\ z_1 \\ z_2 \end{bmatrix} = \begin{bmatrix} A\_lat & B\_lat & E\_lat \\ C\_lat & D\_lat & F\_lat \\ & & 0 \\ G\_lat & H\_lat & 0 \end{bmatrix} \times \begin{bmatrix} x \\ u \\ w_1 \\ w_2 \end{bmatrix}$$

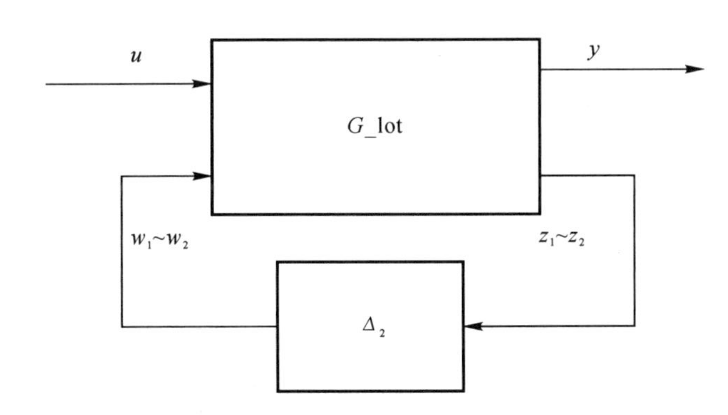

图 10-12　侧向参数不确定性的增广模型

表 10-2 横侧向 μ 综合控制器设计 D-K 迭代

Iteration	1	2	3
控制器阶次	19	19	29
总的 D-sale 阶次	0	4	6
实现的 δ 值	15 625.00	7.990	7.924
μ 峰值	5.847	6.540	6.989

该侧向控制器为一个 29 阶控制器，μ 值在低频段最大为 7；从表 10-2 可知，侧向过载 A_z 准确跟踪理想响应，并在指定的上升时间范围内达到稳态，滚转角速率与偏航角速率约经过 2 s 振荡达到常值。

第11章 空空导弹自动驾驶仪性能验证

空空导弹自动驾驶仪设计完成后，需要利用多种地面验证手段进行性能验证，主要包括数字仿真验证与半实物仿真验证。本章将介绍空空导弹自动驾驶仪性能验证的基本方法，包括正交试验方法与参数拉偏思想。并对一种高可信度数字系统的功能、组成进行介绍。此外，还将介绍一套包含飞控组件与舵机实物的半实物仿真系统。

11.1 基本方法

自动驾驶仪在工作过程中,力系数、力矩系数、转动惯量、推力偏心、推力温度、舵零位误差、舵机前向控制增益、初始俯仰角、初始发射速度等都可能影响其性能。在每个仿真条件下,这些因素的排列组合将非常庞大,因此需要寻求一种尽量少做仿真试验但却能全面掌握问题内在规律的仿真试验方法[49]。

非线性仿真有单项因素、机弹干扰和正交拉偏等仿真试验。

(1)单项因素仿真。只考察某一个特定参数的影响程度,进行单项因素仿真(包括对这个参数的上拉偏、下拉偏和不拉偏条件)称作单项拉偏仿真。

(2)机弹干扰仿真。导弹和飞机分离时刻会产生机弹干扰,仿真这种情况需要在算法里引入一个初始角速度或者进行带攻角发射仿真。

(3)正交拉偏仿真。选取 n 个不相关的算法影响因素 1,2,…,n,每个影响因素有 k 个影响水平,需要进行 m 次试验才能对算法进行全面仿真。针对这个问题可以构造一个正交表 $Lm(nk)$ 。如表 11-1 所示为正交表 L9(34),其中行表头表示影响因素,列表头表示试验次数,表中的数字 1 表示各个因素下拉偏仿真,2 表示额定仿真,3 表示上拉偏仿真。

表 11-1　正交表 L9(34)试验安排表

试验号	列号			
	1	2	3	4
1	1	1	1	1
2	1	2	2	2
3	1	3	3	3
4	2	1	2	3
5	2	2	3	1
6	2	3	1	2
7	3	1	3	2
8	3	2	1	3
9	3	3	2	1

图 11-1 所示为某次单项因素仿真最大攻角统计曲线。

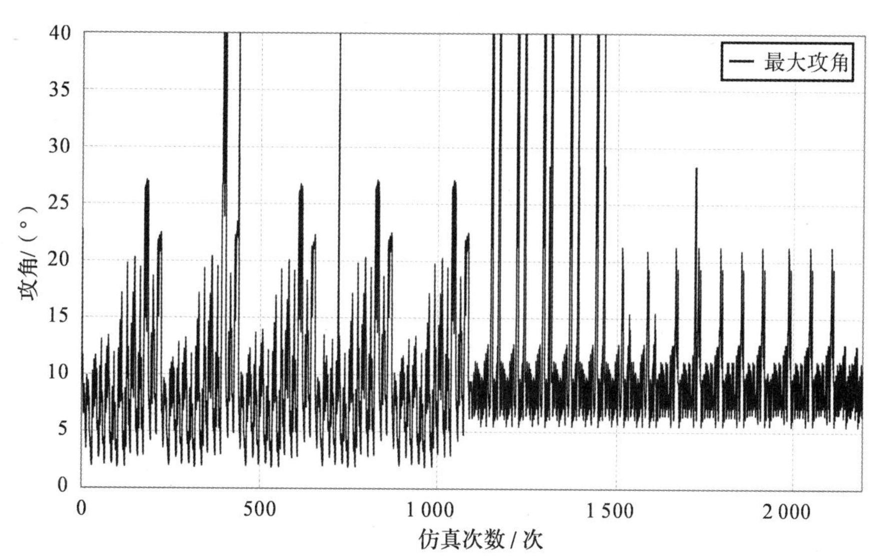

图 11-1　单项因素最大攻角统计曲线

对于图 11-1 中的攻角最大限幅到 40°，从图中可以看出部分仿真结果达到了限幅值，然而气动数据分析所需要的攻角远小于仿真值，说明在攻角为 40°的仿真条件系统可能已经发散，需要进一步分析；其他条件仿真结果正常。

图 11－2 为某导弹机弹干扰仿真曲线。

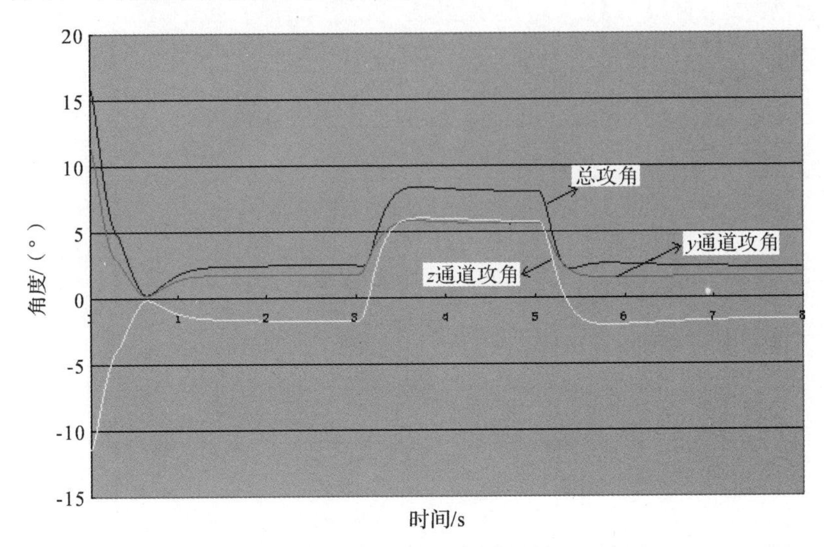

图 11－2　机弹干扰仿真结果

从图 11－2 中可以看出，初始时刻导弹具有攻角，引入控制后导弹攻角很快稳定，说明若导弹发射攻角小于等于图中的攻角，则系统能够稳定。

导弹在的论证、方案、工程研制和定型等阶段，计算机数字仿真是必不可少的技术手段。判断设计方案的优劣，进行控制系统性能分析等工作都要进行大量的数字仿真。数字仿真它仿真时间短、可重复，它可以用来弥补飞行试验数据之不足，既可以缩短研制周期，也可以节省大量经费。

11.2　自动驾驶仪数字仿真软件

自动驾驶仪数字仿真软件有两大基本功能，一是借助通用仿真软件 MATLAB 内置的丰富算法，实现既定结构自动驾驶仪的参数自动优化设计；另一个是利用标准 C 语言编译运行与软件生成快捷优势，实现自动驾驶仪性能的高可信度仿真验证。经过多年完善与发展，目前的数字仿真软件已经具备了多种类型复杂对象的控制设计与性能验证功能，并经过了半实物仿真试验与飞行试验的对比验证，可靠性满足产品研制需求。

按照自动驾驶仪的研制流程，数字仿真软件的具体功能如图 11－3 所示。

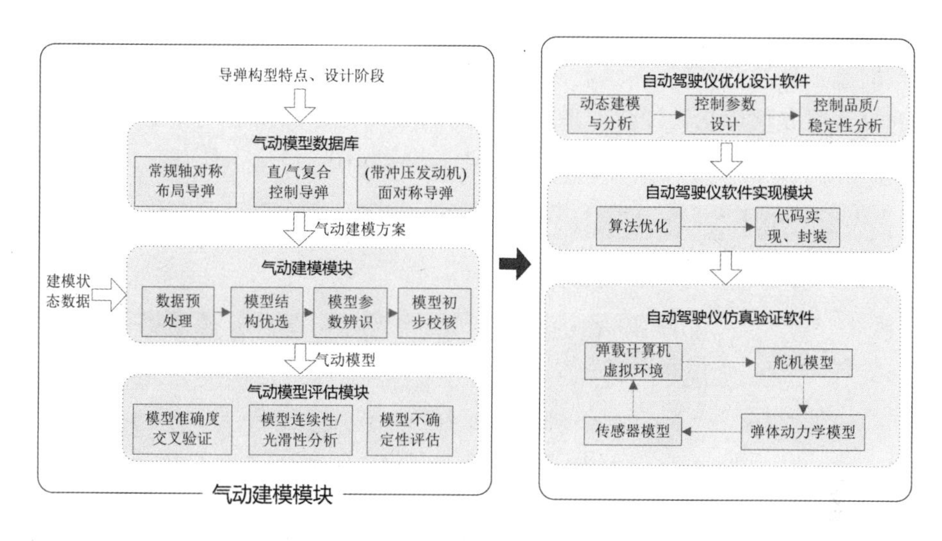

图11－3 自动驾驶仪数字仿真软件功能示意图

气动模型数据库集成了多种不同类型气动布局导弹的气动数据与建模方案。对象涵盖常规气动舵控制、直/气复合控制以及轴对称、面对称等各类导弹构型布局；针对特定布局特点给出了适用于不同设计阶段(方案论证、详细设计)的建模方案，包括模型机理描述、结构形式与CFD计算或风洞吹风状态方案。

气动建模模块用于实现气动建模的完整流程以及通用建模技术的集成。根据模型方案与建模状态数据输入，完成自数据预处理至模型结构优选及参数辨识的建模流程，输出气动模型详细描述，供后续控制系统设计调用；通用建模算法应涵盖极大似然、逐步回归、正交最小二乘等经典方法，以及非线性气动力神经网络模型、小波辨识、遗传算法等现代方法。

气动模型评估模块用于实现对模型准确度及综合性能的评估。首先，根据建模状态与非建模状态试验数据，实现模型校核与交叉验证；其次，对导弹气动模型进行连续性、光滑性诊断；最后，完成弹性弹体/气弹/颤振等未建模因素对气动模型准确性的影响分析及评估，给出修正方案。

自动驾驶仪优化设计软件用于实现控制算法参数设计的完整流程，包括导弹本体特性分析、控制器参数设计及控制品质/稳定性分析。本体特性分析部分应能针对控制对象的布局特点(包括气动舵控制、直接力/气动力复合控制、带冲压发动机面对称导弹等)，根据气动数据或气动模型，完成导弹本体响应特性分析，对气动非线性、横侧向耦合、直接力/气动力耦合操纵特性等复杂特性给出定性、定量评估，并建立面向控制器设计的弹体动态响应模型；控制器参数设计部分接收弹体模型。根据控制系统设计指标完成基于先进控制理论的控制器参数设计;控制品质/稳定性分析部分则在设计环境的框架下完成控制系统动态品质及空间稳定性评估,对控制参数设计结果进行校核。

自动驾驶仪优化设计软件采用非线性约束优化算法完成气动配平计算,采用极点配置法进行控制增益优化设计,软件界面如图 11-4 与图 11-5 所示。

图 11-4　自动驾驶仪优化设计软件主界面

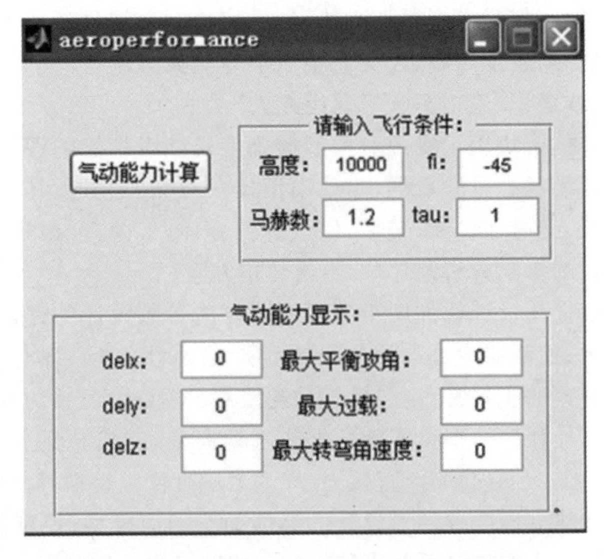

图 11-6　自动驾驶仪优化设计软件气动分析模块

针对某特征点的设计结果如图 11－6 所示，界面上部为功能选择区、左侧窗口为控制增益的优化结果，右侧图形窗口可显示结构滤波器设计结果与俯仰/偏航/横滚通道的时域与频域特性曲线。

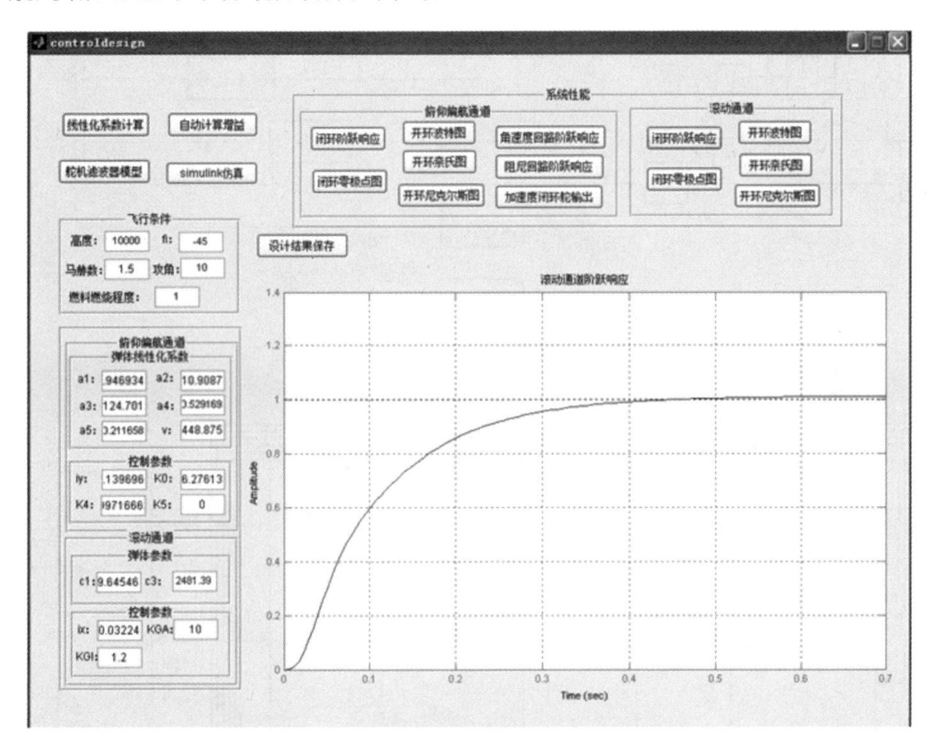

图 11－6　自动驾驶仪控制增益优化设计模块

自动驾驶仪软件实现模块用于完成控制算法的优化及代码实现。一方面，根据弹载计算机计算能力及指令处理特点，对自动驾驶仪算法进行优化，使算法执行效率与精度达到工程可用水平；另一方面，将控制算法以简洁、明晰的代码实现，封装为接口明确、可拓展性强的成型算法包，便于后续工程应用与拓展。

自动驾驶仪仿真验证软件用于完成控制算法的计算效率与控制性能验证。模块内置弹载计算机虚拟样机环境，可在设计阶段完成算法的装机执行效率评估；建有完整的闭环仿真环境与参数拉偏数据库，方便地进行批量仿真，完成算法的控制品质及鲁棒性评估。考虑制导系统的自动驾驶仪仿真验证软件原理如图 11－7 所示。

其中，导弹飞行动力学仿真信号流向如图 11－8 所示。

对某导弹进行的非线性仿真结果如图 11－9～图 11－11 所示。

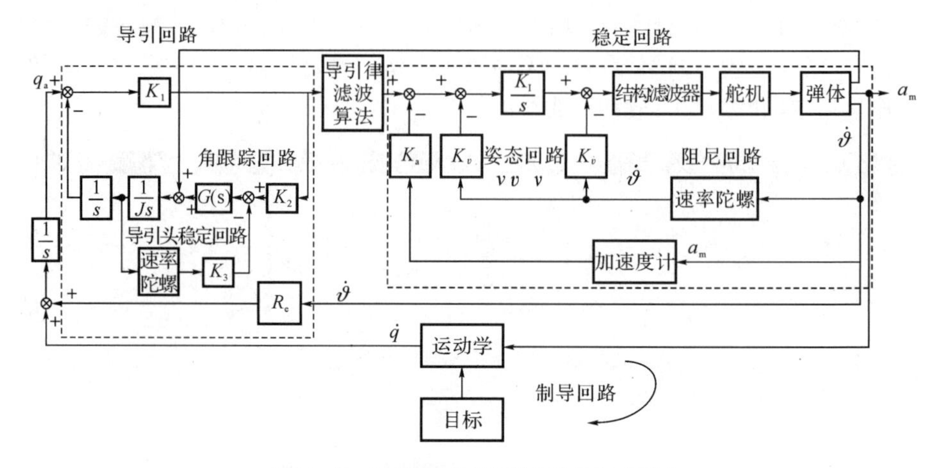

图 11－7　自动驾驶仪仿真验证软件原理框图

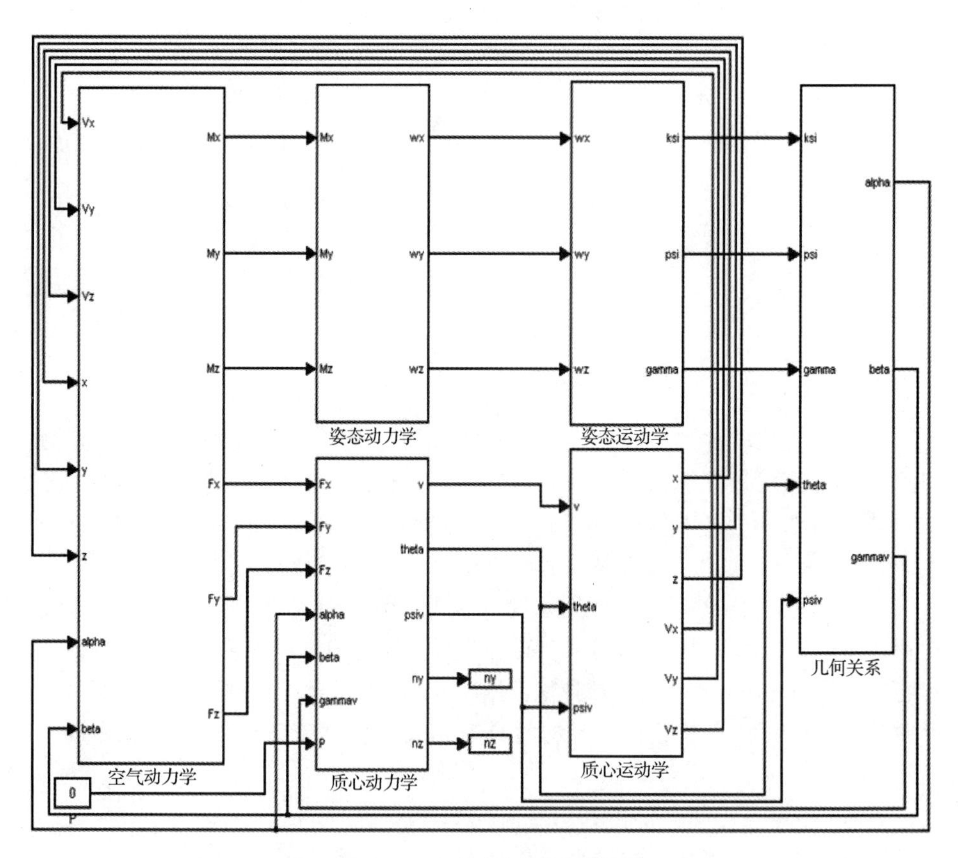

图 11－8　飞行动力学信号流图

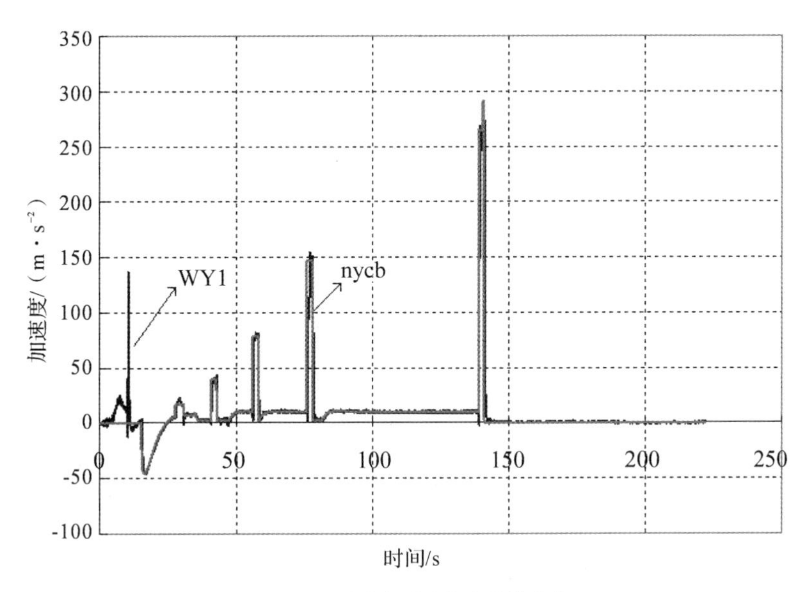

图 11-9　法向加速度指令及其响应

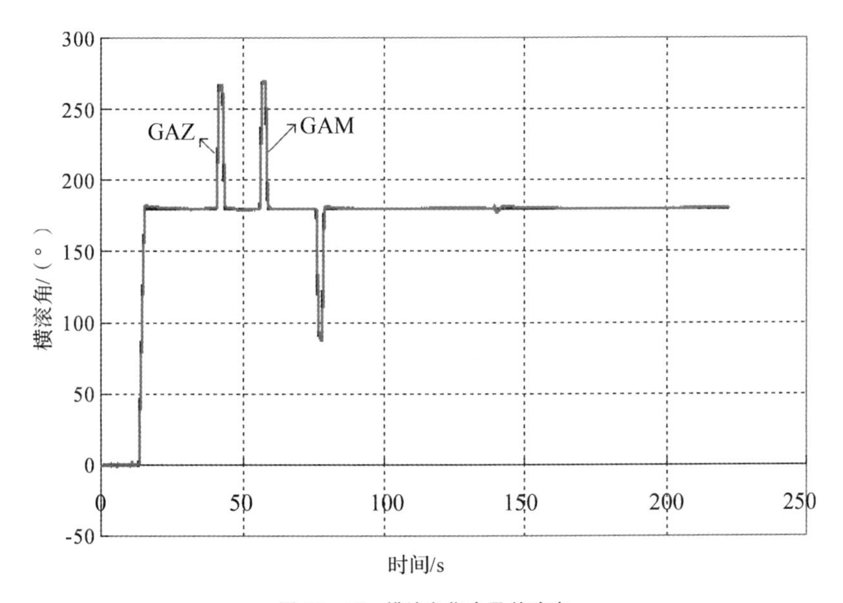

图 11-10　横滚角指令及其响应

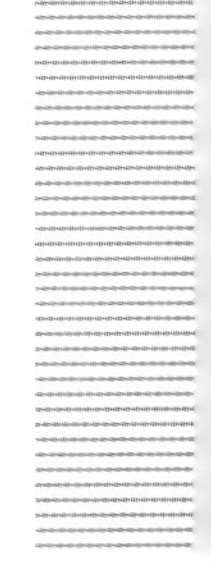

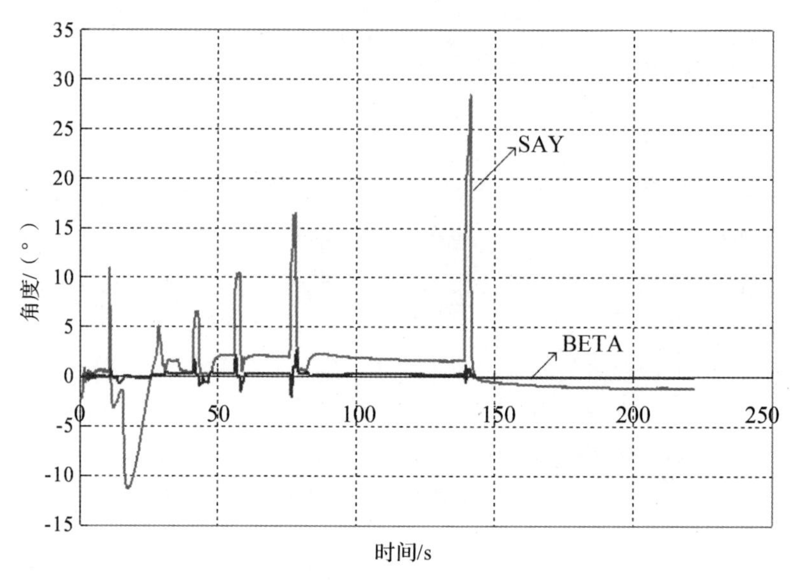

图 11－11　攻角与侧滑角

可见，采用此软件设计的自动驾驶仪非线性仿真环境下，过载跟踪快速，横滚通道稳定可控，攻角与侧滑角响应正常，数字仿真验证设计结果可行。

11.3　自动驾驶仪半实物仿真

现有型号的半实物仿真系统在原理、构成及工作流程上基本一致，如图 11－12 所示给出了稳定回路半实物仿真试验的原理框图。试验原理简述如下：

(1)飞行控制组件电源和舵机电源实现给飞控组件和舵机供电。

(2)仿真控制台实现载机模拟，给飞控组件发送飞行任务和一次性指令，进行整个仿真试验的时序控制。

(3)动力学仿真计算机实现导弹空中飞行过程中的外部环境模拟，根据舵机输出的舵偏角信号和导弹的空中飞行条件计算导弹实际受到的力和力矩(在第一次计算时，按照舵反馈信号为零和导弹初始装订的初始条件进行)，然后计算出弹体的角速度和加速度，并换算成脉冲数值发送给惯性测量模拟器。

(4)惯性测量模拟器实现惯测单元的模拟，根据接收到的角速度、加速度脉冲数变换成相应的脉冲发送给飞行控制组件。

(5)动力学仿真计算机通过 429 通道发送模拟 GPS 信息给飞控组件，飞控组件接收并解码模拟 GPS 信息，结合弹载软件导航算法进行组合导航定位。

(6)飞行控制组件和舵机为实物。飞行控制组件和舵机自检完成后，根据仿真控制台的分离指令进入自主飞行段。在自主飞阶段，根据选定的程控弹道、当前导航信息以及控制算法共同计算出过载指令。稳定回路根据过载指令和从惯性测量模拟器发送来的角速度、加速度脉冲，计算出舵控指令发送给舵机。舵机接收到舵控指令后执行该指令，并将舵面实际偏转情况实时发送给动力学仿真计算机。

试验过程中，步骤(1)～(3)形成闭环，进行实时仿真，直至程控弹道结束。

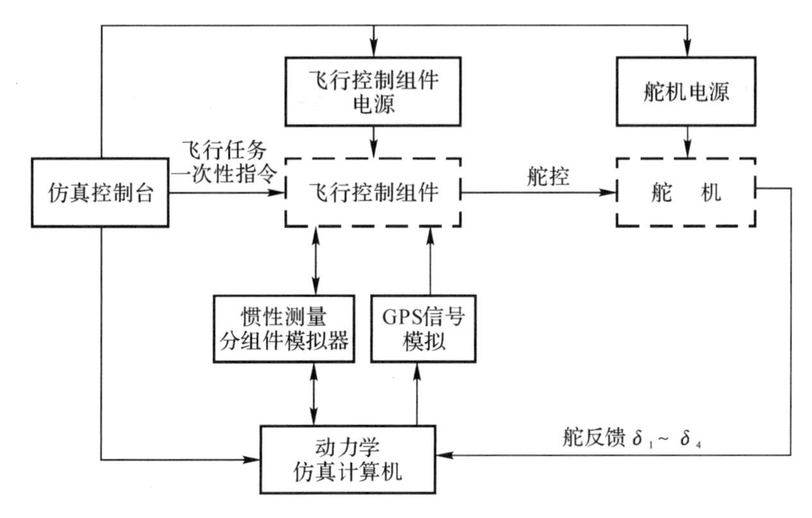

图 11－12　半实物仿真系统原理图

总控计算机仿真与动力学仿真界面如图 11－13 所示。

试验结果的评定标准依照以下原则进行判定：

(1)在额定条件下稳定回路的性能应满足稳定回路任务书的要求。

(2)滚动通道控制增益 I_G、俯仰偏航通道控制增益 I_D 均应通过上下 1.6 倍的拉偏试验。

(3)飞控软件在半实物仿真试验过程中应工作正常。

(4)控制算法、对准算法、导航算法和遥测算法等在半实物仿真试验中应工作正常。

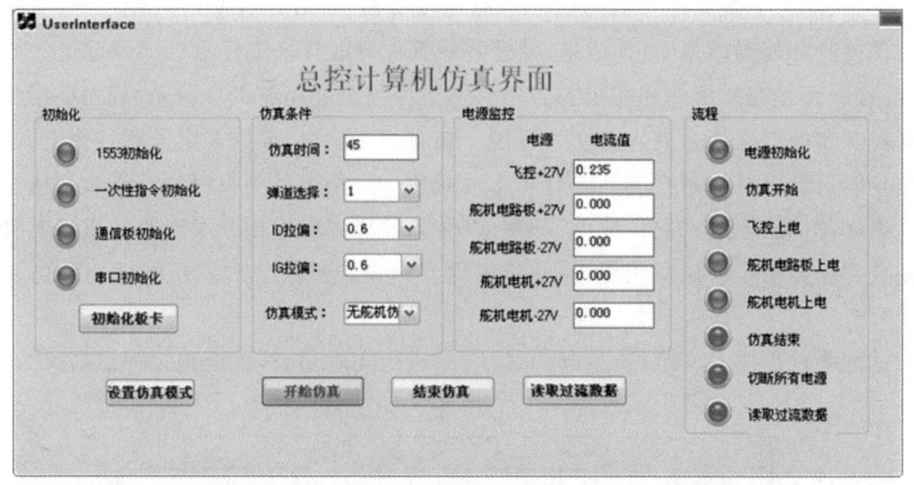

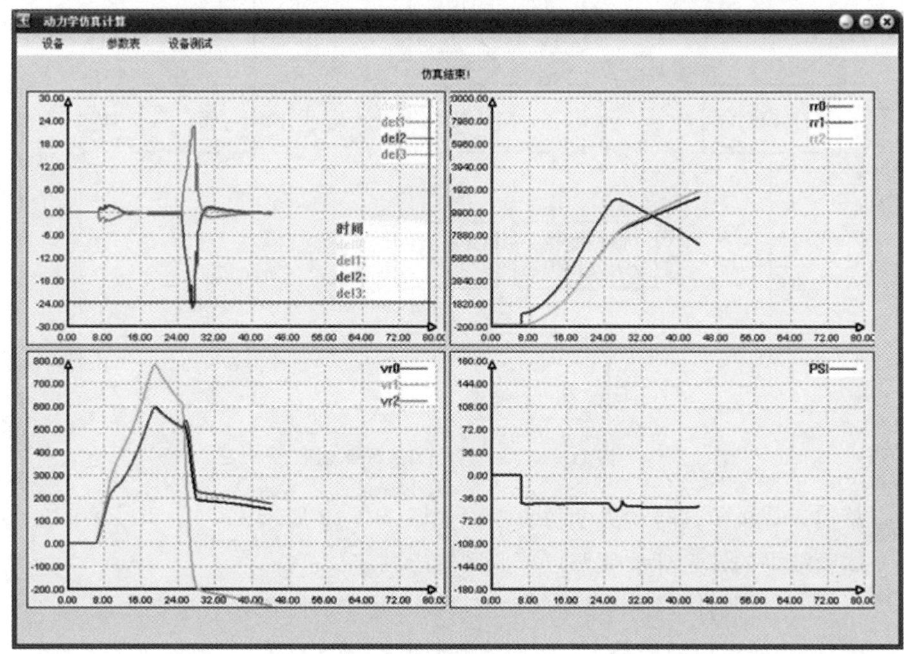

图 11－13 数据实时显示界面

参考文献

[1] 樊会涛,崔颢,张天光. 空空导弹 70 年发展综述[J]. 航空兵器,2016,(1):1-12.

[2] 王丽霞,赵鸿燕. 空对空作战趋势及对未来空中优势的影响[R]. 洛阳:中国空空导弹研究院,2015.

[3] 樊会涛. 空空导弹方案设计原理[M]. 北京:航空工业出版社,2013.

[4] 任淼,文琳,李双.2018 年国外空空导弹发展动态研究[J]. 航空兵器,2019(3):1-9.

[5] 孟秀云. 导弹制导与控制系统原理[M]. 北京:北京理工大学出版社,2003.

[6] 梁晓庚,王伯荣,余志峰,等. 空空导弹制导控制系统设计[M]. 北京:国防工业出版社,2006.

[7] 杨军,杨晨,段朝阳,等. 现代导弹制导控制系统设计[M]. 北京:航空工业出版社,2005.

[8] 张公平. 可变形翼导弹飞行动力学建模与控制方法研究[D]. 洛阳:中国空空导弹研究院,2012.

[9] 钱杏芳,林瑞雄,赵亚男. 导弹飞行力学[M]. 北京:北京理工大学出版社,2000.

[10] 张明廉. 飞行控制系统[M]. 北京:国防工业出版社,1984.

[11] 于剑桥,文仲辉,梅跃松,等. 战术导弹总体设计[M]. 北京:北京航空航天大学出版社,2010.

[12] 谷良贤,温炳恒. 导弹总体设计原理[M]. 西安:西北工业大学出版

社,2004.

[13] 文仲辉. 导弹系统分析与设计[M]. 北京:国防工业出版社,2000.

[14] 赵鸿燕,张传胜,王秀萍,等. 新一代空空导弹情报资料汇编[R]. 洛阳:中国空空导弹研究院,2015.

[15] FLEEMAN E L. Tactical missile design [M]. 2nd ed. Virginia: American Institute of Aeronautics and Astronautics, 2006.

[16] 严恒元. 飞行器气动特性分析与工程计算[M]. 西安:西北工业大学出版社,1990.

[17] 万春熙. 反坦克导弹设计原理[M]. 北京:国防工业出版社,1981.

[18] 曾颖超,陆毓峰. 战术导弹弹道与姿态动力学[M]. 西安:西北工业大学出版社,1991.

[19] 张有济. 战术导弹飞行力学设计[M]. 北京:宇航出版社,1998.

[20] 陈佳实. 导弹制导和控制系统的分析与设计[M]. 北京:宇航出版社,1989.

[21] 彭冠一. 防空导弹武器制导控制系统设计[M]. 北京:宇航出版社,1996.

[22] ZARCHAN P. Tactical and strategic missile guidance[M]. 6th ed. Virginia: American Institute of Aeronautics and Astronautics, 2012.

[23] GARNELL P. Guided weapon control systems[M]. 2nd ed. Oxford: Pergamon Press, 1980.

[24] SIOURIS G M. Missile guidance and control systems[M]. New York: Springer-Verlag, 2004.

[25] 李友年,郑鹍鹏,陈星阳. 三回路过载驾驶仪的快速性极限分析[J]. 弹箭与制导学报,2013,33(3):18-20.

[26] 吕飞,郑鹍鹏. 舵机反操纵对于自动驾驶仪稳定性的影响[J]. 四川兵工学报,2013,34(6):8-10.

[27] 郑鹍鹏,华建林,姜殿民. 三回路驾驶仪控制下的导弹静不稳定性边界[J]. 四川兵工学报,2013,34(5):28-30.

[28] 林德福,王辉,王江,等. 战术导弹自动驾驶仪设计与制导律分析[M]. 北京:北京理工大学出版社,2012.

[29] 郑鹍鹏,陈星阳,李海峰. 伪攻角反馈驾驶仪的极点配置设计方法[J]. 现代防御技术,2014,42(1):41-44.

[30] 王辉,林德福,祁载康. 导弹伪攻角反馈三回路驾驶仪设计分析[J]. 系统工程与电子技术,2012,34(1):129-135.

[31] 王嘉鑫,林德福,祁载康. 战术导弹三回路过载驾驶仪时频特性分析[J].

兵工学报,2013,34(7):829-832.

[32] 程云龙. 防空导弹自动驾驶仪设计[M]. 北京:宇航出版社,1993.

[33] 叶尧卿. 便携式红外寻的防空导弹设计[M]. 北京:宇航出版社,1996.

[34] 刘智平,周凤歧,周军. 战术导弹现代自动驾驶仪设计方法综述[J]. 航天控制,2006,24(5):91-95.

[35] 张有济. 战术导弹飞行力学设计[M]. 北京:宇航出版社,1998.

[36] 陈士橹. 近代飞行器飞行力学[M]. 西安:西北工业大学出版社,1987.

[37] 李静. 导弹气动伺服弹性稳定性分析[J]. 现代防御技术,2000,28(4):34-39.

[38] 高强,彭程,王永. 弹性体导弹主动减振组合控制器设计 [J]. 战术导弹技术,2010(2):77-81.

[39] 刘成红,李君龙. 变结构控制在某防空导弹稳定控制系统中的应用研究[J]. 现代防御技术,2008,36(3):36-38.

[40] DUAN C Y, GUO J G, ZHOU J. Autopilot design for missile with morphing wings[C]// 3rd International Conference on Advanced Computer Theory and Engineering, 2010: 520-523.

[41] 张公平,段朝阳,廖志忠. 空空导弹侧向射流与气动舵协调控制技术[J]. 航空兵器,2015(5):29-31.

[42] MRACEK C P, RIDGELY D B. Missile longitudinal autopilots: connections between optimal control and classical topologies [C]// American Institute of Aeronautics and Astronautics, AIAA Guidance, Navigation and Control Conference and Exhibit, California, 2005: 330-336.

[43] ARTHUR E, RRYSON J, HO Y C. Applied optimal control[M]. New York: J W & S, 1975.

[44] ZHOU K M, JOHN C. Doyle and Keith Glover. Robust and optimal control[M]. New Jersey: Prentice Hall, 1995.

[45] BUSCHEK H. Design and flight test of a robust autopilot for the IRIS-T air-to-air missile[C]// IFAC symposium on automatic control in aerospace, Bologna, 2001: 405-409.

[46] DOLD R, BUSCHEK H. Flight test of a scheduled μ-synthesis autopilot for air-to-air Missile [C]//American Institute of Aeronautics and Astronautics, AIAA Guidance, Navigation and Control Conference and Exhibit, Montreal, 2001: 501-507.

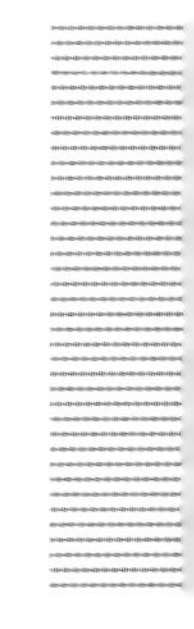

[47] BUSCHEK H. Robust autopilot design for future missile systems [C]//American Institute of Aeronautics and Astronautics, AIAA Guidance, Navigation and Control Conference, New Orleans, 1997: 270 - 279.

[48] BUSCHEK H. Self - scheduled missile autopilot using parameter - varying robust control [C]//American Institute of Aeronautics and Astronautics, AIAA Guidance, Navigation, and Control Conference and Exhibit, Boston, 1998: 179 - 187.

[49] 杨育荣,王建琦. 导弹控制系统仿真基本方法[J]. 四川兵工学报,2012,33(5):18 - 21.